普通高等教育“十三五”规划教材

大学计算机实践

主　编　谢建国

中国轻工业出版社

图书在版编目（CIP）数据

大学计算机实践 / 谢建国主编. —北京：中国轻工业出版社，2020.1
普通高等教育“十三五”规划教材
ISBN 978-7-5184-1479-6

Ⅰ. ① 大… Ⅱ. ① 谢… Ⅲ. ① 电子计算机—高等学校—教材 Ⅳ. ① TP3

中国版本图书馆CIP数据核字（2017）第168460号

内容简介

本书全面给出非计算机专业毕业的大学生应该具备的计算机实践水平和应用这门学科协助解决自身主攻学科问题的能力。按照计算机应用能力培养的要求，从第1章计算机组成、第2章Windows的实践、第3至第5章的文字处理、数据处理与分析和演示文稿办公工具软件的实践、第6章的VBA程序设计、第7章的计算思维实践、第8章的ACCESS数据库，到第9章的互联网应用，每一章都涉及一个学科应用领域实践能力的培养，是另一本书籍《大学计算机导论》授人以渔教学目的的具体实现。

本书适合在校的非计算机专业本科生，有后续的信息类课程跟进，其人才培养的效果更佳。

责任编辑：张文佳　　责任终审：劳国强　　封面设计：锋尚设计
版式设计：王超男　　责任校对：晋　洁　　责任监印：张　可

出版发行：中国轻工业出版社（北京东长安街6号，邮编：100740）
印　　刷：河北鑫兆源印刷有限公司
经　　销：各地新华书店
版　　次：2020年1月第1版第5次印刷
开　　本：787×1092　1/16　印张：15.75
字　　数：360千字
书　　号：ISBN 978-7-5184-1479-6　定价：32.00元
邮购电话：010-65241695
发行电话：010-85119835　传真：85113293
网　　址：http：//www.chlip.com.cn
Email：club@chlip.com.cn
如发现图书残缺请与我社邮购联系调换
200002J1C105ZBW

前 言 | PREFACE

《大学计算机导论》面对的是非计算机专业的本科生，也是计算机科学知识体系和计算机应用能力的入门教材，在入门阶段，学生们需要了解他们对这门学科所涉及内容的广度。相对于以前的《计算机基础》或《大学计算机》这一类的书籍，本书指出一个非计算机专业毕业的大学生应该具备计算机学科知识所涉及内容的宽度和应用这门学科知识思考问题的高度，强调的是学科意识和视野的培养。《大学计算机实践》辅助《大学计算机导论》的人才培养思想，负责计算机应用水平和实践能力的培养。

本书的主要章节编排是：第1章的计算机组成，第2章的Windows的实践，第3章文字处理，第4章数据处理与分析，第5章演示文稿，第6章VBA程序设计，第7章计算思维实践，第8章ACCESS数据库以及第9章互联网应用。

按章节编排顺序参与编写的老师有陈雪飞、刘付桂兰、胡春花、吕会红、李穗丰、陈仕鸿、黄宏涛和李宇耀8位老师；另外，张新猛和赵永刚等2位老师参与相关章节的编写和修订工作；谢建国教授负责本书的策划、组织和主编工作；蒋盛益教授也参与了本书的组织工作。

本书得到广东省综合类教学研究和教改项目（计算素养教学体系的构建与实践）经费的资助，教育部产学研协同育人项目经费的资助，2016年校级在线开放课程（MOOC）项目经费的资助。

本书在编写过程中参阅了许多文献和在线资料，但并未一一列举，还望谅解，在此一并感谢！

时间仓促，水平有限，局限难免，欢迎批评和指正。

大学计算机课题组

2017年6月

目 录 | CONTENTS

第1章

计算机组成

装机是一个永恒的话题，电子元件集成度的飞速提升令装机变得异常简单，其间甚至不需要具备任何电工知识。事实上，装机的更大意义在于享受装机过程的乐趣，同时尽快掌握一些相关的硬件知识，以便积累一些应对初级硬件故障的经验。基于此，在这个实验里，会使得对PC硬件还不熟悉的用户快乐体验一下装机的全过程。

1.1 装机必备的硬件基础知识

尽管装机是一件相当简单的事情，但是如果缺乏一些相关基础知识的话，也会遇到很多困难，甚至造成无法挽回的硬件损坏。其中最为重要的是对CPU与芯片组配合的了解。

目前桌面处理器主要分为两大派系：AMD的Socket AM2/AM2+以及Intel的LGA 775、LGA 1155，它们的主板上芯片组主要都由Intel、AMD、NVIDIA以及VIA这四家芯片组厂商供应，为了了解芯片组厂商与CPU的对应关系，将其总结如表1-1所示。

表1-1 CPU厂商的产品

接口类型	主流芯片组厂商	对应主流处理器
Socket AM2/AM2+	NVIDIA、AMD、VIA	Socket AM2+接口：Phenom FX / Phenom X4 / Phenom X2系列处理器；AMD Socket AM2接口：Athlon 64 X2 / Athlon 64 FX / Athlon 64 / Sempron系列处理器
LGA 775 LGA 1155	Intel、NVIDIA、VIA	Intel Core 2 Quad / Core 2 Extreme / Core 2 Duo/ Pentium D / Pentium 4 / Celeron 酷睿i3 3220 双核 Ivy Bridge 主频3.3GHz 64位支持

1.2 组装机的一般步骤

（1）安装主板上的CPU和内存

CPU发展到现在，设计已经非常防呆化，AMD的处理器的一个边角有一个三角标记，只要将这个标识符对准主板插槽上的三角标记放进去就好。当然，把CPU放好之后，要把扣具卡好，如图1-1所示。

和安装AMD处理器在主板的插槽上会予以三角符号标识防止插错不同，安装Intel处理器也有自己的一套“防呆”方法：注意处理器一边，有两个缺口，而在CPU插槽上，一边也有两个凸出，对准放下去就可以了。然后扣好扣具，可能会有点紧，用力下压就可以了，如图1-2所示。

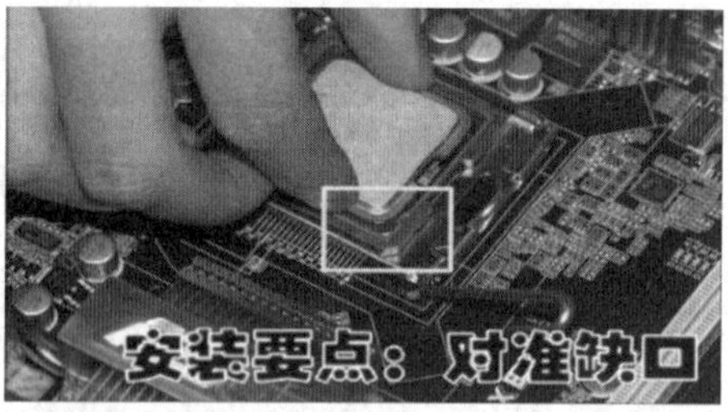

图1-1 CPU安装

图1-2 Intel处理器安装

内存的重要性想必有所耳闻。事实上内存插槽也是集成在主板上的，而且与各种内存之间也有一一对应的关系。现在处于更新换代的时期，部分高端主板同时提供了DDR2和DDR3两种内存插槽，不过可以通过识别内存插槽上的缺口来加以识别，通过图片可以看到，DDR2和DDR3内存接口上的缺口长短是完全不一样的，如图1-3所示。

图1-3 DDR2和DDR3两种内存插槽

安装内存很简单，如图1-4所示，只要把内存顺着防呆接口，用力按下去，卡扣就会自动把内存从两边卡住。记住一定要安装在两个颜色相同的内存插槽上（对于一般主板而言），才能够组成双通道。

接下来要做的，就是把导热硅脂涂抹在风扇底部，有利于CPU的热量的散发，记住要涂抹的均匀。将硅脂上好之后，接下来就是安装散热器了。例如图中这种Intel原装的散热器，安装的时候非常简单，将四个支脚对准缺口放好，先向下压紧，然后顺时针拧紧就可完成安装，如图1-5所示。最后，要记得把CPU散热器风扇的电源线接口插上。

图1-4 安装内存

图1-5 安装CPU风扇

（2）安装电源

选择先安装电源进机箱里面有一个好处就是可防止如果后面安装电源不小心而碰坏主板，另外，现在越来越多的电源开始采用如图1-6中所示这种侧面大台风式散热电源，在安装的时候要将风扇一面对向机箱空侧，而不是对向机箱顶部导致散热不均现象。安装电源如图1-6所示。

图1-6　安装电源

记住，安装好电源后，安装主板前，一定要先把主板I/O接口的挡板安好。有的用户第一次装机，手忙脚乱地会忘记安装，等装好主板后才发现没有安装I/O挡板，又要返工。

（3）将主板固定在机箱内部

自然不可能将主板裸露在外进行工作，因此必须将主板固定在机箱中。固定主板并不是什么复杂的操作，只要将金黄色的螺丝卡座安置在机箱底部的钢板上即可，如图1-7所示机箱底部的钢板上的螺丝卡座。

图1-7　固定主板

将螺丝卡上好在机箱底部之后，接下来就可以固定好主板了，如图1-7所示固定主板。

固定好主板之后，将各个螺丝孔上紧螺丝，就完成主板的安装了。

安装好主板后，如果安装的是独立显卡平台的话，接下来要做的内容是将显卡安装好。将防呆式显卡插进主板插槽之后，再拧上一颗螺丝就可以紧紧将显卡固定好啦。

（4）安装光驱和硬盘

把机箱前面板的挡板抠下来，然后把准备好的光驱推放进去，把光驱推进去后，记住要把扣具扣好，才能固定住光驱，如图1-8所示安装光驱。固定光驱上螺丝的过程，如图1-9所示。

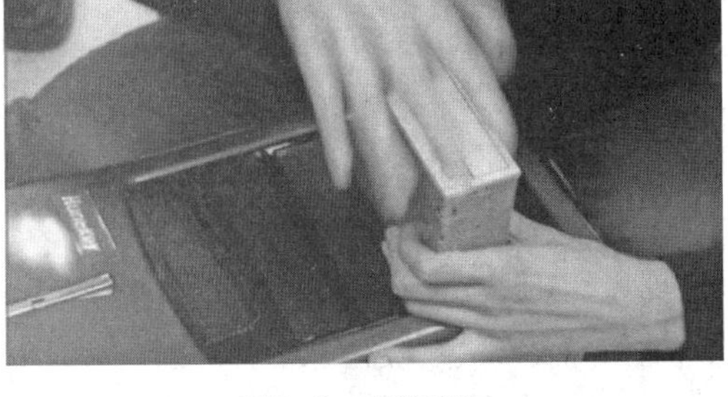

图1-8　安装光驱

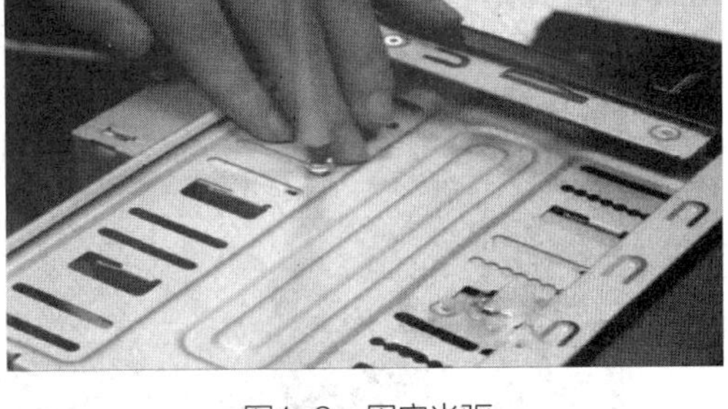

图1-9　固定光驱

硬盘的安装和光驱一样，不同的是从机箱内部推进，把硬盘固定在托盘架上，上紧螺丝即可。固定光驱和硬盘的时候许多人会将另一侧的螺丝忘记上，将机箱另外一侧的挡板打开，将另外一面的螺丝上紧才能更好地平衡光驱和硬盘。

（5）接好所有数据线、电源线和机箱跳线

将所有配件固定好之后，最后只需要将所有数据线，电源线接好，装机就大功告成了。

首先接主板电源接口，现在的主板的电源插座上都有防呆设置，插错是插不进去的。主板供电接口一共分两部分：先插最重要的20/24PIN供电接口，一般在主板的外侧，很容易找到，对准插下去就可，如图1-10所示左侧图；除了主供电的20/24 PIN电源接口之外，主板还有一个辅助的4/8PIN电源接口供电，如图1-10所示右侧图，主板的4/8PIN电源在CPU插座附近，对于手大的人可能不好插。

图1-10 主板电源接口

然后完成如图1-11所示光驱和硬盘的数据线、电源线连接。

图1-11 光驱和硬盘的数据线、电源线连接示意图

最后，机箱前置面板上有多个开关与信号灯，这些都需要与主板左下角的一排插针一一连接。关于这些插针的具体定义，可以通过查阅相关主板说明书（图）了解，因为主板PCB上的字符实在太小了，对于视力不好的人来说查阅会比较痛苦。

一般地，需要连接PC喇叭、硬盘信号灯、电源信号灯、ATX开关、Reset开关，其中ATX开关和Reset开关在连接时无须注意正负极，而PC喇叭、硬盘信号灯和电源信号灯需要注意正负极，白线或者黑线表示连接负极，彩色线（一般为红线或者绿线）表示连接正极，如图1-12所示。

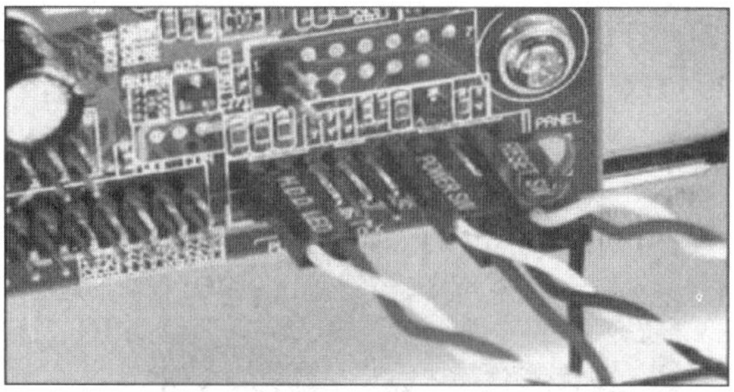

图1-12 机箱前置面板上的多个开关与信号灯连线

1.3 对连接线的进一步认识

为了更加方便理解，先从机箱里的连接线说起。一般来说，机箱里的连接线上都采用了文字来对每组连接线的定义进行了标注，但是怎么识别这些标注，这是要解决的第一个问题。实际上，这些线上的标注都是相关英文的缩写，并不难记。下面通过图片来一个一个的认识。

（1）识别连接线上的标注

①电源开关：POWER SW，如图1-13所示。

英文全称：Power Swicth

可能用名：POWER、POWER SWITCH、ON/OFF、POWER SETUP、PWR等

功能定义：机箱前面的开机按钮

图1-13 机箱前面的开机按钮连线

②复位/重启开关：RESET SW，如图1-14所示。

英文全称：Reset Switch

可能用名：RESET、Reset Switch、Reset Setup、RST等

功能定义：机箱前面的复位按钮

图1-14 机箱前面的复位按钮连线

③状态指示灯：H.D.D LED，如图1-15所示。

英文全称：Hard disk drive light emitting diode

可能用名：HD LED

功能定义：硬盘工作指示

图1-15 硬盘状态指示灯连线

④报警器：SPEAKER，如图1-16所示。

可能用名：SPK

功能定义：主板工作异常报警器

⑤前置USB接口连接线

连接前置USB接口的，一般都是一个整体，现在一般机箱上的前置USB连线都是这样整合型的，上面一共有8根线，分别是VCC、Data+、Data-、GND，这种整合的就不用多说了，直接插上就行。如果是分开的，一般情况下都本着红、白、绿、黑的顺序连接。如图1-17这根线，虽然是整合的，但同样是以红、白、绿、黑的排序方式，如图1-17所示。

图1-16 报警器连接线

图1-17 前置USB接口连接线

⑥音频连接线：AUDIO

可能用名：FP AUDIO

功能定义：机箱前置音频，如图1-18所示。

看完以上简单的图文介绍以后，一定已经认识机箱上的这些连线的定义了，其实真的很简单，就是几个非常简单英文的缩写。接下来认识主板上的“跳线”。

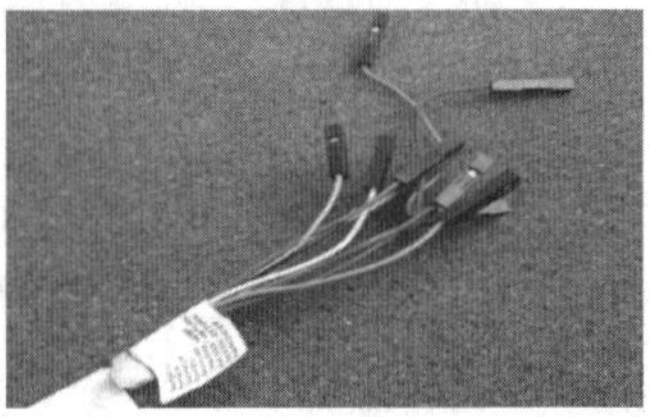

图1-18 机箱前置音频连接线

（2）跳线的第一Pin

实际上，机箱上的线并不可怕，80%以上的初学者感觉最头疼的是主板上跳线的定义，其实这其中有很多的规律，就是因为这些规律，才能做到举一反三，无论什么品牌的主板都不用看说明书就能插好复杂的跳线。

要学会如何跳线，必须先了解跳线到底从哪儿开始数。在主板（任何板卡设备都一样）上，跳线的两端总是有一端会有较粗的印刷框，而跳线就应该从这里数。找到这个较粗的印刷框之后，就本着从左到右，从上至下的原则数就是了，如图1-19所示。

图1-19 主板上跳线的定义

（3）9Pin开关/复位/电源灯/硬盘灯定义及连线示意图

图1-20这款主板和图1-19的主板一样，都采用9Pin定义开关/复位/电源灯/硬盘灯。

9Pin开关/复位/电源灯/硬盘灯跳线是目前最流行的一种方式，市场上70%以上的品牌都采用的是这种方式，慢慢地也就成了一种标准，特别

图1-20 9Pin定义开关/复位/电源灯/硬盘灯面板连接口实物图

是几大代工厂为通路厂商推出的主板，采用这种方式的更是高达90%以上。

图1-21是9Pin定义开关/复位/电源灯/硬盘灯的示意图，在这里需要注意的是其中的第9Pin并没有定义，所以插跳线的时候也不需要插这一根。连接的时候只需要按照上面的示意图连接就可以，很简单。其中，电源开关（Power SW）和复位开关都是不分正负极的，而两个指示灯需要区分正负极，正极连在靠近第一针的方向（也就是有印刷粗线的方向）。

机箱上的线区分正负极也很简单，一般来说彩色的线是正极，而黑色/白色的线是负极（接地，有时候用GND表示）。

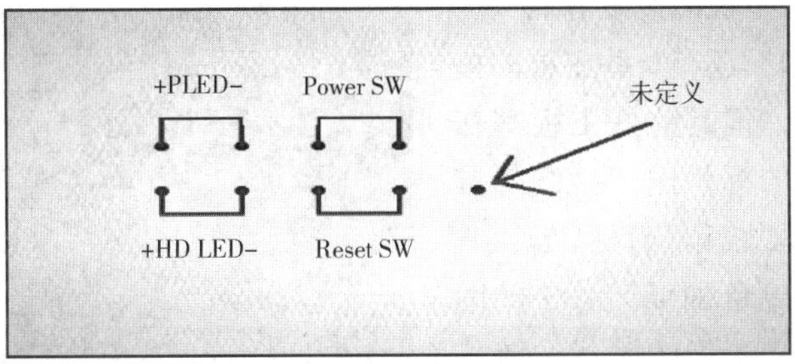

图1-21　9Pin面板连接跳线示意图

学到并且记住本章内容之后，你就可以搞清绝大部分主板的开关/复位/电源指示灯/硬盘指示灯的连接了，现在你可以把你机箱里的这部分线拔下来，再插上。一定要记住排列方式。为了方便记忆，这里用4句话来概括9Pin定义开关/复位/电源灯/硬盘灯位置：

- 缺针旁边插电源；
- 电源对面插复位；
- 电源旁边插电源灯，负极靠近电源跳线；
- 复位旁边插硬盘灯，负极靠近复位跳线。

（4）具有代表性的华硕主板接线方法

很多人装机的时候会优先考虑华硕的主板，但是华硕的主板接线的规律一般和前面讲到的不太一样，但是也非常具有代表性，所以在这里单独提出来讲一下，其实物图如图1-22所示。

图1-22　华硕的主板连线实物图

图1-23是这种华硕主板接线的示意图（红色的点表示没有插针），实际上很好记。这里要注意的是有些机箱的PLED是3Pin线的插头，但是实际上上面只有两根线，这里就需要连接到3Pin的PLED插针上，如图中的虚线部分，就是专门连接3Pin的PLED插头的。

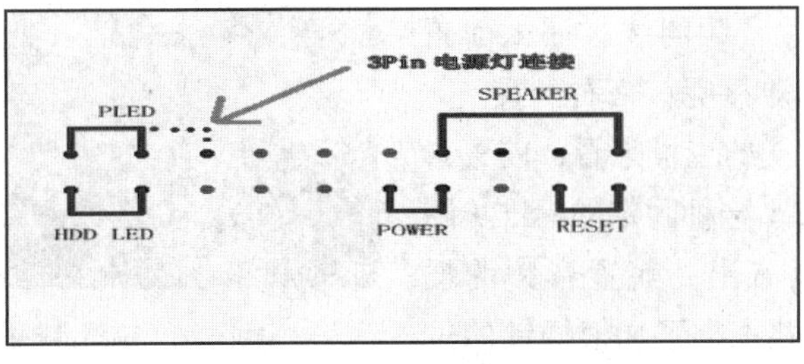

图1-23　华硕的主板连线示意图

下面来找一下规律。首先，Speaker的规律最为明显，4Pin在一起，除了插Speaker其他什么都插不了。所以以后看到这种插针的时候，首先确定Speaker的位置；然后，如果有3Pin在一起的，必然是接电源指示灯，因为只有电源指示灯可能会出现3Pin；第三，Power开关90%都是独立在中间的两个Pin，当然也可以自己用导体短接一下这两个Pin，如果开机，则证明是插Power的，旁边的Reset也可以按照同样的方法试验。剩下的当然是插硬盘灯了，注意电源指示灯和硬盘工作状态指示灯都是要分正负极的，实际上插反了也没什么，只是会不亮，不会对主板造成损坏。

（5）其他无规律主板的接线方式

除了前面讲到的，还有一些主板的接线规律并不太明显，但是这些主板都在接线的旁边很明显的标识出了接线的方法（实际上绝大多数主板都有标识），并且在插针底座上用颜色加以区分，如图1-24所示。遇到这样主板的时候，就按照标识来插线就可以了。

图1-24　其他无规律主板的接线方式

看到现在，相信已经明白了装机员用钥匙开机的秘密了吧，实际上也就是Power相应的插针进行短接，很简单。

（6）前置USB的连线接口

前置USB的接线方法实际上非常简单，现在一般的机箱都将前置USB的接线做成了一个整体，只要在主板上找到相应的插针，一起插上就可以了。一般来说，目前主板上前置USB的插针都采用了9Pin的接线方式，并且在旁边都有明显的USB 2.0标志。

要在主板上找到前置USB的插针也非常简单，现在的主板一般都有两组甚至两组以上的前置USB插针（图1-25），找前置USB的时候只要看到这种9Pin的，并且有两组/两组以上的插针在一起的时候，基本上可以确定这就是前置USB的插针，并且在主板附近还会有标识。

图1-25　前置USB的插针实物图

（7）前置音频连接方法

由于前置音频是近两年才开始流行起来的，别说是用户了，就连很多装机的技术员都不太会连接前置音频的线。那么前置音频到底是不是那么难接呢，来看一看。

从目前市场上售卖的主板来看，前置音频插针的排序已经成了一种固定的标准（图1-26）。从图上可以看出，前置音频的插针一共有9颗，但一共占据了10根插针的位置，第8针是留空的。

图1-26　前置音频插针的排序实物图

图1-27是比较典型的前置音频的连线，前置音频实际上一共只需要连接7根线，也就是图1-27中的7根线。在主板的插针端，我们只要了解每一根插针的定义，也就能很好地连接前置音频了。下面来看一下主板上每颗针的定义：

1——Mic in/MIC（麦克风输入）

2——GND（接地）

3——Mic Power/Mic VCC/Mic BIAS（麦克风电压）

4——No Pin

5——LINE OUT FR（右声道前置音频输出）

6——LINE OUT RR（右声道后置音频输出）

7——NO Pin

8——NO Pin

9——LINE OUT FL（左声道前置音频输出）

10——LINE OUT RL（左声道后置音频输出）

在连接前置音频的时候，只需要按照上面的定义，连接好相应的线就可以了。实际上，第5Pin和第6Pin、第9Pin和第10Pin在部分机箱上是由一根线接出来的，也可以达到同样的效果。

看起来线有点多，但是同样非常好记，不妨按照笔者的方法。首先记住前三根，第一根是麦克输入，第二根接地，第三根是麦克电压，然后第5Pin和第6Pin插右声道，第9Pin和第10Pin插左声道。从上往下数就是，Mic in、Mic电压、右声道、左声道，再外加一个接地。

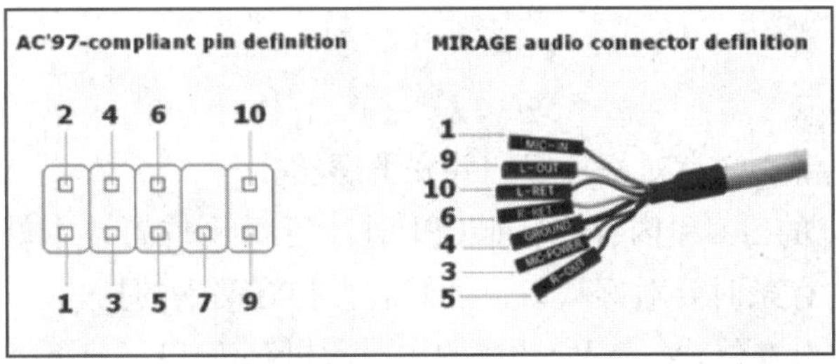

图1-27　前置音频的插针的排序示意图及音频连接线

其实，很多接线实际上都整合了，不用再为线序烦恼，如图1-28所示。

好了，只要认真地看过本书之后，相信以后都不会被主板上繁杂的跳线所困扰。当然，还有一些主板上可能有一些其他定义的跳线，比如外接1394接口，这些都有很明显的标志，并且基本上连线都是整合型的，直接插上就可以，并不难，这里就不对这些用得较少的跳线做太多的讲述了。

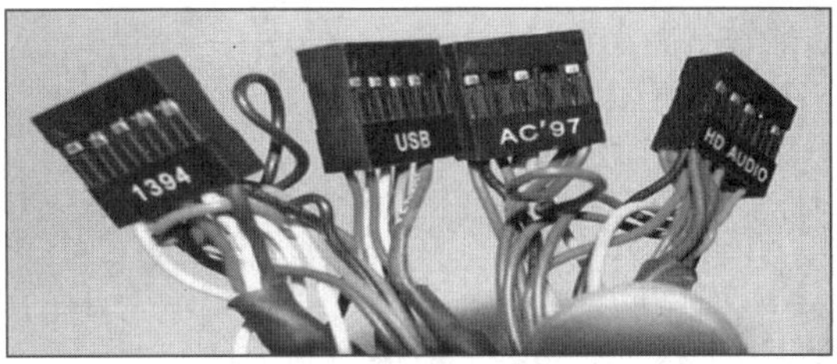

图1-28　各种整合的连接线

最后建议可以用皮筋或是线绳等工具，把机箱内部的电源线和跳线整理好，以免影响到主板以后的使用。

1.4 装机实战

对于一般用户来说，很多时候，购买组装电脑往往是由经销商来完成组装的步骤，如果想享受自己装机乐趣的话，应该实战一下装机的过程。

实战平台可以实物组装也可采用模拟仿真软件。

实验目的

（1）熟悉组成计算机的各硬件部件。

（2）熟悉各部件的连接。

（3）熟练掌握组装的顺序。

实验内容

用提供的各部件组装一台台式电脑。

实验步骤

（1）安装机箱电源。注意对好位置，并安上螺丝。

（2）装好主板上的CPU和内存条。装CPU时注意对正位置，卡好扣具，然后涂散热膏，再装风扇；装内存条时要对好缺口，插好后，扣好两端的扣。

（3）安装主板。对准位置，有I/O插槽的边对着机箱I/O口，放下，安好螺丝即可。

（4）安装好主板上的各种I/O卡及硬盘、光驱等外设。

（5）接好所有连线。包括各设备的数据线、电源线及网线、鼠标连接线、键盘连接线、显示器信号线等。

第2章

Windows的实践

操作系统是计算机的工作平台，计算机中的绝大多数操作都必须在该平台上完成。而Windows是目前使用范围最广且最实用的操作系统，Windows的中文意思为“窗口”，表示该操作系统是基于图形化的操作界面。本章以目前较为常用的Windows 7操作系统为例，介绍它的基本操作和使用方法。

操作系统的操作主要有三个方面的内容：系统的基本操作、文件管理、系统的管理设置与维护。

系统的基本操作主要包括系统的基本界面的使用，系统的启动和退出，鼠标的操作，窗口，对话框，菜单，任务栏，程序的启动退出，快捷方式的建立等。本部分的练习请使用系统的联机帮助自行学习、练习。

2.1 Windows 7的文件管理

Windows 7的文件管理是计算机管理的核心。文件是操作系统中最为常见的对象，对文件的操作也是操作系统中最为常用的操作之一。

2.1.1 基本术语

（1）文件

这里所指的文件是在计算机领域中狭义的文件，即磁盘文件。磁盘文件是指存储在磁盘等计算机存储器上的一组信息集合，它们可以是数据、文本、声音、图像和综合信息，统称数据文件或文档。磁盘文件也可以是程序，称为程序文件。

（2）文件夹

文件夹是Windows 7在磁盘上管理文件的组织形式和实体。文件夹中除存放文件外，还可以存放其他文件夹——子文件夹。在以前的 Windows 版本中，文件夹被称为目录。逻辑上，Windows 7将整个计算机视为一个文件夹，称为桌面文件夹。桌面文件夹与目录中的根目录类似，计算机上的所有设备和信息都是这个文件夹的子文件夹。

（3）文件和文件夹的命名规则

文件和文件夹的命名规则相同。

①文件名和文件夹名的形式为：

<主名>.[<扩展名>]

<主名>说明文件的主题，<扩展名>说明文件的类型。

②Windows 7下的文件名及文件夹名最多可有256个字符。

③文件的主名和扩展名之间必须用分隔符“.”分开，而且，扩展名可以使用多个分隔符。例如：

education.maths.class

Windows 7取文件名最后部分区分文件类型。

④Windows 7中可以用大写或小写字符来命名文件及文件夹，并保留输入的大小写格式，但不以此作为区别文件夹或文件的依据，即BOOk.Doc等同于BOOK.DOC。

⑤文件名及文件夹名中允许使用空格符，但不允许使用以下9个字符：

“?”“*”“"”“<”“>”“|”“/”“\”“：”，如图2-1所示。

图2-1　命名文件时被禁止使用的字符

⑥同一文件夹内文件不能同名。

⑦可以使用汉字命名文件和文件夹。

（4）文件类型

根据文件所包含的不同信息，可将文件分成不同的类型，而文件的扩展名就是区别文件类型的标志。常见的文件扩展名有：

①程序文件：由命令组成并按一定的逻辑顺序编制而成的文件被称为程序文件。有四种形式的扩展名，即COM、EXE、BAT、PIF。其中COM为系统命令文件，EXE为可执行程序，BAT为批命令处理程序，PIF为非Windows应用程序的程序信息文件。

②系统支持文件：系统支持文件是支持系统或各子系统运行的文件。系统支持文件的扩展名为OVL、SYS、DRV、DLL。系统支持文件由系统或应用程序调用。

③文档文件：文档文件是由应用程序生成的文件档案，例如书信、文章、报告等，除了输入的内容外，文档文件还包含文档字型、字体、段落、排版的有关格式信息。常见的文档文件有：TXT为纯文本文档，DOC、RTF为Word文本格式文档，RIF、WRI为书写器格式文档，INF为有关信息文档，INI为初始化信息文档。

④图像文件：图像文件是专用于存储图像的文件。常见的扩展名为bmp、gif、jpeg。

⑤声音文件：声音文件是以数字形式存储的音频文件。常见的扩展名为wav、mid、mp3。

⑥影视文件：影视文件是包含影视或动画等动态信息的文件。一般扩展名为avi、rm、mpeg。

⑦数据文件：数据文件常作为数据处理程序的一部分，所以有多种格式。常见的扩展名为dbf、xls、mdb。

（5）文件属性

文件属性定义了文件的使用范围、显示方式以及受保护的权限。文件有三种属性：只读属性、存档属性和隐藏属性。只读属性设定文件在打开时不能被更改和删除。存档属性表示程序依次对文件或文件夹进行备份。隐藏属性将隐藏指定的文件夹名或文件名。

（6）路径

路径是指文件和文件夹在计算机系统中的具体存放位置。

完整路径包括：驱动器符，后接冒号（：）；文件夹和子文件夹的名称，每个文件夹名称前要带反斜杠（\）；如在路径中要具体指定目标文件夹或文件，应在最后指明该文件夹或文件名，并用反斜杠与路径分隔。

在Windows中，驱动器都用字母表示。大多数硬盘驱动器用C或D表示，而软盘驱动器用A或B表示。

2.1.2　文件及文件夹的操作

（1）文件夹的建立

在“计算机”或“Windows 资源管理器”中，打开要在其中创建新文件夹的文件夹，直接点击工具栏中的“新建文件夹”按钮创建文件夹，该图标的文件夹名框显示蓝色并带有闪烁光标。此时，可直接输入自定义的文件夹名，最后按回车键确认。

（2）选择文件或文件夹

在Windows 7中无论打开文档，运行程序，删除旧文件还是将文件复制到磁盘中，用户都需先选定文件或文件夹，再进行相应的操作。

①选择单个文件或文件夹：在“计算机”或“Windows资源管理器”中，用鼠标左键单击要选定的文件或文件夹。

②在文件夹窗口中选择文件或文件夹：按住鼠标左键拖动鼠标，出现一个虚线框，释放鼠标按钮，将选定虚线框内的有关文件或文件夹。

③选择多个相邻的文件或文件夹：选定第一个文件或文件夹，再按“Shift”+单击最后一个文件或文件夹，或连续按“Shift+光标移动键”，向某个方向扩大或缩小文件或文件夹的选择。

④选择不连续的文件或文件夹：如要选择多个不连续的文件或文件夹，可用“Ctrl”+单击各个不连续的文件或文件夹。

⑤选择全部文件或文件夹：执行“编辑”菜单中的“全部选择”命令，就可选定当前文件夹下的全部文件和文件夹。（注意：Windows 7中的菜单默认情况下处于隐藏状态，按下Alt键可以激活显示）

⑥反向选择：先选择不要的文件或文件夹。在“编辑”菜单中选择“反向选择”命令。

⑦取消选择的文件和文件夹：取消单个已选定的文件或文件夹，只需按住“Ctrl”键，并单击要取消的文件名即可。取消全部选定的文件和文件夹，只需在文件以外的空白处单击鼠标即可。

（3）复制和移动文件或文件夹

要进行文件或文件夹的复制和移动，应先选中对象。对象可以是单一的文件夹或文件，也可以是一组文件夹或文件。

复制和移动文件夹或文件的操作可用鼠标拖动的方法完成，也可以通过菜单命令完成。

①用鼠标左键拖动复制和移动文件夹或文件：用鼠标左键拖动文件夹或文件，在同盘和异盘上操作所得到的结果是不同的。例如，将文件从C盘的一个文件夹拖到C盘的另一个文件夹处，被称为同盘操作。若将文件从C盘拖到D盘，被称为异盘操作。

同盘操作情况下：单纯拖动所选对象到预定的位置，即可完成文件夹或文件的移动。“Ctrl+拖动所选对象”，则完成文件夹的移动或文件的复制。

异盘操作情况下：直接拖动被选对象就可以完成文件夹或文件复制。如果想将被选对象从C盘移动到D盘，应按住“Shift”键不放，再将对象从源盘拖动到目标盘，才可完成异盘文件夹或文件的移动。

②用鼠标右键拖动复制和移动文件夹或文件：在目录窗口选中操作对象后，若用鼠标右键将被选对象拖动到一个预定文件夹地址后，出现一个快捷菜单，如图2-2所示。

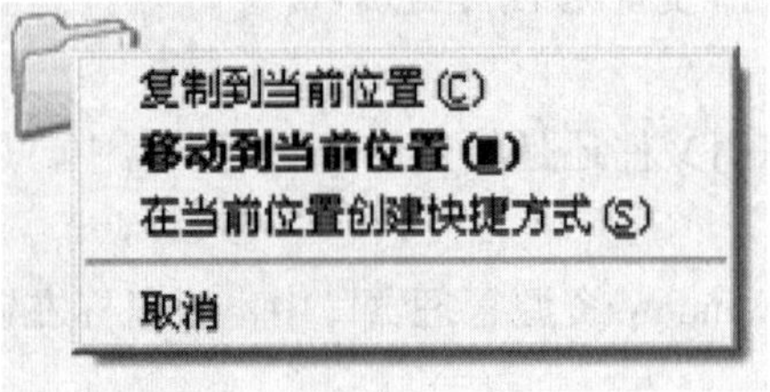

图2-2 右键拖动后的快捷菜单图

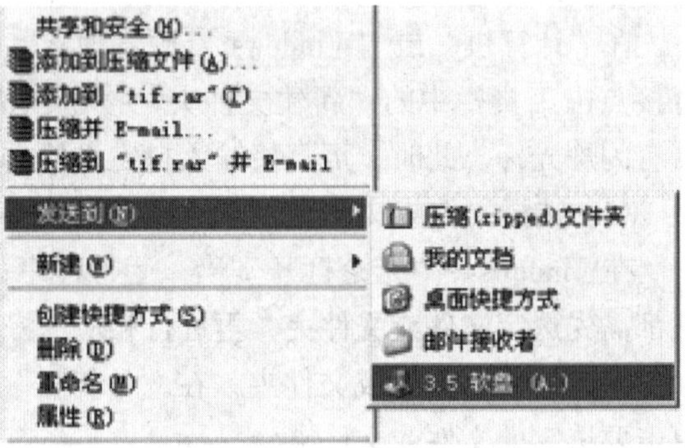

图2-3 “发送到”命令

这时可以选择操作的具体要求：复制、移动或创建对象的快捷方式。如果要取消操作，可选择“取消”命令。

③使用“编辑”菜单中的命令复制和移动文件或文件夹。

首先，在“计算机”或“Windows资源管理器”窗口中，选中文件夹或文件。若作移动操作，就点击“编辑”菜单中的“剪切”命令，选中的文件夹或文件图标变为暗淡色，完成了所选对象到剪贴板的移动。

若作复制操作，就单击“编辑”菜单中的“复制”命令，选中的文件夹或文件仍然保留在原来的位置不变，完成所选文件到剪贴板的复制。

用鼠标选择复制或移动的目标地点，或者说打开要存放所选文件夹或文件的文件夹，单击“编辑”菜单中的“粘贴”命令，即可完成复制或移动操作。如果是移动操作，原位置上的文件失或文件将会消失。

④使用对象的鼠标右键快捷菜单中的“发送到”命令完成复制操作。

在对象的鼠标右键快捷菜单中有一个“发送到”子菜单，如图2-3所示，子菜单列出了若干当前系统可供发送（复制）的文件夹或文件的目标位置。通过选择发送的目标位置，可将所选对象复制到“3.5软盘（A：）”“我的文档”“邮件接收者”以及“桌面快捷方式”等。

选择所要复制的对象后，在“发送到”子菜单内选择相应目标驱动器，如“3.5软盘（A：）”（如果计算机上插入U盘，该子菜单中会列出），系统将把选定对象发送到指定软盘，便完成所选对象到软盘的复制。

（4）删除与恢复文件或文件夹

在Windows7中删除文件夹或文件分逻辑删除和物理删除两种，逻辑删除是指将文件夹或文件移送入“回收站”，并未从硬盘中真正消失。在需要时被逻辑删除的对象可以从“回收站”中取出置于原来的位置。也就是说，逻辑删除的对象是可以恢复的；物理删除是真正地把对象从硬盘中清除，以后再也无法恢复。

①删除文件夹或文件到“回收站”：首先选择想要删除的文件夹或文件，然后执行“文件”|“删除”命令，或者直接按下“Delete”键，也可以将文件夹或文件图标拖动到桌面的“回收站”图标中。此时，系统会出现“确认文件删除”对话框，询问用户是否要将所选对象送入回收站，让用户作进一步回答。如果选择“是”，所选对象将从原来位置上消失，转移到回收站去。如果选择“否”，则取消本次删除操作。

②从“回收站”恢复文件夹或文件：有些文件夹或文件可能是属于误删的，但只要还存在于“回收站”，就可以将其取出送回原处。当想要恢复某些被删对象时，先打开“回收站”窗口，寻找并且选中想恢复的对象，然后单击“文件”菜单上的“还原”命令，所选对象就从“回收站”窗口消失，回到原文件夹处。也可采用移动或复制操作，将“回收站”内的文件夹或文件，移动或复制到新的目标文件夹内供使用。

③永久地删除文件夹或文件：如果要把文件夹或文件永久地从硬盘中删掉，有两种方法：

【方法1】先进行逻辑删除，再进行物理删除。

先将文件夹或文件送入“回收站”，以后确定这些文件确实不需要了，再从“回收站”中删除。“回收站”窗口的“文件”菜单中有“清空回收站”和“删除”两个命令，“清空回收站”是针对该窗口内所有对象的，而“删除”则可进行选择性的删除。

【方法2】直接进行物理删除。

将选定的文件夹或文件图标按“Shift”+拖动到“回收站”，或者选定对象后按“Shift”+“Delete”键，屏幕会出现“确认删除”对话框。当确认删除后，被删除对象将从计算机的存储器中删除而不保存在“回收站”中。

（5）文件或文件夹的重命名

任何一个文件夹或文件都可改换名称。在任何文件夹浏览窗口，选定想要改名的文件夹或文件后，选择“文件”菜单中的“重命名”命令，文件夹或文件名即被激活，并出现闪烁的插入点光标。在插入点光标处可键入新名称，然后按回车键或者鼠标单击窗口的任何位置，文件夹或文件名便重新命名。

（6）设置文件夹或文件属性

前面已介绍了文件夹和文件的属性的含义。根据需要，可以为文件夹和文件设置属性。

选定文件夹或文件后，选择“文件”菜单中的“属性”命令，打开文件夹或文件的“属性”对话框。

在“属性”对话框的“常规”选项卡上，Windows 7列出了所选类型、位置和大小，以及创建时间。“属性”栏列有“只读”“存档”“隐藏”属性复选项。在修改属性设置后，选择“确定”退出。

由于文件的性质不同，相应打开的“属性”对话框的内容也会不同。有些文件的“属性”对话框内包含有多张选项卡。

“摘要”选项卡：它可输入或修改有关文件的标题、主题、作者、上司、公司、类型、关键字和说明等信息。

“自定义”选项卡：它可自定义属性的名称，如可定义名称为安排、办公室、编辑、部门和参考等。指定自定义属性的类型，如文本、日期和号码等，注意类型必须与指定的内容相匹配。输入自定义属性的数值，值的格式必须与类型中选择的内容一致，如果类型中指定为日期，那么值的输入内容必须为日期格式。

（7）搜索文件或文件夹

在“开始”菜单的底部或者“资源管理器”窗口的顶部（图2-4），Windows 7都提供了用于搜索资源的搜索框，只要打开搜索范围，在搜索框内输入相应的资源信息，回车后Windows就会执行用户的搜索请求，然后窗口中会罗列搜索的结果。

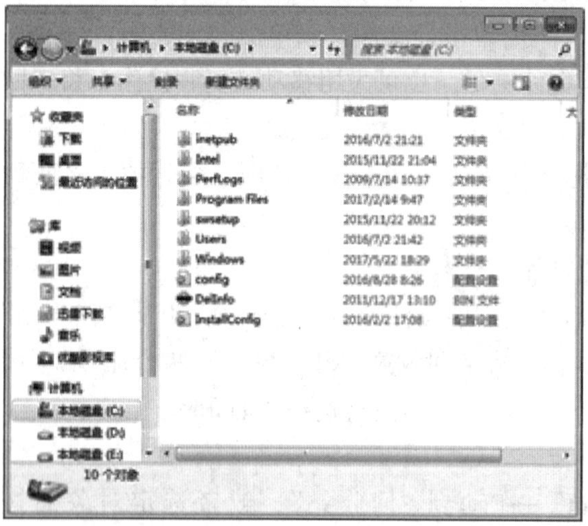

图2-4 windows 7的搜索框

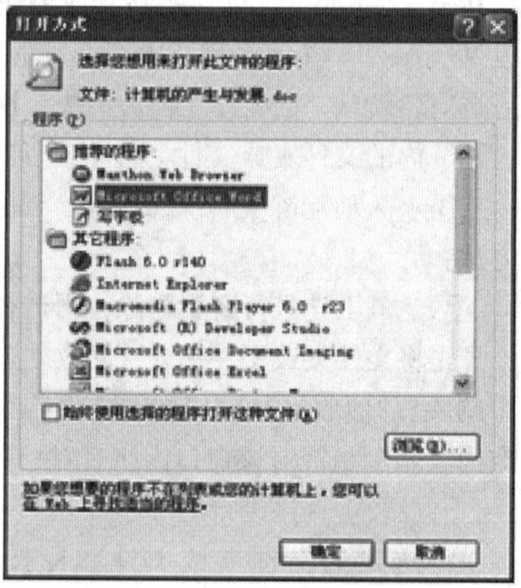

图2-5 “打开方式”对话框

Windows的搜索支持精确的搜索，也支持模糊搜索（配合通配符使用），还可以按日期和大小来设置搜索条件。

（8）文件与应用程序的关联

通常要打开一个文件，首先必须打开应用程序，然后在应用程序中打开。这就使具有某种扩展名的文件与某个应用程序建立了关联，当选择某文件时，与该文件相关联的应用程序首先打开，并自动打开文件。

文件的关联是自动建立的，并且是可以改变或删除的。如果某个文件没有与应用程序建立关联，双击该文件时，会出现“打开方式”对话框，如图2-5所示。从“程序”栏中选择打开文件的应用程序。

2.1.3　管理资源

“计算机”是Windows 7的一个系统文件夹。Windows 7通过“计算机”提供一种快速访问计算机资源的途径。用户可以像在网络上浏览Web一样实现对本地资源的管理。具体操作步骤如下：

1）在桌面上双击“计算机”图标，即可打开“计算机”窗口。在窗口中包含计算机上所有磁盘驱动器的图标。若用户安装了打印机，还会出现打印机的图标。

2）双击任何一个磁盘驱动器的图标，就可以打开这个磁盘的窗口，显示其中包含的文件和文件夹。

3）如果要单击硬盘图标，则会显示硬盘的大小、已用的存储空间和可用的存储空间。

4）如果单击某个文档，则会显示该文档的类型、修改时间、属性和作者。

5）如果单击媒体文件，对于图形图像文件，则可以看到其内容；对于声音或视频文件，则可以直接在预览位置播放；对于html文件，则可以看到缩略图，非常方便。

2.2　系统的设置和维护

2.2.1　Windows的控制面板

“控制面板”提供丰富的专门用于更改 Windows 的外观和行为方式的工具。可以在“开始”菜单中选择“控制面板”来打开“控制面板”窗口。控制面板窗口显示所有的任务，如图2-6所示。双击执行一个任务，就会打开一个任务设置对话框，可在内进行特定任务的设置。

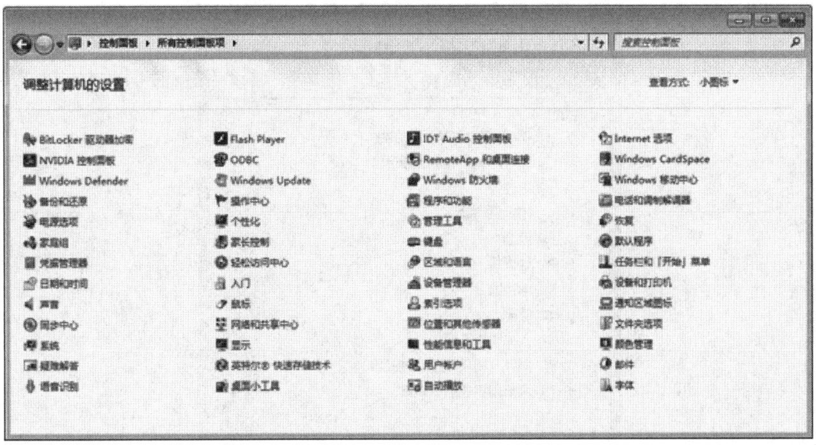

图2-6　控制面板窗口

2.2.2 显示属性设置

“控制面板”中的“显示”工具主要用来调整分辨率、调整亮度、校准颜色、设置屏幕保护、选择桌面主题，自定义桌面等，如图2-7所示。

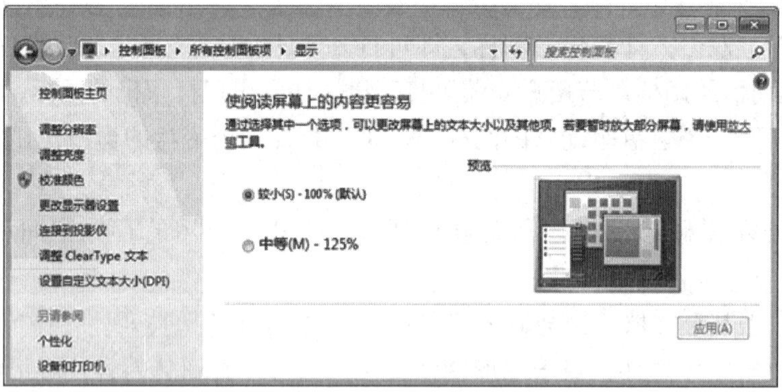

图2-7 显示属性设置

2.2.3 Windows设备管理器

Windows设备管理器可用来管理计算机上的设备。比如查看和更改设备属性、更新设备驱动程序、配置设备设置和卸载设备。设备管理器提供计算机上所安装硬件的图形视图。所有设备都通过一个称为“设备驱动程序”的软件与 Windows 通信。

使用设备管理器可以安装和更新硬件设备的驱动程序、修改这些设备的硬件设置以及解决问题。

打开“设备管理器”：只需要双击控制面板中的“设备管理器”即可。打开的界面如图2-8所示。

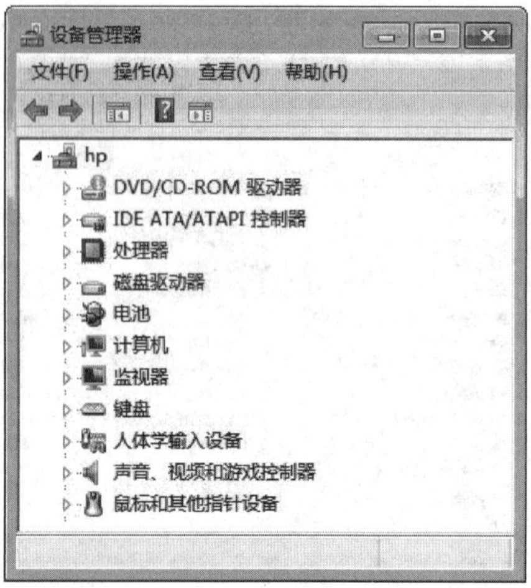

图2-8 设备管理器

2.2.4　系统日期和时间的设置

1）打开“控制面板”中的“日期和时间”，如图2-9所示。

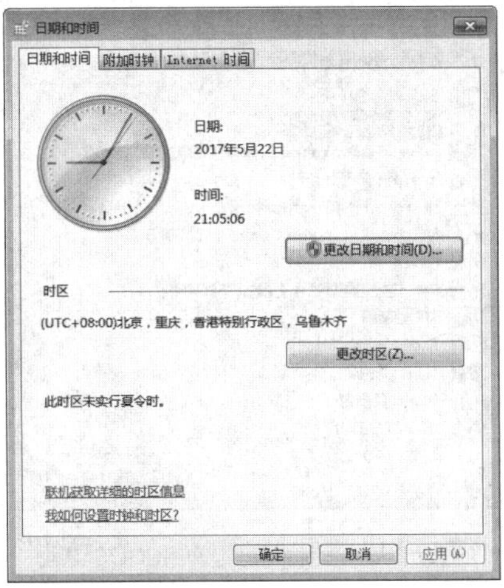

图2-9　日期和时间设置对话框

2）在“日期和时间”选项卡中，如果要更改日期和时间，则点击“更改日期和时间”按钮；如果要更改时区，请单击“更改时区”按钮。

2.2.5　卸载应用程序和Windows功能的开/关

在“控制面板”中双击“程序和功能”图标打开窗口，如图2-10所示。

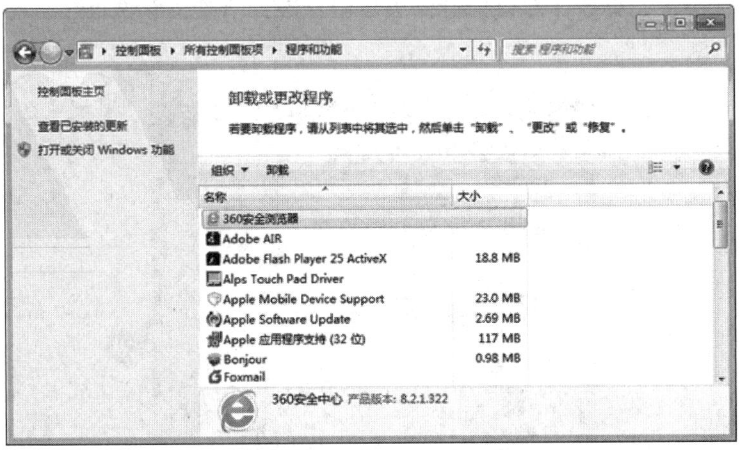

图2-10　卸载应用程序

在列表中单击要更改或卸载的程序，然后单击相应按钮即可。

如果需要开/关Windows功能，则点击“打开或关闭Windows功能”，如图2-11所示，然后选择相应的功能进行开关设置即可。

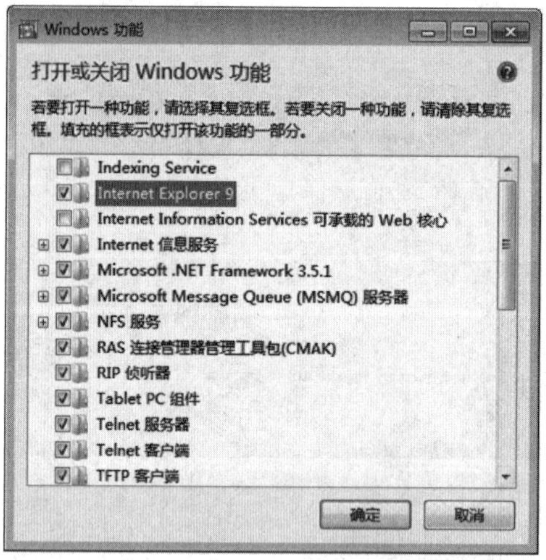

图2-11　打开或关闭Windows功能

2.2.6　环境设置与用户账户管理

（1）设置“鼠标”

在鼠标属性中可对鼠标按键，双击速度，指针选项，滚轮等进行设置。常用的是切换主次按钮设置和双击速度设置。切换主次按钮设置如下：

在“控制面板”中打开鼠标按钮。打开鼠标属性设置窗口，如图2-12所示。在“鼠标键”选项卡中的“鼠标键配置”下，选中“切换主要和次要的按钮”复选框可使右鼠标键作为主鼠标键。如果要让左鼠标键作为主鼠标键，清除该复选框。

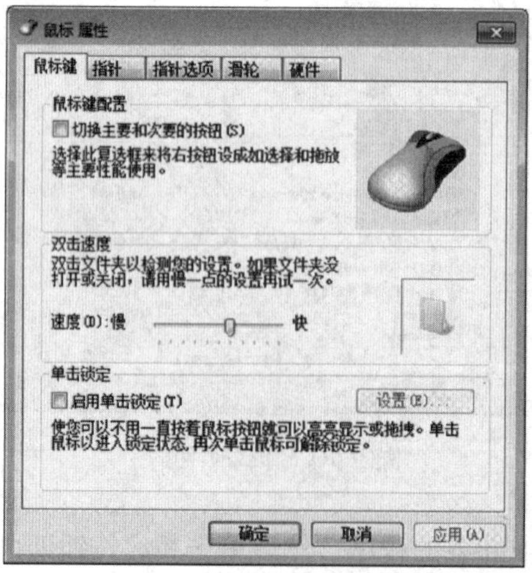

图2-12　鼠标属性设置对话框

（2）用户账户管理

用户账户定义了用户可以在 Windows 中执行的操作。在独立计算机或作为工作组成员的计算机上，用户账户建立了分配给每个用户的操作权限。在作为网络域一部分的计算机上，用户必须是至少一个组的成员。授予组的权限和权利也会指派给其成员。

计算机上有两种类型的可用用户账户：计算机管理员账户和受限制账户。在计算机上没有账户的用户可以使用来宾账户。计算机管理员账户是专门为可以对计算机进行全系统更改、安装程序和访问计算机上所有文件的人而设置的。只有拥有计算机管理员账户的人才拥有对计算机上其他用户账户的完全访问权。受限制账户可以禁止某些人更改大多数计算机设置和删除重要文件，无法安装软件或硬件，但可以访问已经安装在计算机上的程序。

在“控制面板”中双击“用户账户”，可打开用户账户窗口，如图2-13所示。常用的操作有创建账户，更改账户等。

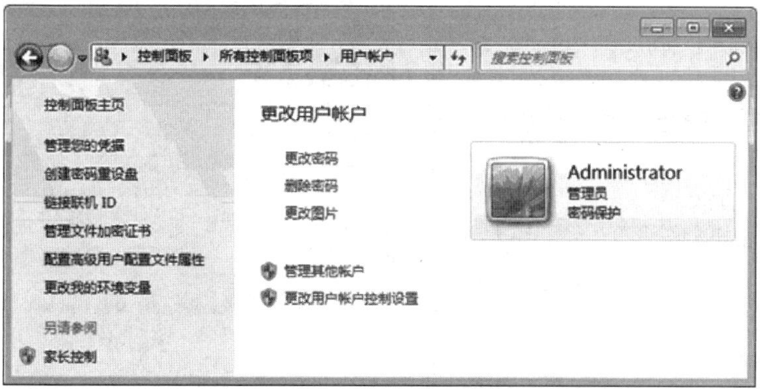

图2-13　用户账户设置

2.2.7　系统维护与其他附件

（1）系统维护工具

①磁盘清理程序的使用。

磁盘清理工具可以将磁盘上无用的文件成批地删掉，以释放所占用的存储空间。操作步骤如下：

a. 单击“开始”→“所有程序”→“附件”→“系统工具”，然后选择“磁盘清理”命令，打开“选择驱动器”对话框，在“驱动器”下拉列表框中选择目标驱动器，单击“确定”按钮。

b. 弹出“磁盘清理——计算释放空间”对话框，过一会儿自动弹出“（D:）的磁盘清理”对话框，如图2-14所示，选择列表框中要删除的文件，单击“确定”按钮，弹出磁盘清理确认对话框，单击“是”按钮，会弹出磁盘清理对话框，直至清理结束。

②使用磁盘碎片整理程序。

使用磁盘碎片整理程序重新安排计算机上的文件、程序以及未使用的空间，以便程序运行更快，文件打开得更快。操作步骤如下：

a. 单击“开始”→“所有程序”→“附件”→“系统工具”，然后选择“磁盘碎片整理”命令。

b. 在弹出的“磁盘碎片整理程序”对话框中（图2-15）选择要进行碎片整理的驱动器，单击“分析”按钮。

c. 进行分析后，会弹出对话框给出是否进行碎片整理的信息。

d. 如果要进行碎片整理，在所弹出的对话框中单击“确定”按钮，开始整理磁盘，整理完毕弹出碎片整理报告对话框。如果不想碎片整理报告，则直接单击“关闭”按钮完成碎片整理。

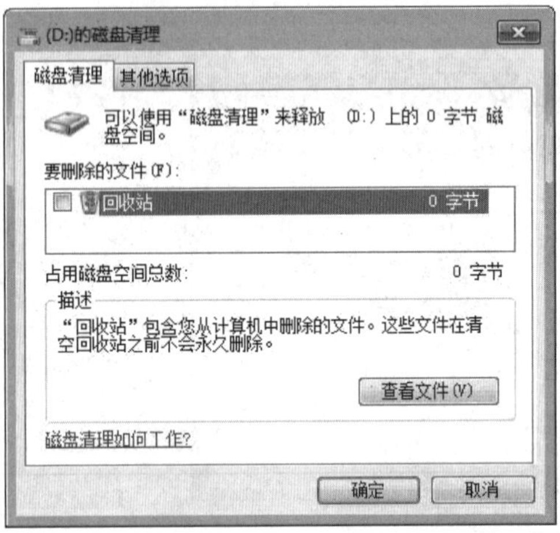

图2-14 “C:的磁盘清理”对话框

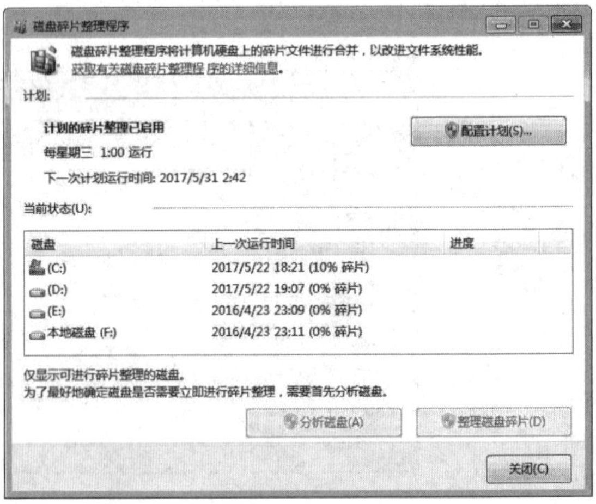

图2-15 “磁盘碎片整理程序”对话框

2.3 实验部分

2.3.1 Windows 7基本操作

实验目的

（1）掌握Windows窗口操作和菜单操作。

（2）掌握Windows对话框操作。

（3）掌握Windows的文件管理和磁盘管理。

（4）掌握Windows应用程序间的数据共享。

实验内容

（1）基本操作

① 启动Windows 7，在桌面上建立“记事本”程序的快捷方式图标。

② 进行“记事本”窗口的最大化、最小化和关闭等操作。

③ 通过“计算机”打开Word和Excel应用程序，并在两个窗口之间进行切换。

④ 将已打开的窗口以横向平铺方式排列。

⑤查找C盘中所有扩展名为bmp的文件。

⑥调整桌面图标排列方式，改为按名称排列。

（2）文件管理操作

①启动Windows 7资源管理器，浏览D盘，把文件及文件夹的显示改为“详细信息”方式并按时间顺序排序；

②在D盘根目录下创建Test文件夹；

③应用“编辑”菜单中的命令复制C:\Windows 文件夹中的*.txt文件到Test文件夹；

④应用工具栏按钮复制C:\Windows 文件夹中的*.txt文件到Test文件夹；

⑤应用鼠标拖动方法复制C:\Windows 文件夹中的*.txt文件到Test文件夹；

⑥应用鼠标拖动方法移动C:\Windows 文件夹中的*.txt文件到Test文件夹；

⑦选择Test文件夹中的某个文件，浏览其属性并将其改为“只读”属性；

⑧选择Test文件夹中的某个文件，将其重命名；

⑨选择Test文件夹中的某个文件，将其删除，再将其恢复；

⑩使用格式化命令格式化一个磁盘。

2.3.2　Windows 7系统设置

实验目的

（1）掌握正确运行及关闭Windows 7中应用程序的方法。

（2）掌握设置合理的个性化桌面环境的方法。

（3）熟悉附件的使用。

（4）熟悉通过控制面板进行系统设置的方法。

实验内容

（1）系统设置的操作要求

①打开记事本操作（2种以上方法）。

②记事本的关闭操作（至少4种方法）。

③改变桌面背景图案。

④设置屏幕保护程序为“三维文字”，具体为“请稍等片刻”。

⑤修改系统时钟，把时间后退1天。

⑥创建一个名为student的新用户名，密码为123456。

⑦在D盘建一个以自己姓名命名的文件夹，将此文件夹设为共享。

⑧设置回收站大小为2%，所有驱动器均使用同一设置。

⑨删除任务栏上输入法列表中的“郑码输入法”。

⑩重新添加“郑码输入法”。

（2）附件操作的操作要求

①搜索D盘的文本文件，用“记事本”将其中之一打开，然后把它另存于“我的文档”文件夹中。

②用“画图”打开“C:\Windows\Coffee Bean.bmp”文件。

③执行“磁盘清理”程序，清除C盘的“Internet临时文件”。

④执行“磁盘碎片整理程序”，分析C盘的碎片状况。

⑤使用“计划任务”，使每次开机后自动打开IE程序；每个月进行一次磁盘碎片整理。

2.3.3 Windows的程序管理

实验目的

掌握Windows的任务管理器的使用。

实验内容

Windows任务管理器的使用：

（1）启动“画图”程序，打开“Windows任务管理器”窗口，选择“进程”选项卡，通过“查看”|“选择列”命令设置线程数，查看系统当前的进程数有多少，再查看“画图”的线程数，并记录。

（2）通过“Windows任务管理器”终止“画图”程序。

（3）通过“Windows任务管理器”关闭Windows 7。

第3章

文字处理

文字处理是信息化办公的重要应用之一。文字处理软件是办公软件的一种，一般用于文字的格式化和排版，文字处理软件的发展是信息社会发展的标志之一。

目前，常用的文字处理软件有微软的Word、金山的WPS文字，Windows自带的写字板和记事本等，都是基于Windows平台的文字处理软件。以下，将使用微软公司的Word进行文档的编辑、排版。

3.1 Word概述

Word 是Microsoft公司推出的一款优秀的文字处理软件，在当前的信息化办公应用中占有巨大的优势。用Word软件可以编辑文字、图像，也可以用Word软件提供的绘图工具进行图形制作，编辑艺术字和数学公式，同时，强大的制表功能使得表格的制作既轻松又快捷，满足用户的各种文档处理要求。

Word 2010在保留旧版本功能的基础上新增和改进了许多功能，使其更易于学习，易于使用。

3.1.1 Word 2010的启动和退出

（1）启动Word 2010

启动Word 2010有几种方法：从“开始”菜单启动，或双击桌面上的Word 2010的快捷图标，或双击任意一个Word文档，在打开该文件的同时启动了Word 2010。

（2）关闭Word 2010文档

关闭Word 2010文档有几种方法：最简单的是单击窗口右上角的“关闭”按钮，或按组合键【Alt】+【F4】关闭当前Word文档，或单击“文件”选项卡→“退出”命令，退出Word程序（关闭所有的Word文档）。

对于尚未保存的文档，在执行关闭操作时，系统将弹出一个对话框提示用户是否保存修改，如图3-1所示。单击 保存(S) 按钮保存当前文档的修改；单击 不保存(N) 按钮不保存当前文档；单击

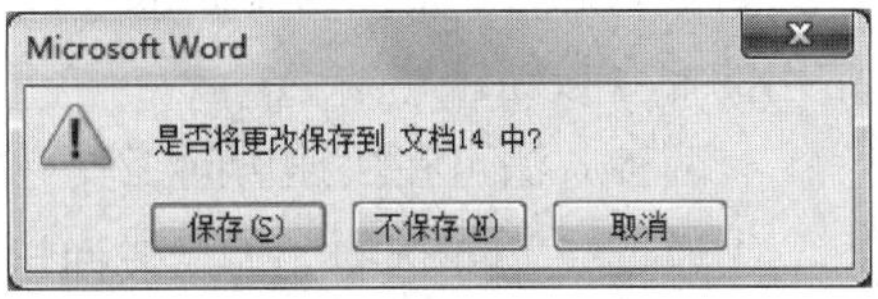

图3-1　是否保存文档

[取消] 按钮将取消关闭命令并退出对话框。

3.1.2 Word 2010的窗口组成

在使用Word 2010进行编辑文档之前，首先要了解它的窗口组成。Word 2010的主界面如图3-2所示。

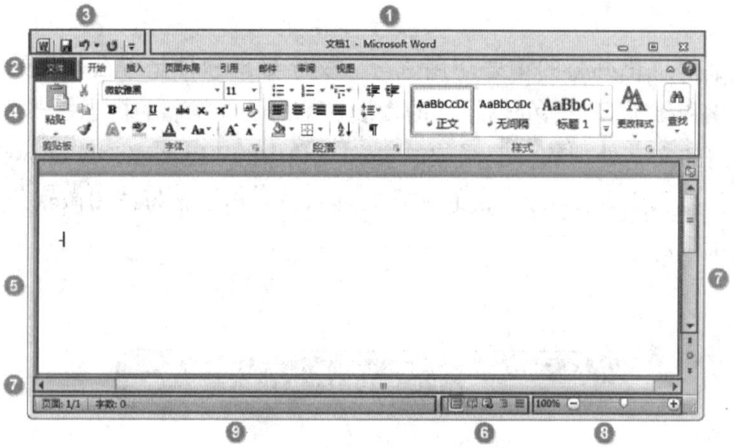

图3-2 Word 2010主界面

（1）标题栏

标题栏显示了当前正在编辑的文件的名称，如果当前正在编辑的是尚未保存过的文档，则以“文档×”（×代表数字）来显示。

（2）“文件”选项卡

“文件”选项卡包含了一些基本的命令，如“新建”“打开”“保存”“关闭”等，还包含了文件的保密设置。

（3）快速访问工具栏

默认情况下，快速访问工具栏位于Word窗口的顶部左侧。用户可以改变快速访问工具栏的位置，还可在该工具栏中添加命令按钮。

1）更改快速访问工具栏的位置

快速访问工具栏既可以位于窗口的顶端左侧（功能区上方），也可以位于功能区的下方。单击快速访问工具栏上的“自定义快速访问工具栏”按钮 ，在打开的菜单中选择“在功能区下方显示”或“在功能区上方显示”命令即可把工具栏移到功能区的下方或上方。

2）在快速访问工具栏中添加命令

默认状态下，快速访问工具栏只有少数几个命令按钮。用户可在其中添加一些其他常用的命令按钮。

有两种方法可在快速访问工具栏上添加命令。

①通过“Word选项”工具栏向快速访问工具栏中添加命令。

操作步骤如下：

a. 单击快速访问工具栏上的“自定义快速访问工具栏”按钮 ，在弹出的下拉列表中选择“其他命令”，弹出“Word选项”对话框（或单击“文件”选项卡→“选项”命令→“快速访问工具栏”标签），如图3-3所示。

b. 在“从下列位置选择命令”下拉列表框中选择命令类别，该类别的相应命令会出现在所选类别列表框中。

c. 在所选类别的命令列表框中选择某个命令，然后单击“添加”按钮，所选的命令会出现右侧的“自定义快速访问工具栏”列表框中。单击“对话框”右侧的“上移” 或“下移” 按钮可调整命令按钮在快速访问工具栏中的位置。

d. 按 确定 按钮添加成功。

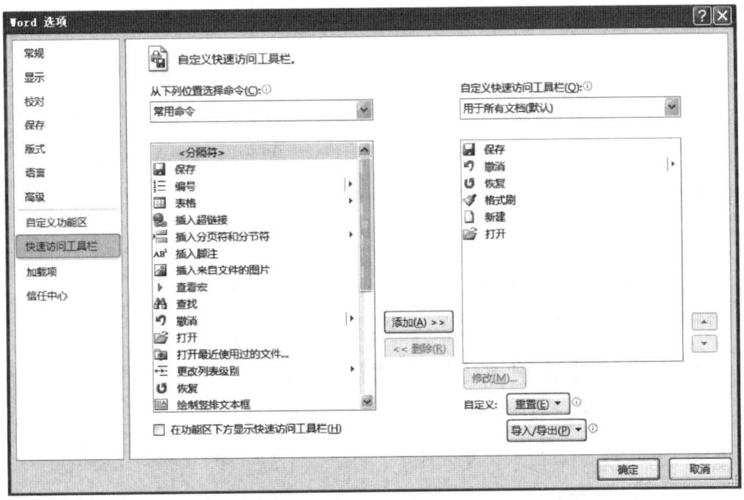

图3-3　“Word选项”对话框

②直接从功能区向快速访问工具栏添加命令。

操作步骤如下：

a. 单击要添加命令的所在选项卡，打开相应的命令。

b. 在目标命令按钮上单击鼠标右键，在弹出的快捷菜单中选择“添加到快速访问工具栏”即可。

（4）功能区

功能区由选项卡、组和命令按钮组成。如图3-4所示，每个选项卡上有多个组，每一组包含多个命令，帮助用户快速找到所需命令。

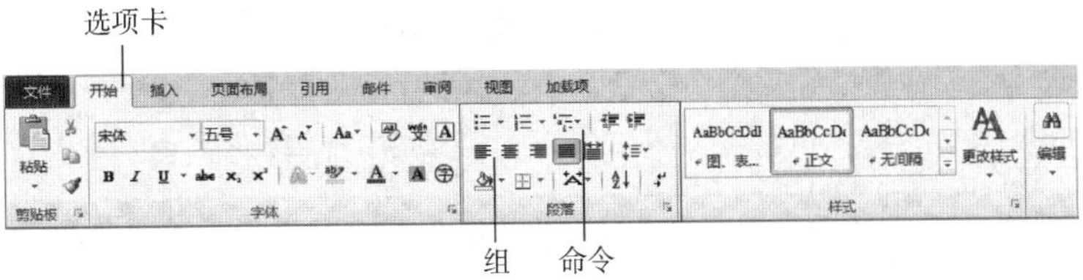

图3-4　功能区

（5）文档编辑区

文档编辑区即工作区，所有文档内容的输入、显示和编辑都在这里完成。

（6）视图模式

视图模式是Word 2010显示当前文档的方式，文档在不同的视图模式下显示会有不同的效果，但对于文档的打印输出结果并无影响。

“视图”选项卡的“文档视图”组中也包含5种视图模式，单击其中一个模式命令可切换至相应的视图模式。

Word 2010的5种视图模式分别如下：

①页面视图。该模式模拟打印输出结果的方式，实现“所见即所得”的效果。对于页眉、页脚、分栏等操作必须在该模式中进行。

②阅读版式视图。此模式是专门为计算机屏幕阅读而设计的，该模式下有多种屏幕阅读方式供用户选择。

③Web 版式视图。该视图模式以网页的方式来显示当前文档，文档不再分页显示，文本和表格自动换行以适应窗格大小。当文档中需要插入较大图片时，该视图模式不会影响到图片的效果，是较好的浏览文档方式。

④大纲视图。当要编辑长文档时，大纲视图是比较理想的视图模式，它不仅显示文档的结构，还显示文件中各段落的内容。用户可将文档折叠，以便观察某一级的文档结构，也可展开整个文档观看整体内容。通过拖动标题，可使移动、复制和重组文档操作变得非常简易。

⑤草稿视图。草稿视图模式下文档的工作区较宽，但是该模式不能显示页眉、页脚和分栏，有时并不能完全显示图文混排的效果。

（7）滚动条

滚动条可用于更改正在编辑的文档的显示位置。

（8）缩放滑块

拖动缩放滑块可放大或缩小编辑区，更方便用户编辑。

（9）状态栏

状态栏显示了当前文档在操作过程中的一些信息，如页面、页数，字数等。

用户可以自定义Word 2010状态栏，操作步骤：在状态栏中单击鼠标右键，打开“自定义状态栏”快捷菜单，如图3-5所示。单击快捷菜单上的某个命令，即可在状态栏上添加或移除该命令。

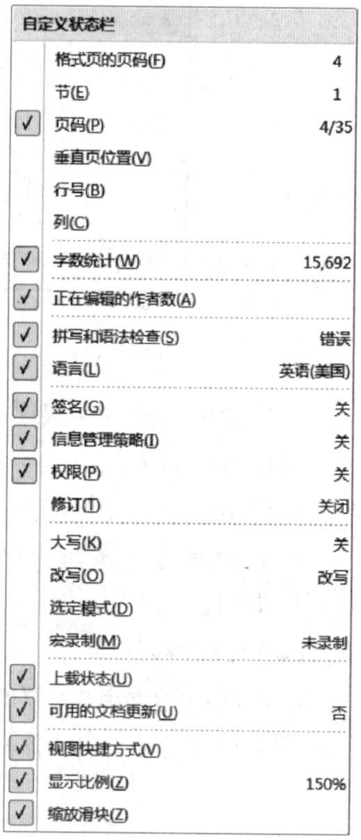

图3-5　自定义状态栏

3.2 文档的基本操作

3.2.1 文档的创建、打开、保存

（1）新建Word文档

单击“开始”操作系统菜单→“程序”→“Microsoft Office”→“Microsoft Word 2010”命令，启动Word 2010的同时会新建一个空白文档。

在已启动Word 2010的情况下，有以下几种新建Word文档的方式：

1）单击“文件”选项卡→“新建”命令，如图3-6所示。在“可用模板”中选择“空白文档”选项，单击右侧“空白文档”下的“创建”按钮，创建一空白Word文档。

2）单击快速访问工具栏上的“自定义快速访问工具栏”按钮→“新建”命令，“新建”按钮将出现在快速访问工具栏中，此时，单击“新建”按钮可新建一空白Word文档。

3）按【Ctrl】+【N】组合键新建一个空白Word文档。

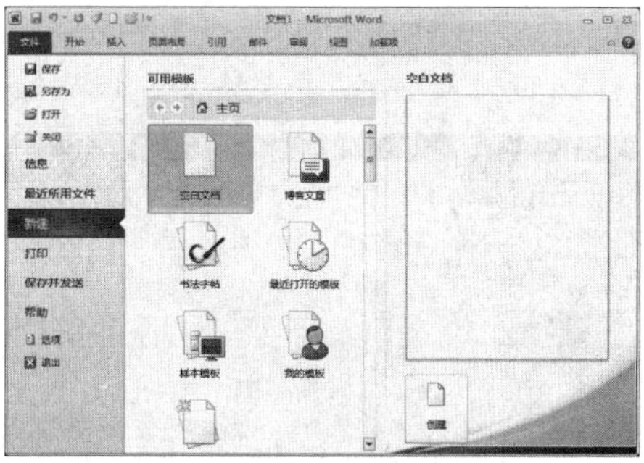

图3-6　“新建”命令

（2）打开Word文档

最直接的打开文档方式是用鼠标双击该文档。

在已启动Word 2010的情况下，打开一个Word文档有以下几种方法：

1）单击快速访问工具栏上的“自定义快速访问工具栏”按钮，→“打开”命令，“打开”按钮将出现在快速访问工具栏中，此时，单击“打开”按钮打开文档。

2）按【Ctrl】+【O】组合键打开文档。

3）单击“文件”选项卡→“打开”命令打开文档。

4）单击“文件选项卡”按钮→“最近所用文件”选项，选项的右侧保留了最近使用过的部分文档，单击需打开的文档即可。

使用前三种方法都会弹出一个“打开”对话框，如图3-7所示。在文件显示区选择要打开的文件，然后单击 打开(O) 按钮打开文档；单击 取消 按钮直接退出对话框。

图3-7　“打开”对话框

（3）保存Word文档

保存文档有以下几种方法：

1）单击“文件”选项卡→“保存”命令保存文档。

2）单击快速访问工具栏上“保存”按钮保存文档。

3）按下组合键【Ctrl】+【S】保存当前文档。

对于从未保存过的Word文档，执行保存操作后会弹出一个“另存为”对话框，如图3-8所示。在“保存位置”下拉列表框中选择文件保存的目标位置，在“文件名”输入框中输入需保存的文件名，然后单击 保存(S) 按钮保存文档。

3.2.2　Word 2010的密码设置

在Word 2010中，用户可为文档设置密码以防他人打开或修改。

设置打开文档密码的操作步骤如下：

1）单击“文件”选项卡→“信息”命令，窗口中会出现与文档有关的信息选项，如图3-9所示。

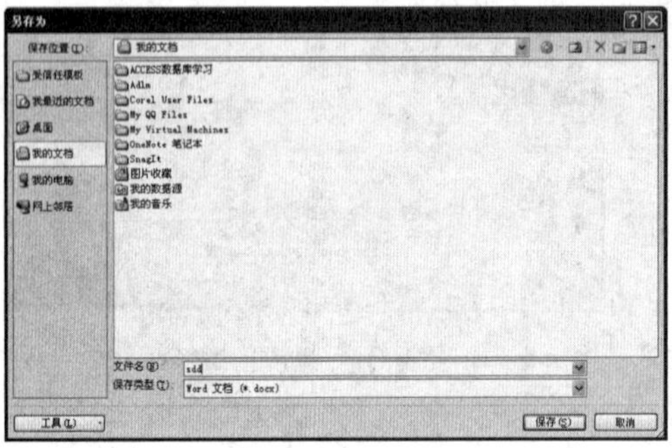

图3-8　“另存为”对话框

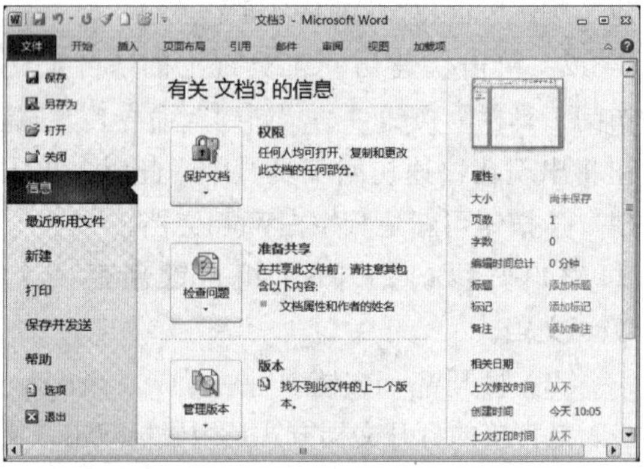

图3-9　“信息”命令

2）单击窗口中的“保护文档”按钮→“用密码进行加密”命令，打开“加密文档”对话框，如图3-10所示。

3）在“加密文档”对话框中的“密码”文本框中输入密码，“确定”后再次输入一次确认密码，如此，当用户打开该文档时需要输入正确的密码才可。

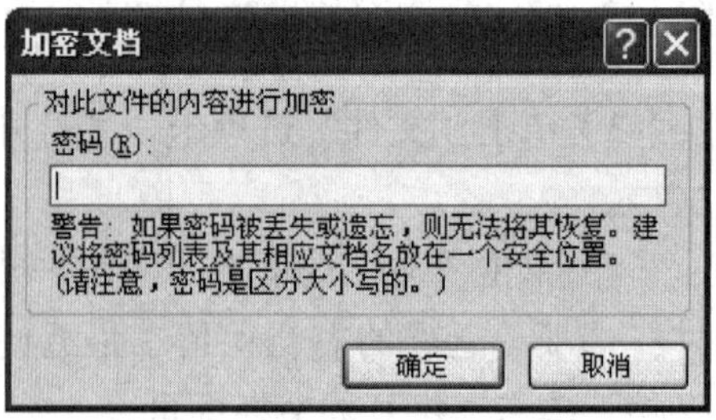

图3-10　“加密文档”对话框

3.2.3　文档的输入与编辑

（1）定位光标

光标的定位即是光标插入点的位置，文字录入和文本选定等操作是从光标插入点开始的。在Word中，只要在指定位置单击鼠标左键即可改变光标的定位（但前提是该位置必须已存在字符，包括空格）。在空行中双击鼠标也可定位光标。

此外，也可通过键盘来定位插入点，表3-1是一些常用的控制光标定位的按键。

表3-1　　常用的光标定位按键

按键	功能
【Enter】	结束当前段的编辑，并增加一个空的段落
【←】	左移一个字符或汉字
【→】	右移一个字符或汉字
【↑】	上移一行
【↓】	下移一行
【Home】	移至行首
【End】	移至行尾
【PgUp】	上移一页
【PgDn】	下移一页
【Ctrl】+【End】	移至文档开头
【Ctrl】+【Home】	移至文档结尾

（2）选定文本

对指定的文本进行编辑之前首先要选择该文本。

在文档中拖动鼠标即可选取文本，用户也可结合键盘来选取文本。以下是结合键盘选取文本的方法。

1）选取一句。把鼠标移至某句的任意位置，按住【Ctrl】键的同时单击鼠标左键可选取该句。

2）选取一行。将光标移至指定行的左侧，当鼠标变成 形状时，单击鼠标左键可选择该行。

3）选取一段。

●在某段的任意位置连续单击鼠标三次可选择该段。

●将鼠标移到段落左侧，当鼠标变成 形状时双击鼠标也可选择该段。

4）选取连续文本。把光标定位在需选文本的起始位置，按住【Shift】键，然后在需选文本的结束位置处单击鼠标左键即可。

5）选取非连续的文本。按住【Ctrl】键的同时在不同的文本位置处拖动鼠标可选择非连续的文本。

6）选取矩形区域文本。按住【Alt】键的同时按住鼠标左键并拖动鼠标在文本中形成矩形选区，从而选择了选区内的文本。

7）选取全文。

●按【Ctrl】+【A】组合键可选取全文。

●把鼠标放在文本任意一行的左侧，待光标变成形状时连续单击鼠标三次也可选取全文。

（3）撤消与恢复。

1）撤消。Word 2010的撤消功能可以对之前的操作进行多步撤消。撤消操作有以下几种方法：

a. 单击快速访问工具栏中的“撤消”按钮进行撤消。

b. 按下组合键【Ctrl】+【Z】进行撤消。

c. 要撤消多次操作，可单击快速访问工具栏中“撤消”按钮右侧的下拉箭头，在弹出的下拉列表中选择要撤消的操作步骤即可。

2）恢复。使用了“撤消”命令后，还可以使用“恢复”命令还原撤消操作。恢复操作有以下几种方法：

a. 单击快速访问工具栏中的“恢复”按钮进行恢复。

b. 使用组合键【Ctrl】+【Y】进行恢复。

c. 要恢复多次操作，可单击快速访问工具栏中“恢复”按钮右侧的下拉按钮，在弹出的下拉列表中选择要恢复的操作步骤。

（4）复制和移动文本

1）复制文本。复制文本有以下几种方法：

a. 选取要复制的文本，按住【Ctrl】键的同时把文本拖至目标位置。

b. 选取要复制的文本，单击“开始”选项卡→“剪贴板”组→“复制”按钮，然后把光标插入点定位在目标位置处，单击“开始”选项卡→“剪贴板”组→“粘贴”按钮。

c. 选取要复制的文本，按【Ctrl】+【C】组合键复制文本，然后在目标位置处按【Ctrl】+【V】组合键粘贴文本。

d. 选取要复制的文本，单击鼠标右键，在弹出的快捷菜单中选择“复制”命令，然后在目标位置处单击鼠标右键，在弹出的快捷菜单中可选择有关的“粘贴选项”命令进行粘贴，如图3-11所示。

图3-11　粘贴选项

有关粘贴选项的含义如下：

●保留源格式：使用此选项可以保留复制文本的原字符样式和直接格式。直接格式包括诸如字号、倾斜或其他未包含在段落样式中的格式之类的特征。

●合并格式：使用此选项可以放弃复制文本的大多数原格式，但会将只应用于部分选择内容的格式（如加粗和倾斜）视为强调格式而予以保留。复制的文本承袭粘贴到的段落的样式特征。文本还承袭粘贴文本时紧靠光标前面的文本的直接格式或字符样式属性。

●只保留文本：使用此选项可以放弃复制文本的所有原格式和非文本元素，如图片或表格。文本承袭目标位置处的段落样式特征，还会承袭目标位置处紧靠光标前面的文本的直接格式或字符样式属性。使用此选项会放弃图形元素，将表格转换为一系列段落。

2）移动文本。移动文本有以下几种方法：

a. 选取文本，用鼠标把文本拖至目标位置后松开鼠标即可移动文本。

b. 选取要移动的文本，单击“开始”选项卡→“剪贴板”组→“剪切”按钮，然后把光标插入点定位在目标位置处，单击“开始”选项卡→“剪贴板”组→“粘贴”按钮。

c. 选取要移动的文本，按【Ctrl】+【X】组合键复制文本，然后在目标位置处按【Ctrl】+【V】组合键粘贴文本。

d. 选取文本后单击鼠标右键，在弹出的快捷菜单中选择“剪切”命令，然后在目标位置处单击鼠标右键，在弹出的快捷菜单中可选择有关的“粘贴选项”命令进行粘贴，如图3-11所示。

在Word 2010中，无论采用何种方式复制或移动文本，都会在粘贴文本处出现一个“粘贴选项”按钮。单击该按钮会弹出图3-11所示的粘贴选项。

（5）删除文本

1）删除少量文本。要删除少量文本，只需把光标定位在文本中，使用【Back Space】或【Delete】键向左或向右删除该文本即可。

2）删除一段文本。要删除一段文本，可先选取文本，然后使用【Back Space】或【Delete】键删除选定的文本。

（6）查找和替换文本

查找和替换是修改文本的重要手段，查找和替换的对象包括文本、格式、特殊字符等，但不能对图形对象进行查找和替换。

可以对整个文档进行查找和替换操作，也可只对选定的文本进行查找和替换。

1）查找。查找功能可以帮助用户快速搜索指定的内容，Word 2010中的查找功能有两种方法：

①方法一：单击“开始”选项卡→“编辑”组→“查找”按钮，在窗口左侧弹出“导航”窗格，如图3-12所示。在文本框中输入要查找的内容，然后按下放大镜按钮进行搜索。

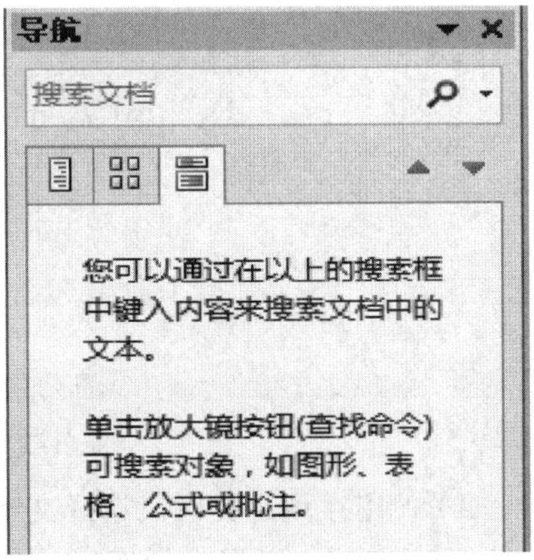

图3-12　“导航”窗格

②方法二：单击“开始”选项卡→“编辑”组→“查找”按钮右侧的下拉三角按钮→“高级查找”选项，弹出“查找和替换”对话框，如图3-13所示，操作步骤如下：

a. 在“查找内容”文本框内输入需查找的内容。

b. 单击 查找下一处(F) 按钮将从光标插入点开始查找。继续单击 查找下一处(F) 按钮可查找出文档中其余符合条件的内容。当搜索至文档结尾时，单击 查找下一处(F) 按钮会继续从文档的起始处开始搜索。

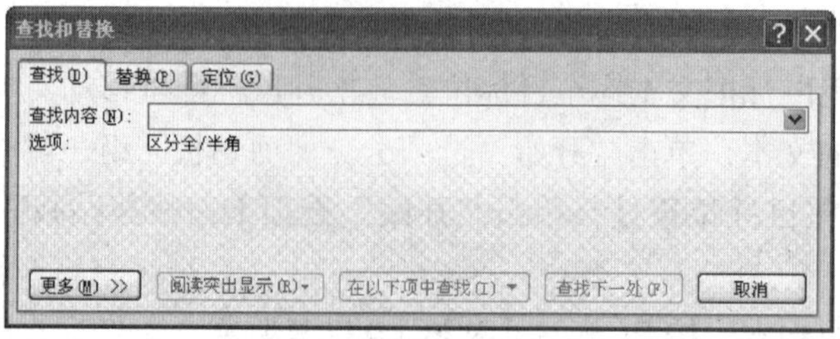

图3-13 “查找和替换”对话框

2）替换。当需要对文档中的多处内容进行替换时，使用替换功能可帮助用户快速替换文本。

3.2.4 文档的格式化

文档格式化包括文档的字符格式化和段落格式化等操作。

（1）设置字符格式化

要对已有的文本进行格式化，需先选定文字，再执行相应的格式化命令；在未选定任何文字的情况下设置格式，表示为将要输入的文字预设格式。

字符格式化包括设置字符的字体、字号、颜色等属性。有以下几种设置字符格式化的方法。

1）使用“字体”组中的命令按钮。单击“开始”选项卡，其中的“字体”组包含了部分设置字符格式化的命令按钮，如图3-14所示。

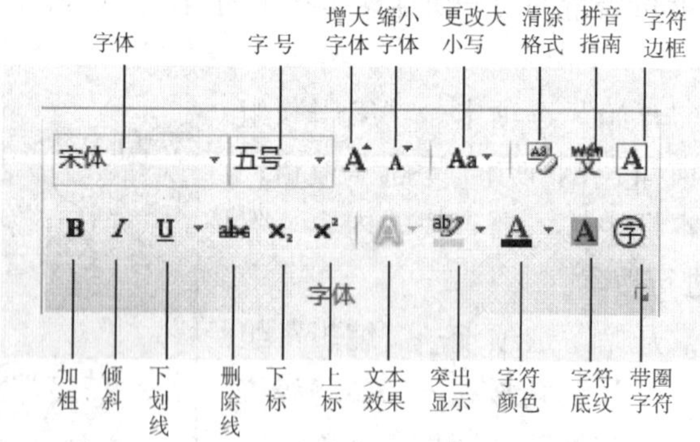

图3-14 “开始”选项卡→“字体”组

2）使用浮动工具栏。选择文本时，可以显示或隐藏一个方便、微型、半透明的工具栏，称为浮动工具栏，如图3-15所示。浮动工具栏可设置文本的字体、字形、字号、对齐方式和文本颜色等属性。

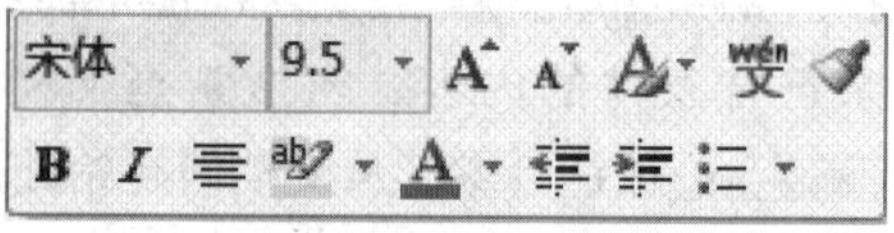

图3-15 浮动工具栏

3）使用“字体”对话框。除了使用浮动工具栏和“开始”选项卡中的“字体”组按钮对文档进行字符格式化以外，还可以使用“字体”对话框进行更丰富、详细的字符格式设置。

选取文本，单击“开始”选项卡→“字体”组右下角的“字体”按钮（或单击鼠标右键，在弹出的快捷菜单中选择“字体”命令），打开“字体”对话框，如图3-16 A\B所示。

“字体”对话框包括“字体”和“高级”两个选项卡。

●在“字体”选项卡可设置文字的字体、字号、颜色、下划线、着重号和一些特殊效果等，如图3-16A所示。

●在“高级”选项卡可设置字体的缩放、间距和位置等属性，如图3-16B所示。

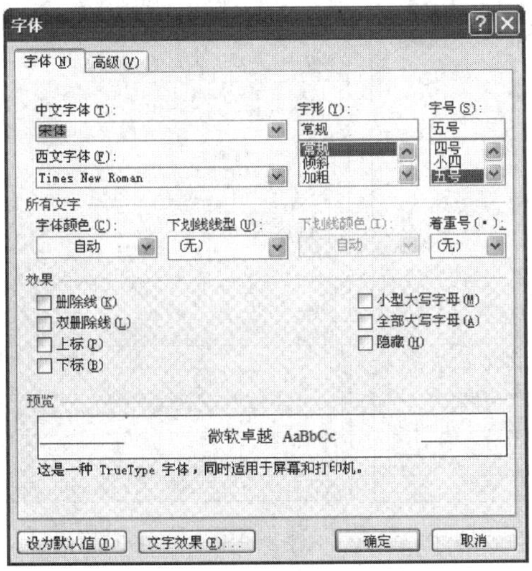

图3-16A　“字体”/“字符”

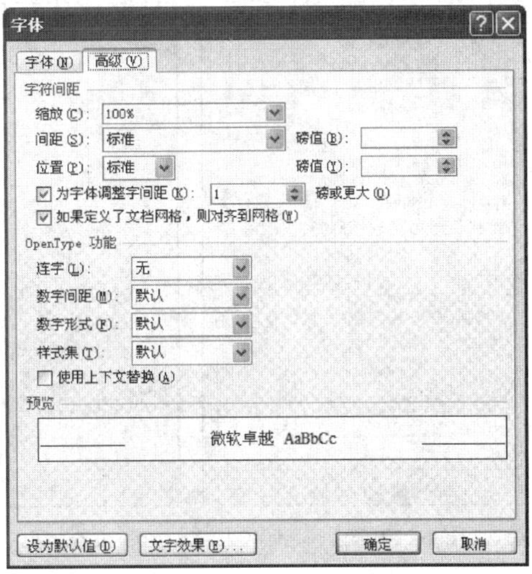

图3-16B　“字体”/“高级”

（2）设置段落格式化

段落是文档的基本组成单位，可由任意数量的文字、图形及段落标记构成。按下【Enter】键可结束当前段的输入，同时产生一个新的段落，新段落将继承上一段落的所有格式。

把光标置于段中的任意位置后即可进行段落格式化操作。段落格式化可通过以下三种方法来完成。

1）使用“段落”组中的命令按钮。单击“开始”选项卡，其中的“段落”组包含了部分设置段落格式化的命令按钮，如图3-17所示。

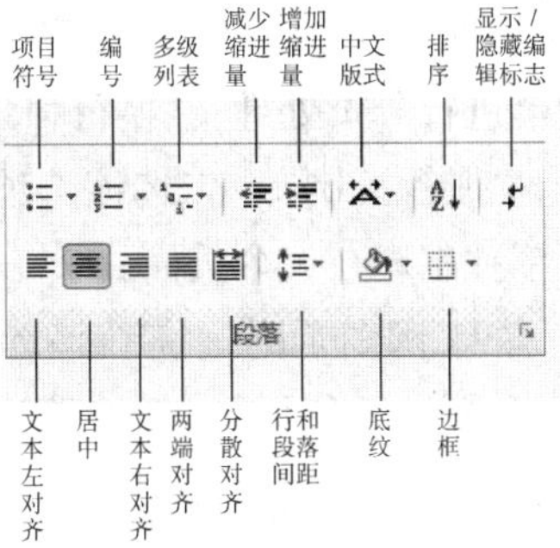

图3-17　“开始”选项卡→“段落”组

2）使用浮动工具栏。选择文本时显示或隐藏的浮动工具栏中也包含了部分段落格式化命令，如对齐方式、缩进级别等。

3）使用“段落”对话框。“段落”组和浮动工具栏中的段落格式化功能相对简单，而“段落”对话框集中了段落格式化的所有功能。

单击“开始”选项卡→“段落”组右下角的“段落”按钮（或单击鼠标右键，在弹出的快捷菜单中选择“段落”命令），打开“段落”对话框，如图3-18A~图3-18C所示。

该对话框包含了3个选项卡：“缩进和间距”、“换行和分页”和“中文版式”。

● “缩进和间距”选项卡。

“常规”选项组：该选项可设置段落的对齐方式和大纲级别。Word有5种段落的对齐方式：左对齐、两端对齐、居中对齐、右对齐和分散对齐。

“缩进”选项组：该选项可设置段落与页面边界的距离，包括左缩进、右缩进、首行缩进和悬挂缩进。

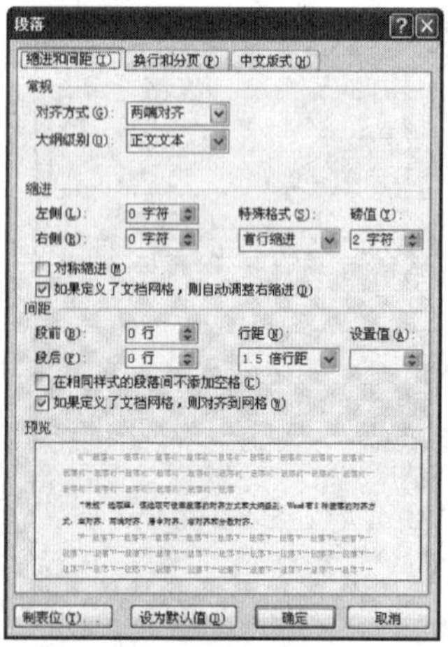

图3-18A “缩进和间距”

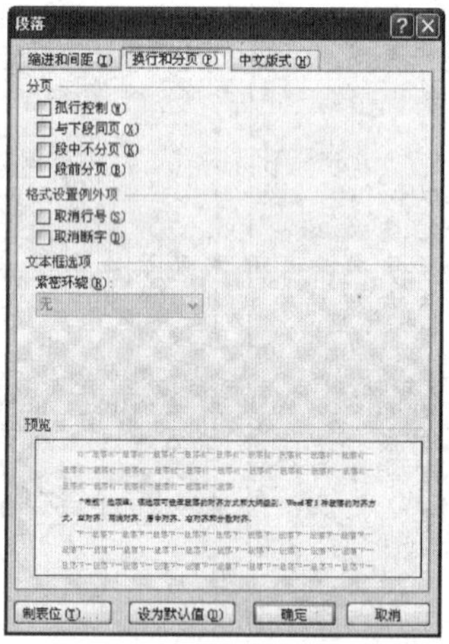

图3-18B “换行和分页”

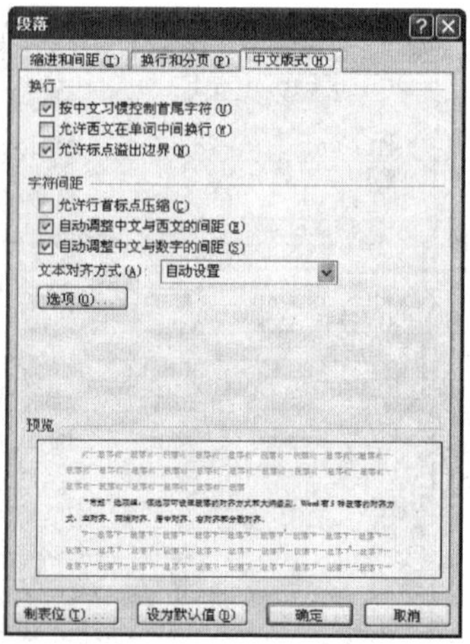

图3-18C “中文版式”

“间距”选项组：该选项可设置段与段之间的距离。

“行距”：该选项可设置段落中行与行之间的间距。

● “换行和分页”选项卡。

Word会根据一页能够容纳的行数对文档进行自动分页，但有时为了排版需要，需对段落进行分页处理，“换行和分页”选项卡提供了该功能，如图3-18B所示。

“孤行控制”：勾选该选项，在段落有多行的情况下，不允许该段落的首行或最后一行单独出现在一个页面。

“与下段同页”：勾选该选项，强制把当前段的整段与下一段同处一个页面。

“段中不分页”：勾选该选项，不允许同一段落出现在两个页面，强制把该段分在同一页面，保持段的可读性。

“段前分页”：勾选该选项，则把整段都分在后一页。

● “中文版式”选项卡。

该选项卡允许用户对中文排版的文本做一些特殊处理，如图3-18C所示。

（3）使用格式刷

利用格式刷可快速复制文本的格式（包括字符格式和段落格式）。

1）单击格式刷。把光标置于参考格式的文本中（或选择参考格式的文本），单击“开始”选项卡→“剪贴板”→“格式刷”按钮，鼠标变成刷子形状后拖动鼠标选择目标文本即可。

2）双击格式刷。把光标置于参考格式的文本中（或选择参考格式的文本），双击“开始”选项卡→“剪贴板”→“格式刷”按钮，鼠标变成刷子形状后可连续给其他文本复制格式。再次单击“格式刷”按钮或按下【Esc】键退出格式刷编辑状态。

3.2.5　项目符号和编号

通常为了增加文档的可读性，需要在段落前面增加一些编号或符号。Word 2010有自动设置编号和项目符号的功能。

为段落设置项目符号和编号有如下方法：

1）选择段落，在“开始”选项卡→“段落”组中单击“项目符号”按钮或“编号”按钮，即可为段落添加系统默认的项目符号和编号。

2）选择段落，在“开始”选项卡→“段落”组中，单击“项目符号”或“编号”按钮右侧的下拉三角按钮，在弹出的“项目符号库”或“编号库”中选择所需的项目符号或编号格式。

3）选择段落，在“开始”选项卡下的“段落”组中，单击“项目符号”按钮右侧的下拉三角按钮→“定义新项目符号”按钮，在打开的“定义新项目符号”对话框中设置项目符号，如图3-19所示。项目编号的设置同理。

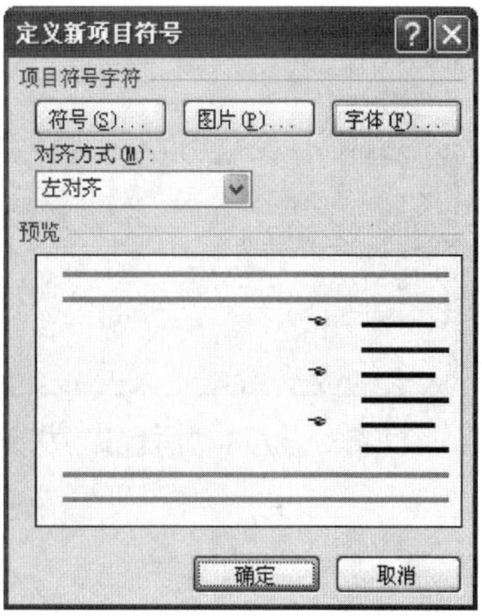

图3-19　“定义新项目符号”对话框

3.2.6　边框和底纹

通常，为了美化文本或强调重点，可对所选择的文本、段落或页面添加边框和底纹效果。

单击“开始”选项卡→“段落”组→“边框”按钮右侧的下三角按钮，在弹出的列表中选择“边框和底纹”选项，打开“边框和底纹”对话框。该对话框包括三个选项卡：“边框”“页面边框”和“底纹”选项卡，如图3-20A~图3-20C所示。

● “边框”选项卡。

该选项卡是针对所选择的文本或段落来设置边框，如图3-20A所示。

“设置”选项组：该选项组包含了边框的几个种类（方框、阴影等），“无”表示不对文本应用任何边框效果。

“样式”列表框：该列表框提供多种边框的线型样式。

“颜色”下拉列表框：可在该下拉列表框中设置边框的颜色。

“宽度”下拉列表框：可在该下拉列表框中设置边框的宽度。

“应用于”下拉列表框：在该列表框中选择边框应用的对象（“文字”还是“段落”）。“文字”选项只对所选的文本设置边框；“段落”选项则对所选文字所在的段落设置边框。

● “页面边框”选项卡。

“页面边框”选项卡的设置与“边框”选项卡类似，如图3-20B所示。不同之处在于：“边框”选项卡是针对文字和段落而设置的边框，“页面边框”是针对节或页面而设置的边框。

“应用于”下拉列表框：在该列表框中选择边框应用的对象。“本节”选项对光标所在节的所有页面设置边框；“整篇文档”选项则是对所有页面设置边框。

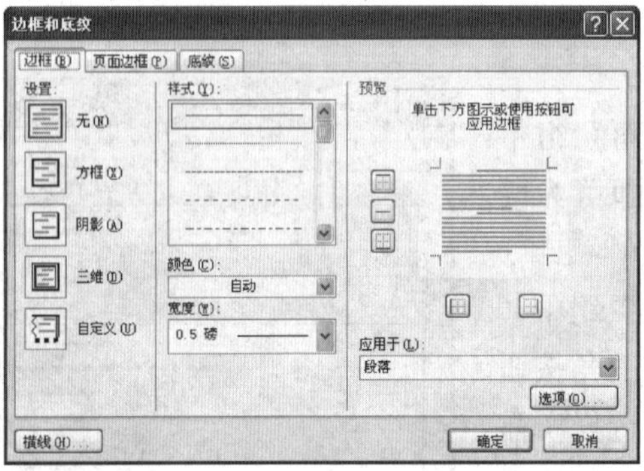

图3-20A “边框和底纹”/“边框”

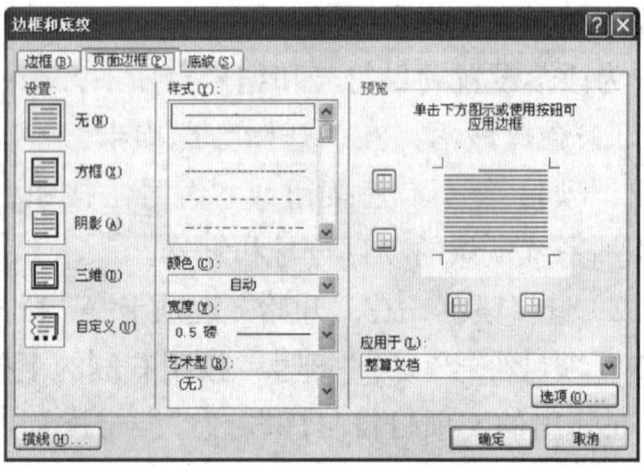

图3-20B “边框和底纹”/“页面边框”

● “底纹”选项卡。

该选项卡是针对所选择的文本或段落设置底纹，如图3-20C所示。

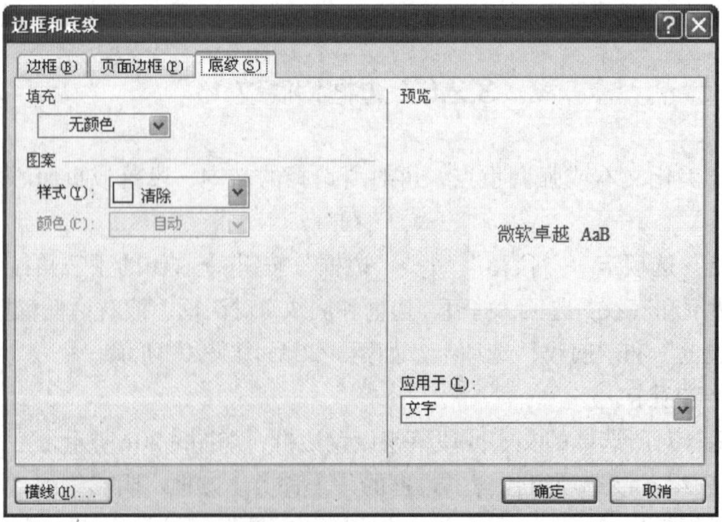

图3-20C “边框和底纹”/“底纹”

"填充"列表框：在该列表框列中可设置底纹的颜色。

"样式"下拉列表框：该选项可设置所选文字或段落的底纹样式。

"应用于"下拉列表框：在该列表框中选择底纹应用的对象（"文字"还是"段落"）。"文字"选项只给所选文字添加底纹；"段落"选项则给所选文字所在的段落添加底纹。

事实上，要给所选文本添加底纹有更快捷的方式：单击"开始"选项卡→"段落"组→"底纹"右侧的下拉三角按钮，在弹出的列表（图3-21）中选择底纹的颜色即可。

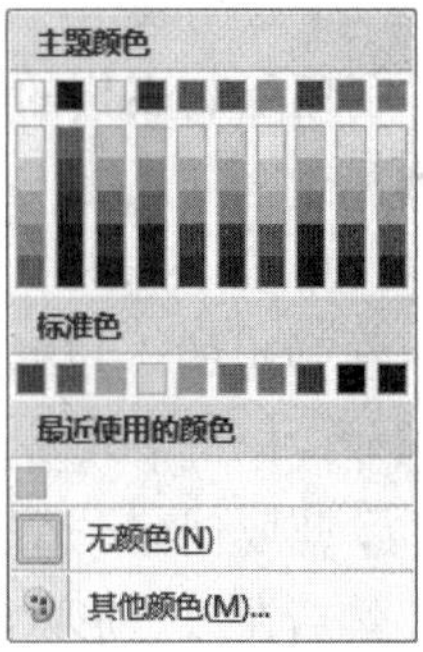

图3-21 底纹颜色列表

3.3 表格处理

表格是文字处理软件的主要功能之一。Word 2010中的表格是由若干个行和列组成的二维表，每个行和列相交的方框称为"单元格"，单元格是编辑表格的基本单位。

3.3.1 创建表格

（1）插入表格

插入表格有以下方法：

1）使用表格模板。可以使用表格模板插入基于一组预先设计好格式的表格。表格模板包含示例数据，可以帮助你想象添加数据时表格的外观。

①单击"插入"选项卡→"表格"组→"表格"按钮，弹出下拉列表如图3-22所示。

②单击列表中的"快速表格"命令，在弹出的列表中选择需要的模板，即可在光标插入点插入一个表格模板。

2）使用"表格"按钮。单击"插入"选项卡→"表格"组→"表格"按钮，弹出如图3-22所示的下拉列表，在"插入表格"列表中拖动鼠标以选择需要的行、列数来建立表格。

3）使用"插入表格"命令。

①单击"插入"选项卡→"表格"组→"表格"按钮，在弹出的下拉列表中选择"插入表格"命令，打开"插入表格"对话框，如图3-23所示。

图3-22 "插入表格"下拉列表

②在"表格尺寸"选项中输入行数和列数的值；在"'自动调整'操作"下选择一个选项以调整表格尺寸。

③按确定按钮后插入新表格。

（2）绘制表格

利用绘制表格的功能可以创建表格或更改已有表格的行列和边框样式等。操作步骤如下：

①单击“插入”选项卡→“表格”组→“表格”按钮，在弹出的下拉列表中选择“绘制表格”命令。此时，鼠标变成铅笔形状。

②若要创建一个新表格，可在光标插入点绘制一个矩形，然后在该矩形内绘制列线和行线。

③若要更改已有的表格行列或边框样式，可在表格中单击鼠标（此时，功能区会出现“设计”选项卡），在“设计”选项卡中设置边框的样式、颜色等属性后即可在已有表格中绘制表格。

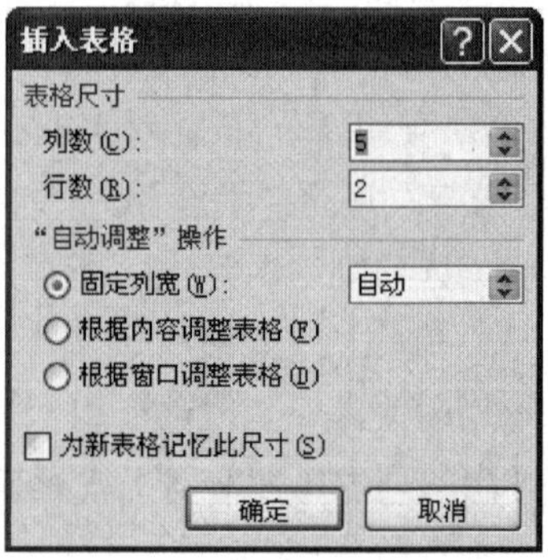

图3-23 “插入表格”对话框

（3）插入Excel 电子表格

Word 2010可为文档插入Excel 电子表格。单击“插入”选项卡→“表格”组→“表格”按钮，在弹出的下拉列表中选择“Excel 电子表格”即可在光标插入点插入Excel电子表格。

3.3.2 编辑表格

表格创建后常常需要对其进行修改和编辑，如插入行和列，删除行和列等。

选择表格，单击“布局”选项卡，可对表格进行拆分、合并、删除、插入等操作。“布局”选项卡如图3-24所示。

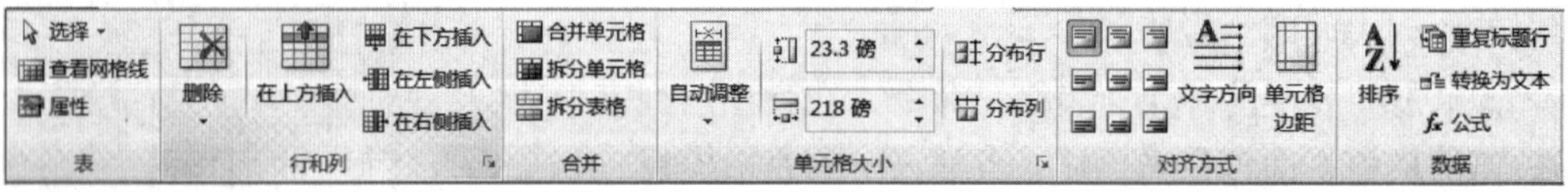

图3-24 表格“布局”选项卡

（1）选定表格

1）选定一个或多个单元格。在要选定的起始单元格内单击鼠标，然后按住鼠标左键并拖动即可选定多个单元格。

2）选定一行或多行。把鼠标移到需选定行的最左端，当鼠标变成向右空心的箭头标志时，单击鼠标即可选择该行。单击并按住鼠标左键进行拖动可选择多行。也可以用拖动鼠标选定单元格的方式来选择行。

3）选定一列或多列。把鼠标移到表格顶端边框处，当鼠标变成向下的实心箭头标志↓时，单击鼠标即可选择该列。单击并按住鼠标左键进行拖动可选择多列。也可通过拖动鼠标选定单元格的方式来选择列。

4）选定整个表格。单击表格左上角的⊞标志可选定整个表格。也可通过选定行、选定列和选定单元格的方式来选择整个表格。

（2）增加行和列

增加行和列的方法如下：

1）使用【Enter】键。把光标置于一行的行尾标注处，按下【Enter】键插入一行。

2）使用快捷菜单。把光标插入点置于某单元格后单击鼠标右键，在打开的快捷菜单中选择“插入”命令，弹出子菜单如图3-25所示，选择其中一种方式即可在该单元格的相应位置插入行或列。

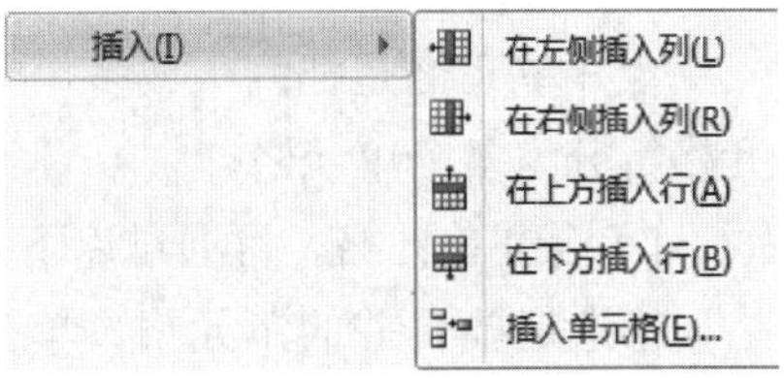

图3-25　“插入”命令

3）使用“行和列”组。把光标插入点置于某单元格内，单击“布局”选项卡，在其中的“行和列”组（图3-26）中选择一种插入行或列的方式。

图3-26　“行和列”组

（3）删除行和列

删除行和列有几种方法，以删除行为例：

1）使用“删除行”命令。选择要删除的行后单击鼠标右键，在弹出的快捷菜单中选择“删除行”命令。

2）使用“删除单元格”对话框。选择要删除行的一个或多个单元格，单击鼠标右键，在弹出的快捷菜单中选择“删除单元格”命令，打开“删除单元格”对话框，如图3-27所示。在对话框中选择“删除整行”选项，单击确定按钮即可删除该行。

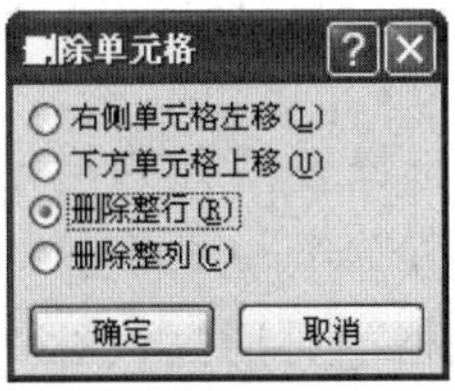

图3-27　“删除单元格”对话框

3）使用“删除表格”按钮。选择要删除的行（或该行的一个或多个单元格），单击“布局”选项卡→“行和列”组→“删除”按钮，在弹出的下拉列表中选择“删除行”命令，如图3-28所示。

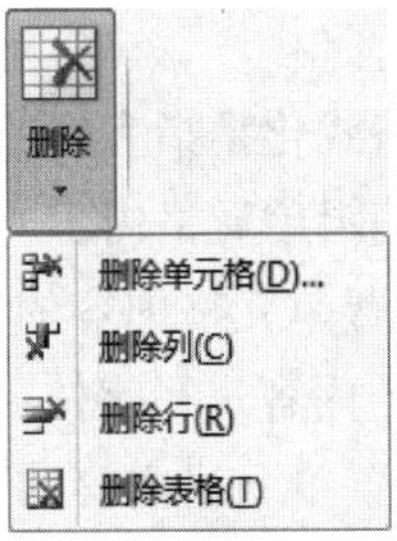

图3-28　“删除单元格”下拉列表

（4）调整行高和列宽

以调整行高为例，可通过以下方法调整行高：

1）使用鼠标拖动的方法。把鼠标放在行的边框线上，当光标变成⇕时，向上或向下拖动鼠标可调整行高。

2）使用“表格属性”对话框。选择行，单击右键快捷菜单上的“表格属性”命令，弹出“表格属性”对话框，在“行”选项卡中勾选“指定高度”并输入行高值。

3）使用“单元格大小”组。选择行（或该行上的一个或多个单元格），单击“布局”选项卡，在打开的“单元格大小”组中包含了设置行高的功能，如图3-29所示。单击“分布列”可平均分配所选择行（或单元格）的列宽；也可直接在“高度”文本框中输入行的

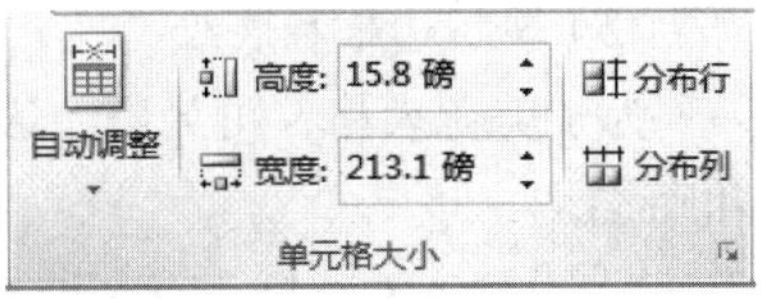

图3-29“单元格大小”组

高度。

4）使用“平均分布各行”命令。选择多行，在右键快捷菜单中选择“平均分布各行”命令，平均分配所选行的高度（或单击“布局”选项卡→“单元格大小”组中的“分布行”按钮）。

（5）合并和拆分单元格

合并单元格是把两个或多个单元格合并成为一个单元格；拆分单元格则是把一个单元格拆分为多个单元格。

1）合并单元格。可通过以下方法合并选定的单元格：

①选定要合并的单元格，单击鼠标右键，在弹出的快捷菜单中选择“合并单元格”命令。

②选定要合并的单元格，单击“布局”选项卡→“合并”组→“合并单元格”按钮合并单元格。

2）拆分单元格。可通过以下方法拆分单元格：

①右键单击要拆分的单元格，在弹出的快捷菜单中选择“拆分单元格”命令，弹出“拆分单元格”对话框，如图3-30所示。在“行数”和“列数”输入框中输入要拆分的行数和列数，单击 确定 按钮完成拆分。

②选择要拆分的单元格，单击“布局”选项卡→“合并”组→“拆分单元格”按钮，弹出“拆分单元格”对话框（图3-30）中设置要拆分的单元格，单击 确定 按钮完成拆分。

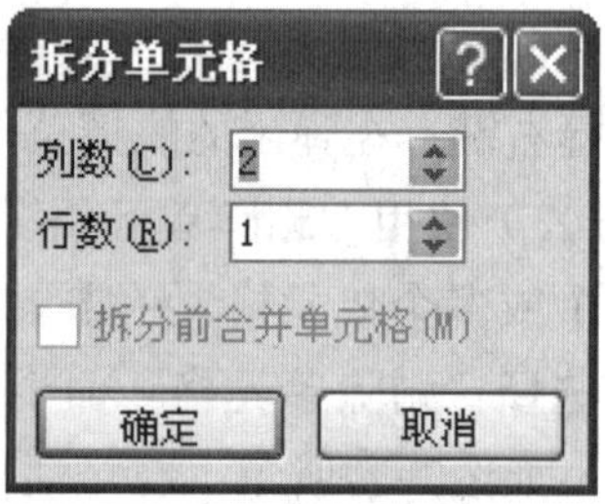

图3-30 “拆分单元格”对话框

3.3.3 格式化表格

表格格式化是指表格的数据对齐和对表格边框、底纹、颜色等的设置。

（1）编辑单元格内容

1）设置单元格内容的格式。表格中每个单元格都相当于一个独立的小文档，可对这些单元格的内容进行字体、段落等修改。

2）设置单元格内容的对齐方式。选定单元格，单击“布局”选项卡，在其中的“对齐方式”组中设置单元格内容的对齐方式、文字方向和单元格边距。“对齐方式”组如图3-31所示。

图3-31 “对齐方式”组

（2）设置边框和底纹

为了美化表格，可为整个表格或单元格设置边框和底纹。

1）设置表格边框。有几种方法可设置表格的边框：

①通过“边框”按钮：选择要设置边框的表格或单元格，单击“开始”选项卡→“段

落”组→“边框”按钮▦右侧的下三角按钮，或单击“设计”选项卡→“表样式”组→“边框”按钮▦右侧的下三角按钮，在弹出的下拉列表中选择其中一种边框类型。

②通过“绘制边框”组：把光标置于任意一个单元格内，单击“设计”选项卡，其中的“绘制边框”组如图3-32所示。在该组中设置边框的样式和粗细。单击“绘制表格”按钮可为表格绘制边框。

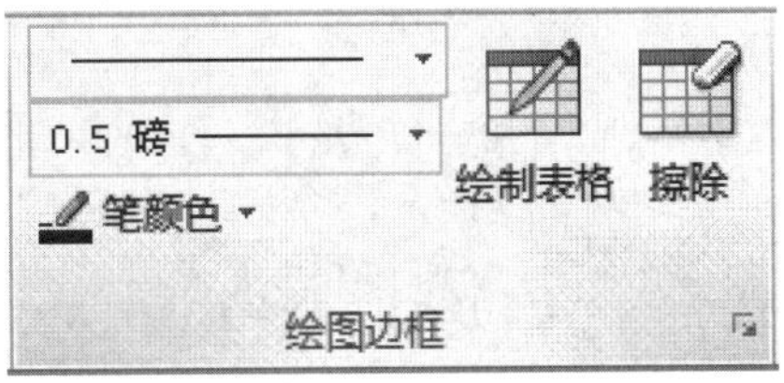

图3-32　“绘图边框”组

2）为单元格添加底纹。可通过以下方法为单元格添加底纹：

①通过“底纹”按钮：选择要添加底纹的单元格，单击“开始”选项卡→“段落”组→“底纹”按钮右侧的下拉三角按钮，在弹出的面板中选择合适的颜色。

②通过“边框和底纹”对话框：选择要设置底纹的单元格，单击“开始”选项卡→“段落”组→“边框”按钮▦右侧的下三角按钮，在打开的下拉列表中选择“边框和底纹”命令，打开“边框和底纹”对话框，如图3-20C所示。在其中的“底纹”选项卡中设置表格的底纹。

（3）自动套用表格样式

Word 2010内置了多种预定义的表格样式。通过套用这些表格样式，可快速格式化表格。

选择表格，单击“设计”选项卡，在其中的“表格样式”组中选择一种表格样式，如图3-33所示。

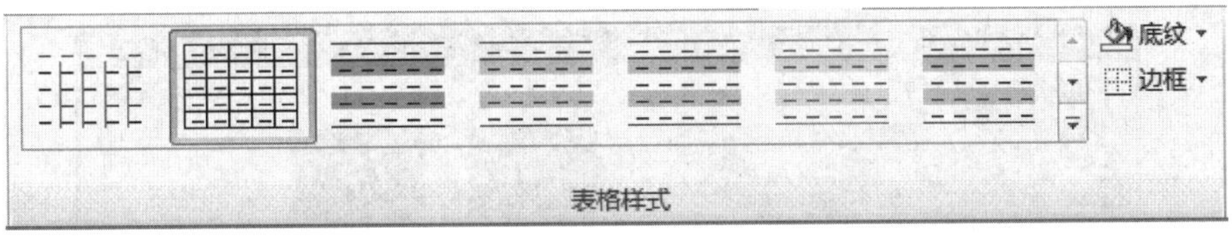

图3-33　“设计”选项卡→“表格样式”组

3.4　对象的插入和编辑

3.4.1　插入符号

单击“插入”选项卡→“符号”组→“符号”按钮Ω，在弹出的下拉列表中选择符号，如图3-34所示。若找不到合适的符号，可单击“其他符号”按钮，打开“符号”对话框，如图3-35所示，在其中选择合适的符号。

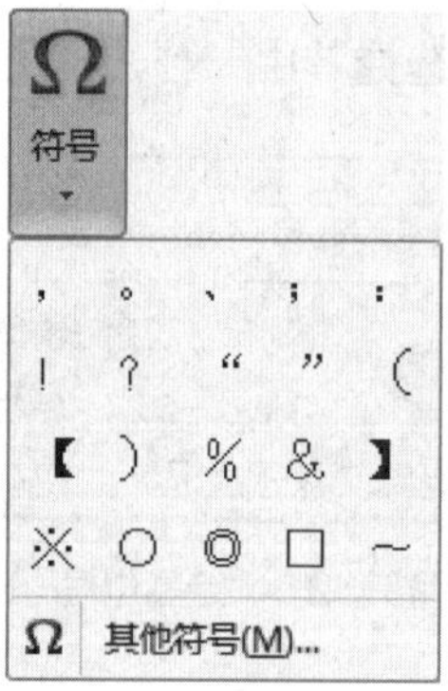

图3-34 “符号”下拉列表

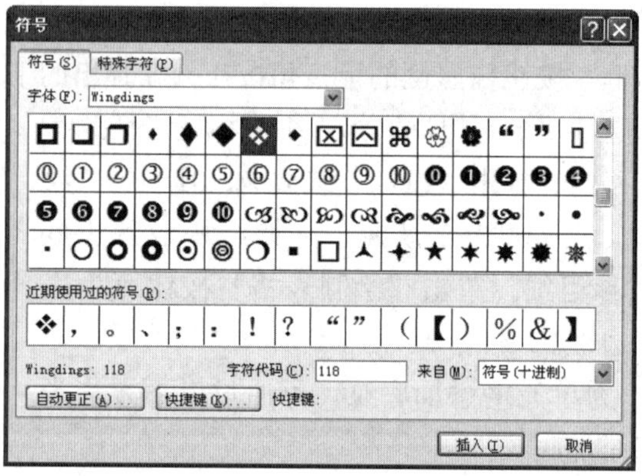

图3-35 “符号”对话框

3.4.2 插入和编辑图片

Word可将图片插入到文本的任意位置，图片可以是Office办公软件自带的剪贴画，也可以是来自本机上的其他图片。

（1）插入图片

通过“插入”选项卡→“插图”组→“图片”按钮，在打开的“插入图片”对话框中选择需要插入的图片，如图3-36所示。

图3-36 “插入图片”对话框

（2）编辑图片

可使用“格式”选项卡中的功能编辑图片。

“格式”选项卡。选择图片后，功能区中会自动显示“格式”选项卡，如图3-37所示。下面分别介绍该选项卡下的各组功能：

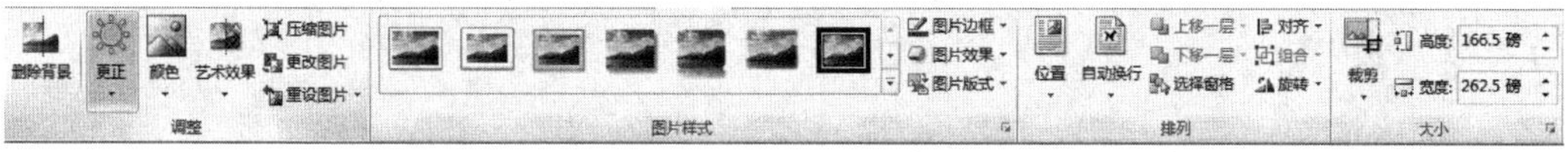

图3-37　图片“格式”选项卡

①“调整”组：使用“调整”组中的按钮可以调整图片的亮度、对比度，颜色、艺术效果等。

②“图片样式”组：该组可调整图片的样式、形状、边框和版式等效果。

③“排列”组：该组可设置图片的位置、文字环绕方式和旋转等。

④“大小”组：该组可裁剪图片和设置图片的大小。

选择图片，单击“格式”选项卡→“图片样式”组右下角的“设置形状格式”按钮，打开“设置图片格式”对话框，也可在此设置图片的格式，如图3-38所示。

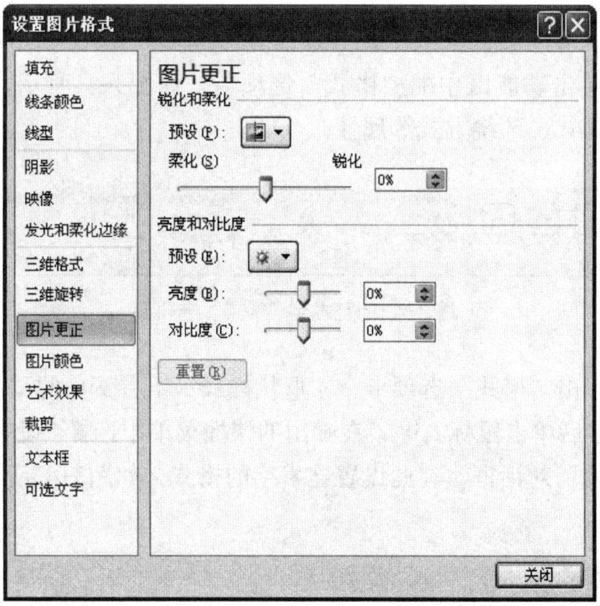

图3-38　“设置图片格式”对话框

3.4.3　插入和编辑艺术字

艺术字可以为文档添加美感，在Word文档中，艺术字可作为图形对象来插入。

（1）插入艺术字

单击“插入”选项卡→“文本”组→“艺术字”按钮，在弹出的艺术字样式列表（图3-39）中选择艺术字的样式，便可在艺术字编辑框（图3-40）中输入艺术字。

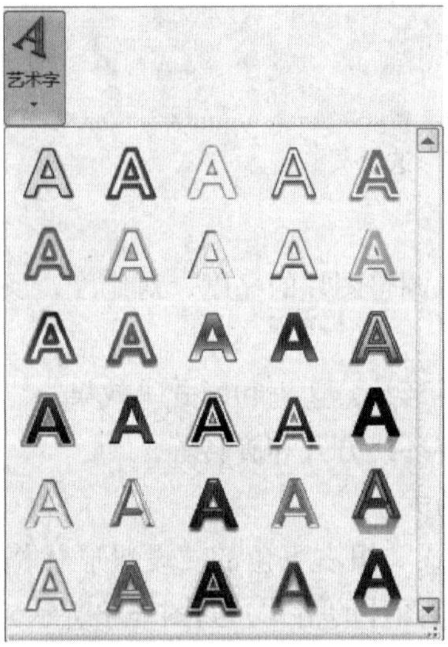

图3-39　艺术字样式列表

图3-40　“编辑艺术字”框

（2）编辑艺术字

选择艺术字，单击功能区中的“格式”选项卡，如图3-41所示。可在该选项卡中更改艺术字的阴影、样式、环绕方式等属性。

图3-41　艺术字“格式”选项卡

选择艺术字，单击“格式”选项卡→“形状样式”组右下角的“设置形状格式”按钮 （也可选择艺术字后单击鼠标右键，在弹出的快捷菜单中选择“设置形状格式”命令），打开“设置形状格式”对话框，在此设置艺术字的格式，如图3-42所示。

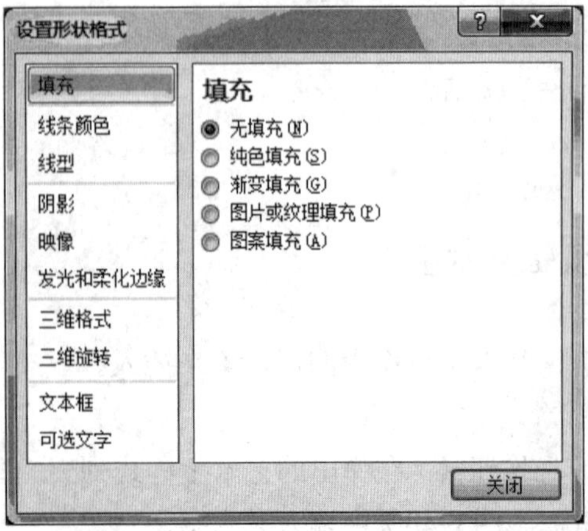

图3-42　“设置形状格式”对话框

图3-43　“文本框”选项卡

3.4.4　插入文本框

文本框用于存放文本或图形，可任意调整大小并放置在文档中的任意位置。Word 2010提供了内置的文本框。

插入文本框的步骤如下：

①单击“插入”选项卡→“文本”组→“文本框”按钮。

②在打开的列表中选择合适的文本框样式，如图3-43所示，即可在文档中创建一个文本框；也可单击“绘制文本框”命令在文档中拖动鼠标绘制文本框。

③选择文本框，单击“格式”选项卡，在其中设置文本框的样式、阴影、文字环绕等属性，如图3-41所示。

3.4.5　插入页眉和页脚

页眉和页脚是出现在页面顶端或底部的一些信息，通常包括书名、页码、日期等信息。

单击“插入”选项卡→“页眉和页脚”组→“页眉”按钮，在打开的下拉列表中选择一种内置的页眉样式。此时，文档进入页眉的编辑状态，并在功能区显示“页眉和页脚设计”选项卡（图3-44），在此设置页眉的属性。

插入页脚同理。

图3-44　“页眉和页脚设计”选项卡

3.4.6　插入页码

插入页码的操作步骤如下：

①单击“插入”选项卡→“页眉和页脚”组→“页码”按钮，打开的下拉列表如图3-45所示。

②单击“页面顶端”命令，在打开的子列表中选择一种页码样式，将会在页眉处插入该样式的页码。同样，“页面底端”表示会在页脚插入页码。

③单击选项卡中的“关闭页眉和页脚”按钮，或按【Esc】键退出页眉编辑。

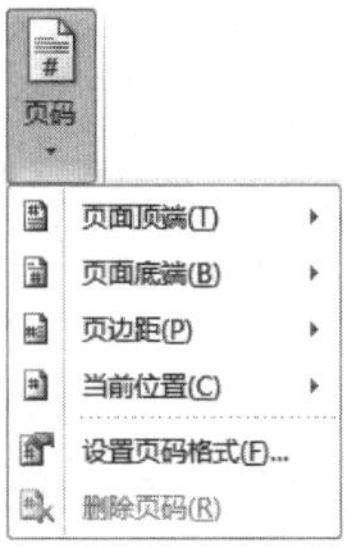

图3-45　“页码”下拉列表

3.5 页面布局和打印

3.5.1 分栏

为了使版面更加美观，常常需要对段落进行分栏设置。分栏的步骤如下：

单击“页面布局”选项卡→“页面设置”组→“分栏”按钮，在弹出的下拉列表（图3-46）中选择所需的分栏。如需对分栏进行更多的设置，可选择“更多分栏”选项，打开“分栏”对话框，如图3-47所示，在此进行细致的分栏设置。

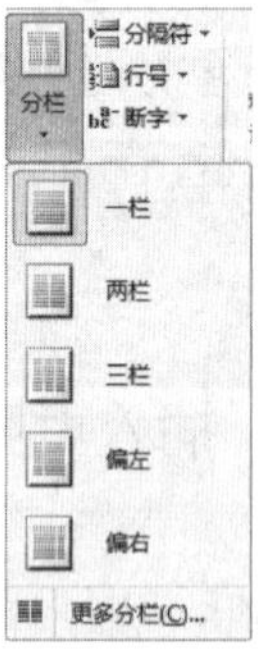

图3-46 “分栏”下拉列表

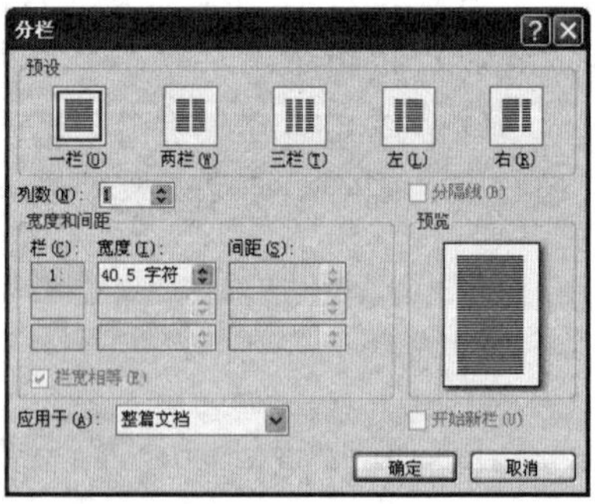

图3-47 “分栏”对话框

3.5.2 页面设置

在打印文档之前，通常需要对文档的页面属性如纸张大小、方向、页边距等进行设置。

可在“页面布局”选项卡→“页面设置”组中完成这些设置。“页面设置”组如图3-48所示。

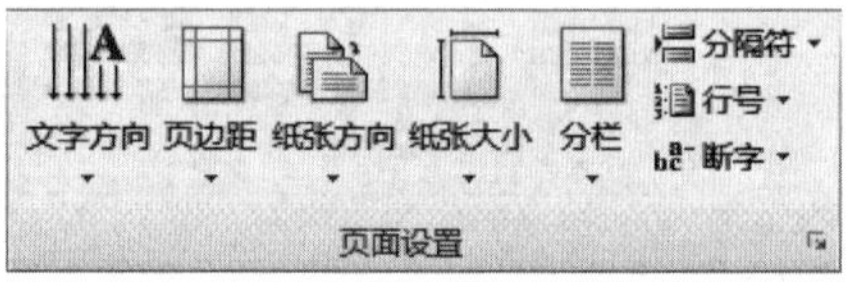

图3-48 “页面设置”组

（1）文字方向

单击“文字方向”按钮，弹出下拉列表，如图3-49所示，在此设置文字的排列方向。如需更多设置，可选择“文字方向选项”，进入“文字方向”对话框中进行设置，如图3-50所示。

图3-49 “文字方向”下拉列表

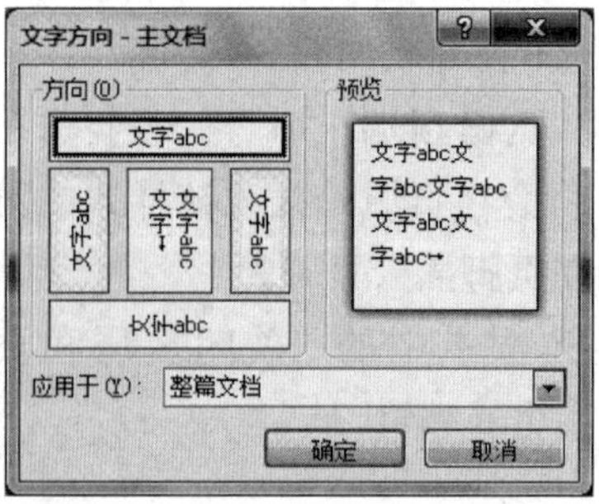

图3-50 “文字方向”对话框

（2）页边距

单击“页边距”按钮，弹出下拉列表，如图3-51所示，在此选择文档到纸张之间的边界距离，如需更多设置，可选择“自定义边距”选项，进入“页面设置”对话框中进行设置，如图3-52所示。

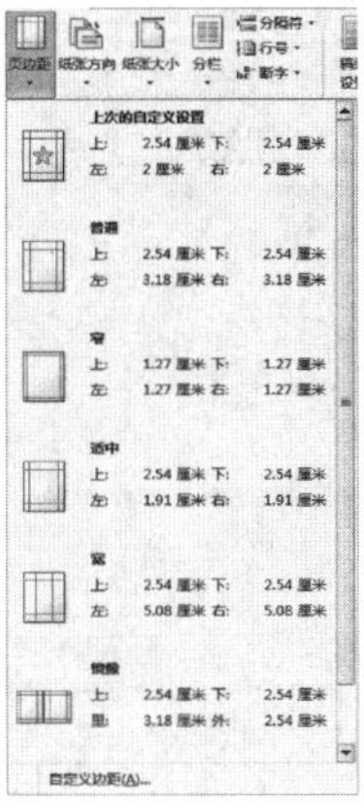

图3-51　“页边距”下拉列表

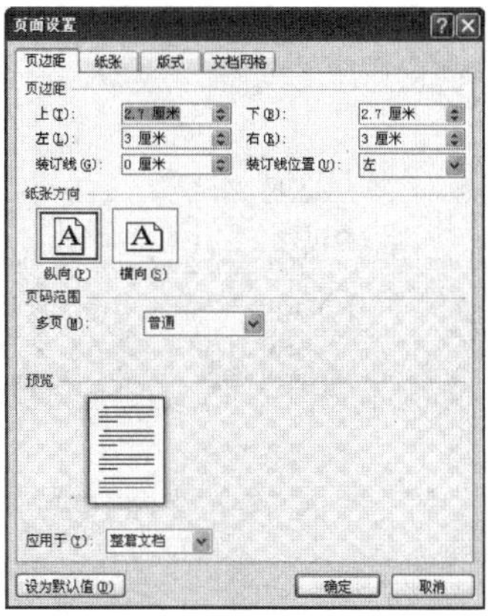

图3-52　“页面设置”对话框

（3）纸张方向

单击“纸张方向”按钮，弹出下拉列表，如图3-53所示，在此选择纸张的排版方向。

（4）纸张大小

单击“纸张大小”按钮，弹出下拉列表，如图3-54所示，在此选择纸张大小。如需更多设置，可选择“其他页面大小”选项，进入“页面设置”对话框，如图3-52所示，在其中的“纸张”选项卡设置纸张大小。

图3-53　“纸张方向”下拉列表

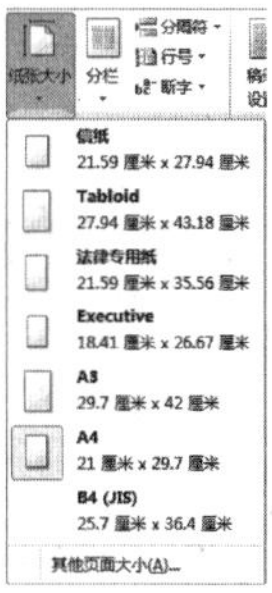

图3-54　“纸张大小”下拉列表

对于页面设置，可以单击“页面布局”选项卡→“页面设置”组右下角的“页面设置”按钮，打开“页面设置”对话框，如图3-52所示，这里包含了页面设置所有的选项，可一次性对文档进行页面设置。

3.5.3　打印预览和打印

单击“文件”选项卡→“打印”命令，出现如图3-55所示的菜单，在菜单的左侧可打印文档和设置打印属性，菜单的右侧可预览打印效果。

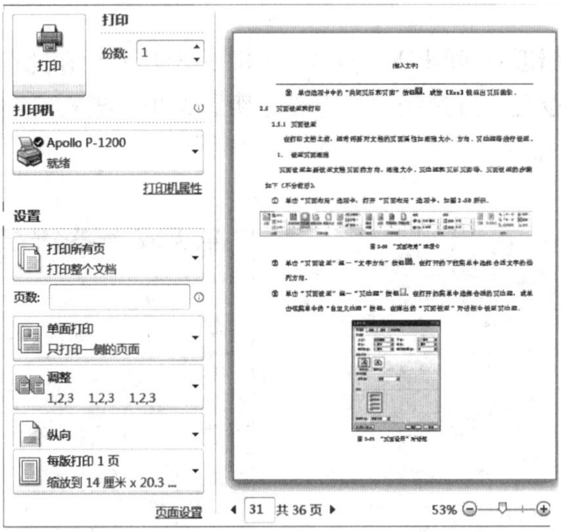

图3-55 “打印”对话框

3.6 实验部分

3.6.1 文本的基本编辑和排版

实验目的

（1）熟悉文字处理软件Word 2010的基本操作。

（2）熟练掌握基本的文本编辑功能。

（3）掌握基本的字体、段落格式设置。

实验要求

打开素材文档“2-1.docx”，其内容如图3-56所示。

按下列要求对文档“2-1.docx”进行编辑和排版。

（1）将第一段文字应用“标题1”样式并居中。

（2）其余各段字体：仿宋字体；字号小四；采用1.25倍行间距；除第三段文本“计算机控制系统的分类……”以外，各段落首行缩进2个字符。

（3）设置第三段文本“计算机控制系统的分类……”左右各缩进1.5厘米，段前20磅。

（4）如样文所示为相应段落添加项目符号和编号。

（5）最终排版效果如图3-57所示。

计算机控制系统

计算机控制系统(Computer Control System，简称 CCS)是应用计算机参与控制并借助一些辅助部件与被控对象相联系，以获得一定控制目的而构成的系统。这里的计算机通常指数字计算机，可以有各种规模，如从微型到大型的通用或专用计算机。

计算机控制系统的分类有三种方法：以自动控制行式分类，以参于控制方式分类或以调节规律分类。

以自动控制行式分类

以自动控制方式分类可以分成如下几类：

计算机开环控制(Computer Open Loop Control)系统

计算机闭环控制

在线控制

离线控制

实时控制系统

以参于控制方式来分类

以参于控制方式进行分类可分为三类：

直接数字控制系统

计算机监督控制系统

多级控制系统

按调节规律分类

按调节规律分类有以下几种：

程序控制

顺序控制

前馈控制

最优控制(最佳控制)系统

自适应控制系统

自学习控制系统

图3-56　素材文档“2-1.docx”

计算机控制系统

计算机控制系统(Computer Control System，简称 CCS)是应用计算机参与控制并借助一些辅助部件与被控对象相联系，以获得一定控制目的而构成的系统。这里的计算机通常指数字计算机，可以有各种规模，如从微型到大型的通用或专用计算机。

计算机控制系统的分类有三种方法：以自动控制行式分类，以参于控制方式分类或以调节规律分类。

(1)　以自动控制行式分类

以自动控制方式分类可以分成如下几类：

a)　计算机开环控制(Computer　Open Loop Control)系统

b)　计算机闭环控制

c)　在线控制

d)　离线控制

e)　实时控制系统

(2)　以参于控制方式来分类

以参于控制方式进行分类可分为三类：

a)　直接数字控制系统

b)　计算机监督控制系统

c)　多级控制系统

(3)　按调节规律分类

按调节规律分类有以下几种：

a)　程序控制

b)　顺序控制

c)　前馈控制

d)　最优控制(最佳控制)系统

e)　自适应控制系统

f)　自学习控制系统

图3-57　最终排版效果

实验步骤

具体操作步骤如下：

打开文档2-1.docx。

（1）设置第一段文本

①选取文档第一段，单击“开始”选项卡→“样式”组中的“标题1”选项，为该文本设置为“标题1”样式。

②单击“开始”选项卡→“段落”组中的“居中”图标，把该文本设为居中对齐。

（2）设置其余段落

①设置文本字体格式：选择其余段落，单击“开始”选项卡→“字体”组中的“字体”右侧的下拉按钮，在弹出的列表中选择“仿宋”；单击“字号”右侧的下拉按钮，选择“小四”。

②设置文本段落格式：保持选择的段落，单击“开始”选项卡→“段落”组右下角的“段落”按钮，在打开的“段落”对话框中，设置“行距”→“多倍行距”为“1.25”，“特殊格式”→“首行缩进”为“2 字符”，如图3-58所示。

（3）设置第二段文本

选择第二段文本“计算机控制系统的分类……”，单击“开始”选项卡→“段落”组→“段落”按钮，在打开的“段落”对话框中设置“特殊格式”为“无”，“缩进”→“左侧”和“右侧”各为“1 厘米”，“间距”→“段前”为“20 磅”（在相应的文本框中直接输入值），如图3-59所示。

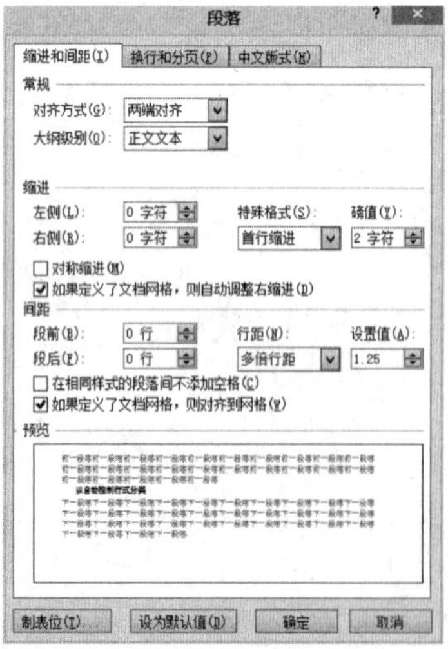

图3-58 设置首行缩进

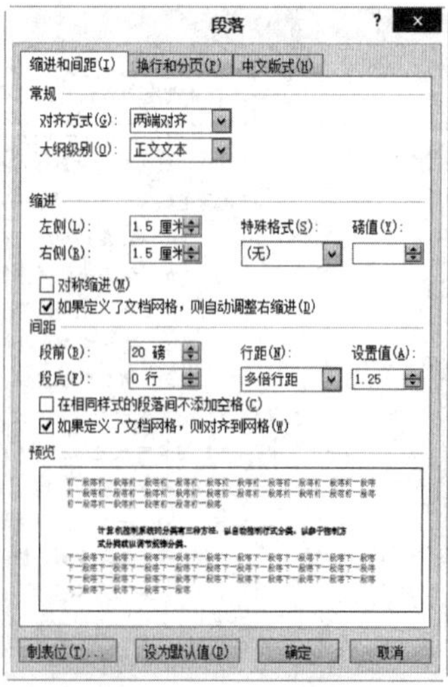

图3-59 “段落”对话框

（4）添加项目符号和编号

①为段落添加编号：选择段落“以自动控制行式分类”，单击“开始”选项卡→“段

落”组→“编号”图标右侧的下拉三角按钮，在弹出的列表中选择“定义新编号格式”，打开“定义新编号格式”对话框，设置编号样式和格式，如图3-60所示（注意采用西文字符的括号）。

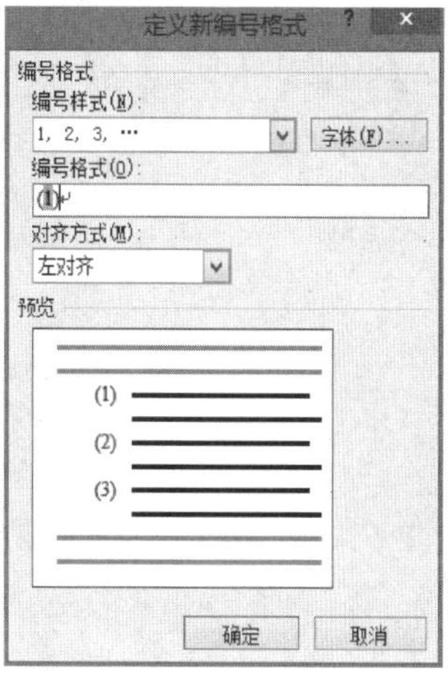

图3-60　“定义新编号格式”对话框

提示：按 确定 按钮后，段落所显示的编号有时候会发生错误，此时，可再次单击“编号”按钮，在下拉列表中选择刚才已设置好的编号样式。

提示：对照样文，发现编号“(1)”和该编号右侧文本所对应的位置与样文位置不一致，此时，可以在“段落”对话框中调整该段落的“缩进”→“左侧”缩进和“悬挂缩进”参数值，也可以利用标尺进行调整。在此，我们使用标尺进行调整。

②利用标尺调整缩进位置：继续选择段落“以自动控制行式分类”，勾选“视图”选项卡→“显示”组→“标尺”按钮，在编辑区中显示标尺。拖动标尺中的“左缩进”滑块往右边移动到合适的位置；向右拖动标尺中的“悬挂缩进”滑块，调整编号右侧文字的对齐位置，效果不满意还可以继续拖动“首行缩进”滑块调整编号的位置（按住【Alt】键拖动可进行微调），调整后效果如图3-61所示。

提示：当应用了编号或项目符号以后，“首行缩进”滑块用以调整编号的位置，“悬挂缩进”滑块用以调整编号后面文字的对齐位置，“左缩进”滑块则同时包含了“首行缩进”和“悬挂缩进”的调整。

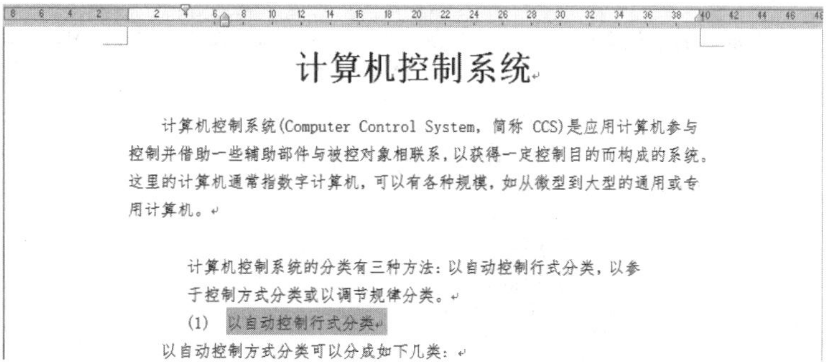

图3-61　编号“(1)”效果图

③利用格式刷复制格式：把光标置于段落“以自动控制行式分类”的任意位置，双击“开始”选项卡→“剪贴板”组→“格式刷”按钮，此时，鼠标变成格式刷的外观，分别到段落“以参于控制方式来分类”和“按调节规律分类”处按下鼠标左键并拖动，把文本格式复制给这两段文本。按【Esc】键或再次单击“格式刷”按钮退出格式刷状态。效果如图3-62所示。

提示：单击格式刷后，格式刷只能刷一次（复制文本格式一次）；双击格式刷，此时，格式刷可以刷多次（复制文本格式多次），直到退出格式刷状态。

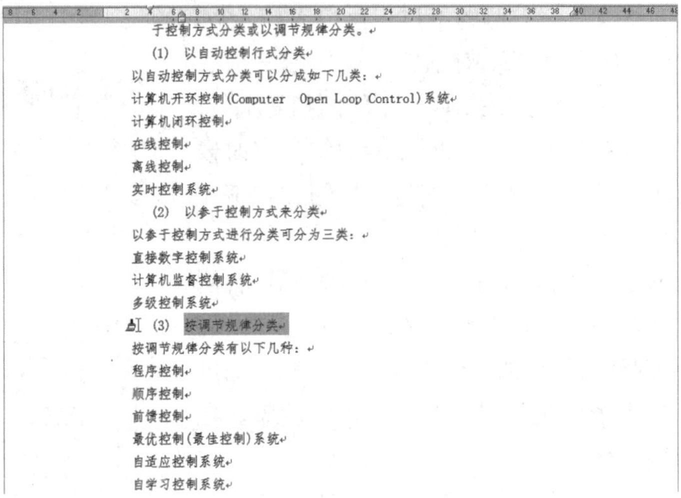

于控制方式分类或以调节规律分类。

(1) 以自动控制行式分类

以自动控制方式分类可以分成如下几类：

计算机开环控制(Computer Open Loop Control)系统

计算机闭环控制

在线控制

离线控制

实时控制系统

(2) 以参于控制方式来分类

以参于控制方式进行分类可分为三类：

直接数字控制系统

计算机监督控制系统

多级控制系统

(3) 按调节规律分类

按调节规律分类有以下几种：

程序控制

顺序控制

前馈控制

最优控制(最佳控制)系统

自适应控制系统

自学习控制系统

图3-62 复制格式后效果

④为段落添加编号：选择“计算机开环控制（Computer Open Loop Control）系统”到“实时控制系统”段落，单击“开始”选项卡→“段落”组→“编号”图标右侧的下拉三角按钮，在弹出的列表中选择“a）”“b）”“c）”编号，为所选段落应用该编号样式。

⑤利用标尺调整缩进位置：保持选择段落，参考以上方法，拖动标尺上的“左缩进”滑块和“悬挂缩进”滑块，调整编号和文字悬挂的位置，缩进位置参考样文（位置相近即可）。效果如图3-63所示。

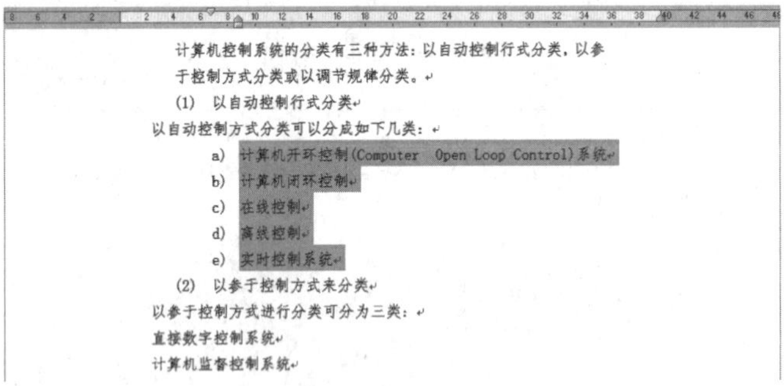

计算机控制系统的分类有三种方法：以自动控制行式分类，以参于控制方式分类或以调节规律分类。

(1) 以自动控制行式分类

以自动控制方式分类可以分成如下几类：

a) 计算机开环控制(Computer Open Loop Control)系统

b) 计算机闭环控制

c) 在线控制

d) 离线控制

e) 实时控制系统

(2) 以参于控制方式来分类

以参于控制方式进行分类可分为三类：

直接数字控制系统

计算机监督控制系统

图3-63 编号“a）”效果

⑥复制文本格式：参考样文，单击利用格式刷，把有“a）”“b）”“c）”编号的段落格式复制给段落“直接数字控制系统”到“多级控制系统”。格式复制完成后，发现“直接数字控制系统”段落编号为“f）”，在该段落单击鼠标右键，在弹出的菜单中选择“重新开始于a（R）”选项，如图3-64所示，使得该段落编号为“a）”，此时，该段落的对齐却发生了改变（图3-65），把光标置于本组编号的“b）”或“c）”段落处，再次利用格式刷把这两段文本的格式复制给“a）直接数字控制系统”段落。

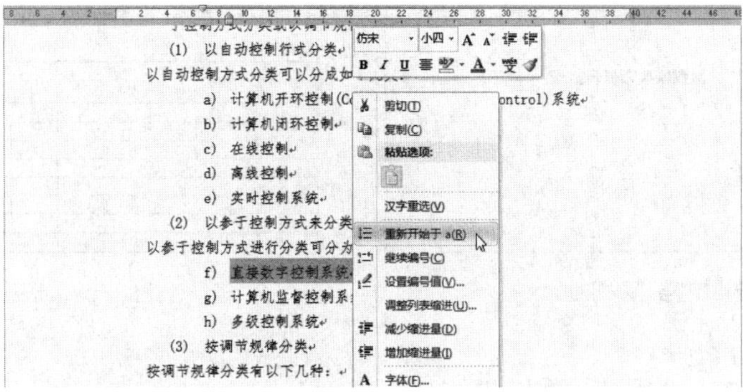

图3-64　快捷菜单

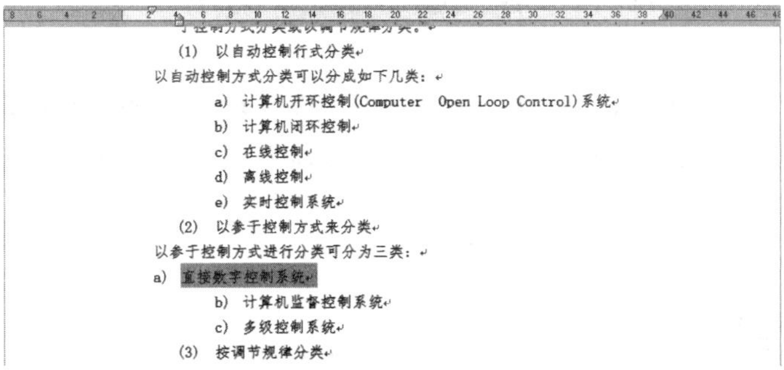

图3-65　重新开始编号后效果

⑦参考样文，采用以上方法为段落“控制程序”到“自学习控制系统”应用“a）”“b）”“c）”编号样式。

文档编辑完成，最终效果如图3-57所示。

3.6.2　制作会计表格

实验目的

通过该实验熟悉对表格的编辑。

实验要求

文档“2-3.docx”如图3-66所示，按要求在文档中插入表格并进行编辑，完成后的效果如图3-67所示。

图3-66 文档“2-3.docx”

图3-67 表格样文

具体要求如下：

（1）在“日期”下插入表格。

（2）表格的外边框为1.5磅的实线，第3行和倒数第1行的上框线为双线。

（3）每行的高度为0.7厘米（“客户代码”和“客户名称”为合并单元格，占用两行的高度）。

（4）“客户代码”和“客户名称”列的列宽相等，其余各列的列宽相等。

（5）所有单元格的文本中文为宋体，英文为Arial，字号为五号，对其方式为水平和垂直居中对齐。

实验步骤

创建并编辑会计表格的操作步骤如下：

1）插入表格。

①打开文档“2-3.docx”，把光标定位在“日期”的下一段。

②单击“插入”选项卡→“表格”组→“表格”按钮→“插入表格”命令，打开“插入表格”对话框。

③设置对话框中的“列数”为“11”“行数”为“10”，如图3-68所示。

④单击 确定 按钮完成表格插入，插入后表格如图3-69所示。

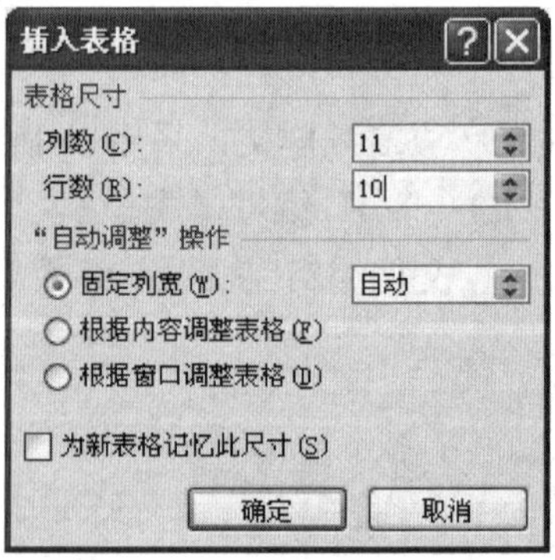

图3-68 “插入表格”对话框

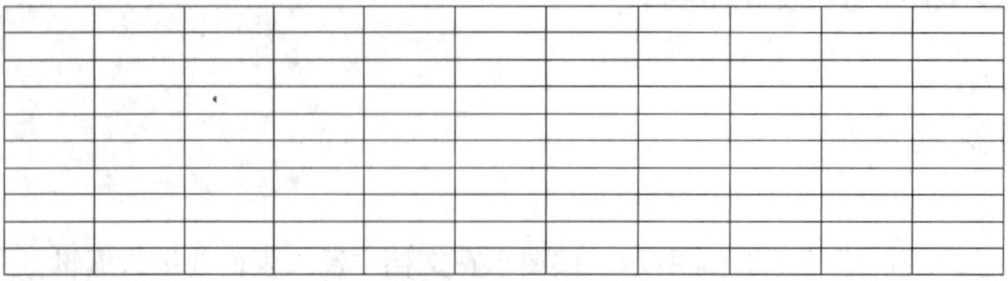

图3-69 插入表格

2）修改列宽和行高。

①把鼠标放在第2列的右框线上，待鼠标变成形状时把框线往右拖到适当宽度，调整第2列的宽度。

②选择表格的第1和第2列，单击“布局”选项卡→“单元格大小”组→“分布列”按钮，平均分配第1列和第2列的宽度。

③用同样的方法平均分配第3列至最后一列的列宽。

④选择整个表格，在“布局”选项卡→“单元格大小”组→“高度”文本框中输入“0.7厘米”，修改后的表格如图3-70所示。

图3-70　修改列宽和行高后的表格

3）合并单元格。

①选中第一列最上面的两个单元格，单击“布局”选项卡→“合并”组→“合并单元格”按钮，把两个单元格合并成为一个单元格。

②以同样的方法合并其余需合并的单元格，合并后的表格如图3-71所示。

图3-71　合并单元格后的表格

4）绘制边框。

①把光标置于单击任意单元格内，设置“设计”选项卡→“绘图边框”组→“笔样式”为实线，设置其下方的“笔画粗细”为“1.5磅”，如图3-72所示。

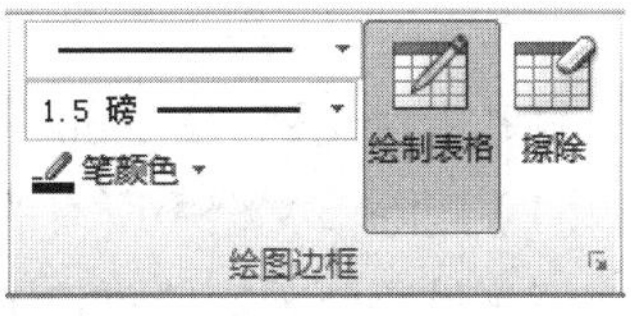

图3-72　“笔样式”和“笔画粗细”

②此时，鼠标变成铅笔形状（直接进入“绘制表格”命令状态），利用铅笔重绘表格的外边框，使其变成1.5磅的粗框线。

③设置“设计”选项卡→“绘图边框”组→“笔样式”为双线，使用

铅笔绘制第3行和最后1行的上边框线为双线。

④绘制完成后按【Esc】键退出绘制表格状态。

⑤单击“设计”选项卡→“绘图边框”组→“擦除”按钮，到表格中单击第一列最后一行的左边框和下边框，去除边框线，绘制边框后的表格如图3-73所示。

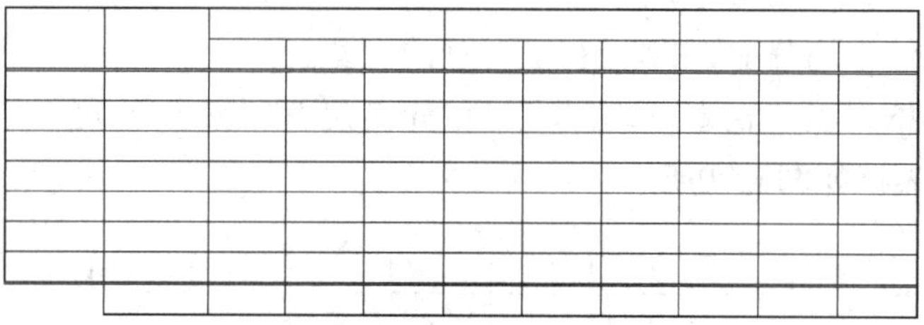

图3-73 绘制边框后的表格

5）输入文本并设置单元格对齐方式。

①参照图3-67的样文结果，在相应单元格内输入文本。

②选择整个表格，设置“开始”选项卡→“字体”组→“字号”为“五号”。

③设置“开始”选项卡→“字体”组右下角的“字体”按钮，打开“字体”对话框。

④设置“字体”标签的“中文字体”为“宋体”“西文字体”为“Arial”，单击确定按钮完成字体设置。

⑤依然选择整个表格，单击“布局”选项卡→“对齐方式”组→“水平居中”命令，垂直和水平居中单元格文本，表格完成的最终效果如图3-67所示。

3.6.3 图文混排

实验目的

通过实验，掌握对Word的文字、段落、页面、边框、分栏、图片、艺术字和页面等的设置，熟悉图文混排。

实验要求

打开素材文档“2-3.docx”，按要求对文档进行编辑和排版：

（1）删除该文档中所有的空行（提示，用“替换”功能）。

（2）设置整篇文档页边距，上、下：3.54厘米，左、右：3.5厘米，设置每页43行，每行45个字符。

（3）设置所有文本字体：中文为“楷体”，西文为“Book Antiqua”，字号小四，首行缩进2个字符，行距17磅，段后间距3.4磅。

（4）把文本中所有的文字“相逢”替换为深红色的“Xiang Feng”，并加上深红色的波浪下划线。

（5）添加页面阴影边框，边框颜色为“橄榄色，强调文字颜色3，深色25%”，边框宽度1磅。

（6）为第四段文本（“原来，……”）添加底纹，底纹颜色为RGB（254，245，200）。

（7）为最后三段文本添加“浅绿”色底纹。

（8）在文章头部插入艺术字“池畔”（文章头部插入8行空行），艺术字样式为第二行第二列，设置艺术字字体为“华文新魏”，字号70，单倍行距，文本轮廓色为RGB（35，160，50），添加映像效果（半影像，4pt偏移量），添加发光效果（橄榄色，5pt发光，强调文字颜色3），把艺术字移到适当的位置。

（9）在艺术字下方插入水平直线，长度：17厘米，添加发光效果（水绿色，5pt发光，强调文字颜色5）。

10）设置文章第九段（“我想，你一定会……”）到第十五段（“你静静地来，……”）格式如下：

①该段落分两栏，加分割线，栏间距3个字符。

②段落的页边距为左、右：2厘米（上、下页边距默认）。

（11）设置段落第二十（“然后，到第三天，…….”）到第二十四段（“是的，老先生，……”）为两栏，加分割线。

（12）为第十九段（“盛开的荷是容不得强烈阳光的，…….”）添加蓝色方框。

（13）设置第十九段首字下沉（“盛”），并为下沉的文字添加了文本效果（文本效果样式为第4行第1列）。

（14）参考样文，在适当位置插入图片，各图片的设置如表3-2所示。

表3-2　　　　图片的设置要求

图片文件	图片位置	环绕方式	图片大小	其他参数
H1.png	第一页页首	四周型环绕	适当	图片效果：紧密映像，4pt偏移量
H3.jpg	第一页尾部	衬于文字下方	高度：9厘米 宽度：18厘米	亮度：48% 对比度：20%
H3.png	第二页	紧密型环绕	缩放的宽度、高度：40%	编辑环绕顶点大致如下：

（15）添加页眉，设置奇偶页不同，要求如下：

①为文档的第一页插入“边线型”页眉，页眉顶端距离1厘米，页眉左端插入图片“HS.jpg”（高度：0.7厘米，宽度：0.93厘米），页眉标题文字为“席慕蓉散文”，字体大小为五号。

②为文档的第二页插入“现代型（偶数页）”页眉，页眉顶端距离1.2厘米，页眉文档标题为“名家经典散文选节”。

最终排版效果如图3-74所示。

（a）样文第一页　　（b）样文第二页

图3-74　最终排版效果

实验步骤

具体操作步骤如下：

1）删除文档中所有的空行。

①打开文档2-3.docx，单击“开始”选项卡→“编辑”组→“替换”按钮，打开“查找和替换”对话框，单击其中的“更多”按钮，展开隐藏的选项，单击“特殊格式”按钮，在弹出的列表中选择“段落标记”，此时，“查找内容”文本框中会出现段落标记“^p”的符号。再次在“查找内容”和“替换”文本框中分别操作一次，确保“查找内容”文本框有两个段落标记符号，“替换”文本框中有一个段落标记符号，如图3-75所示。

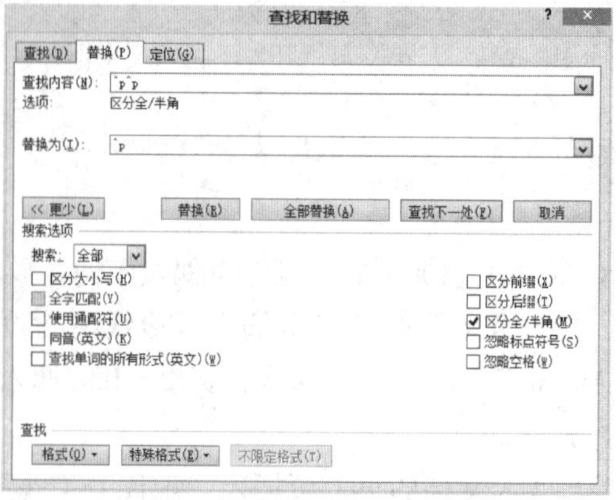

图3-75　“查找和替换”对话框

②单击“全部替换”→“确定”按钮，把文档中的空段落去掉。替换完成后单击“关闭”按钮退出对话框。

2）整篇文档页面设置。

①单击“页面布局”→“页面设置”组右下角的“页面设置”按钮，打开“页面

设置”对话框，在其中的“页边距”选项卡中设置页面距上、下：3.54厘米，左、右：3.5厘米，如图3-76所示。

②继续留在“页面设置”对话框，在“文档网络”选项卡→“网格”中选择“指定行和字符网格”选项，设置“行数”的“每页”为“43”，“字符数”的“每行”为“45”，如图3-77所示。按 确定 按钮完成设置。

3）设置所有文本字体和段落格式。

①按【Ctrl】+【A】键选择所有文本，单击“开始”→“字体”组右下角的“字体”按钮，打开“字体”对话框，在“中文字体”下选择“楷体”，“西文字体”下选择“Book Antiqua”，“字号”选择“小四”，如图3-78所示，按 确定 按钮完成字体设置。

②继续选择全本，单击“开始”→“段落”组右下角的“段落”按钮，打开“段落”对话框，在其中设置“特殊格式”→“首行缩进”为“2 字符”，“间距”→“段后”为“3.4磅”，“行距”→“固定值”为“17磅”，如图3-79所示，按 确定 按钮完成设置。

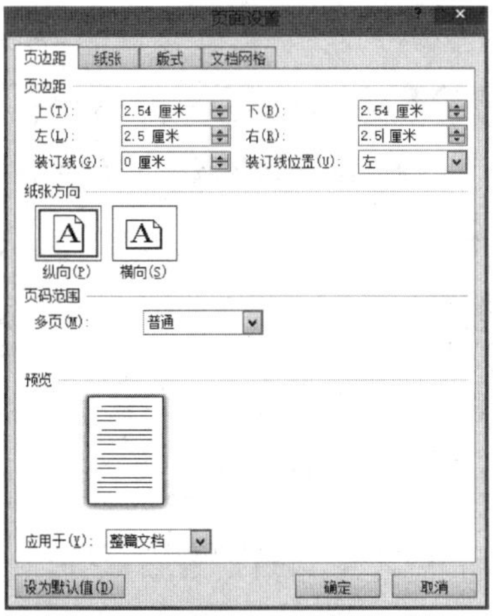

图3-76　设置页边距

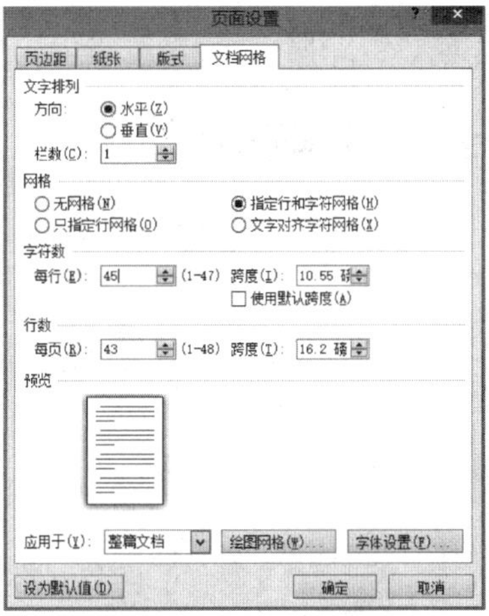

图3-77　设置文档网格

图3-78　“字体”对话框

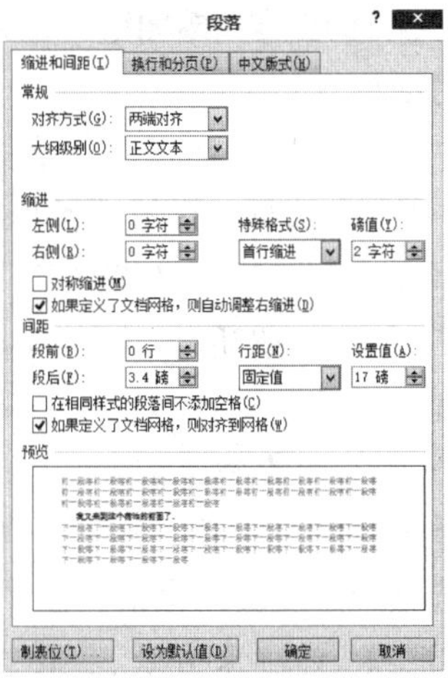

图3-79　“段落”对话框

4）把文本中所有的文字“相逢”替换为“Xiang Feng”（暗红色并加暗红色下划线）。

①无须选择全本，单击“开始”选项卡→“编辑”组→“替换”按钮，打开“查找和替换”对话框。

②在“查找和替换”对话框的“查找内容”文本框输入“相逢”，“替换为”文本框中输入“Xiang Feng”。

③选择“替换为”文本框中的内容，单击“更多”按钮，展开隐藏的选项，再单击“格式”按钮，在展开的选项中选择“字体”，打开“替换字体”对话框，设置“字体颜色”和“下划线颜色”均为“深红”，设置“下划线线型”为波浪线，如图3-80所示。

④按下“替换字体”对话框的 确定 按钮完成替换字体并返回“查找和替换”对话框，如图3-81所示，单击 全部替换(A) 按钮，再单击 确定 按钮完成替换。

图3-80 “替换字体”对话框

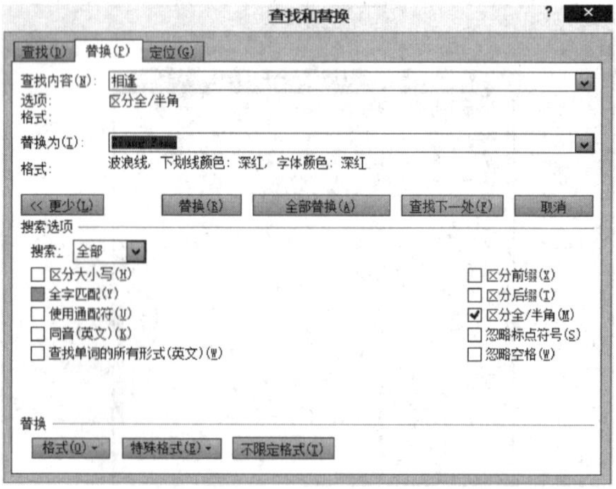

图3-81 “查找和替换”对话

5）添加页面阴影边框。

①单击“页面布局”选项卡→“页面背景”组→“页面边框”按钮，打开“边框和底纹”对话框。

②在“页面边框”选项卡中选择“页面边框”→“阴影”边框，设置“颜色”为“橄榄色，强调文字颜色3，深色25%”，“宽度”为“1.0磅”，如图3-82所示，单击 确定 按钮完成设置。

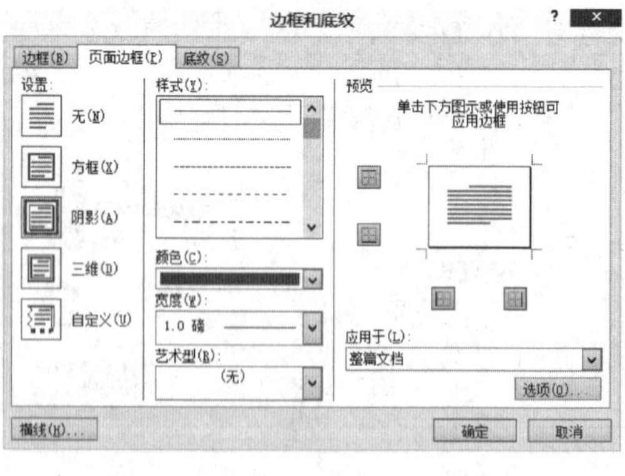

图3-82 “边框和底纹”对话框

6）为文本第四段添加底纹。

①选择第四段“原来，……”，单击“页面布局”选项卡→“页面背景”→“页面边框”按钮，打开“边框和底纹”对话框。

②在“底纹”选项卡中单击“填充”下面的下拉按钮，在弹出的下拉列表中选择“其他颜色”，如图3-83所示，打开“颜色”对话框。

③在“颜色”对话框的“自定义”选项卡中设置“红色”“绿色”和“蓝色”的值分别为254，245，200，如图3-84所示。

④依次按确定按钮完成设置。

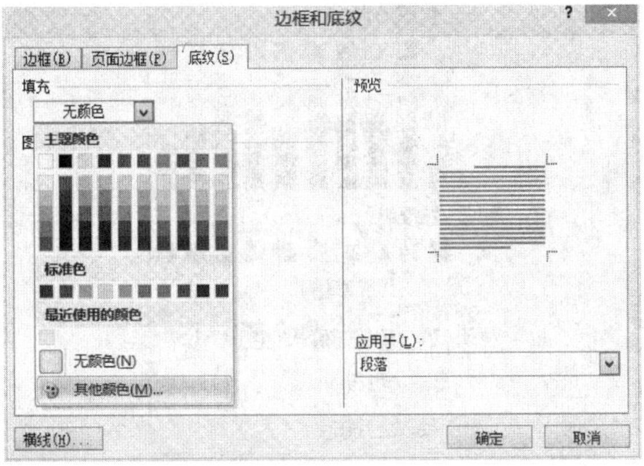

图3-83　“边框和底纹”对话框

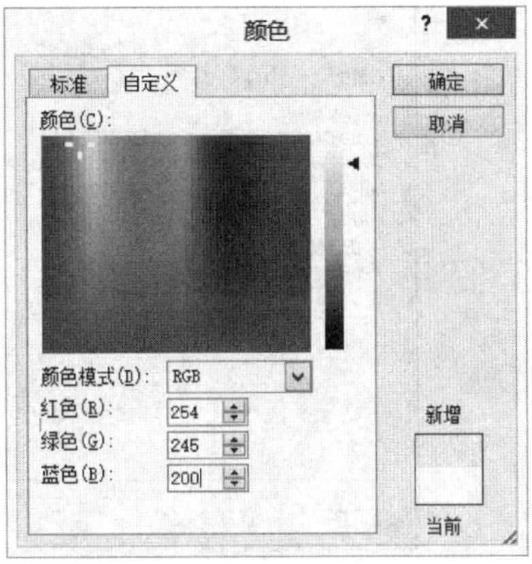

图3-84　“颜色”对话框

7）为最后三段文本添加“浅绿”色底纹。

选择倒数最后三段，单击“页面布局”选项卡→“页面背景”→“页面边框”按钮，打开“边框和底纹”对话框。在“底纹”选项卡中设置“浅绿”填充色，按确定按钮完成底纹设置。

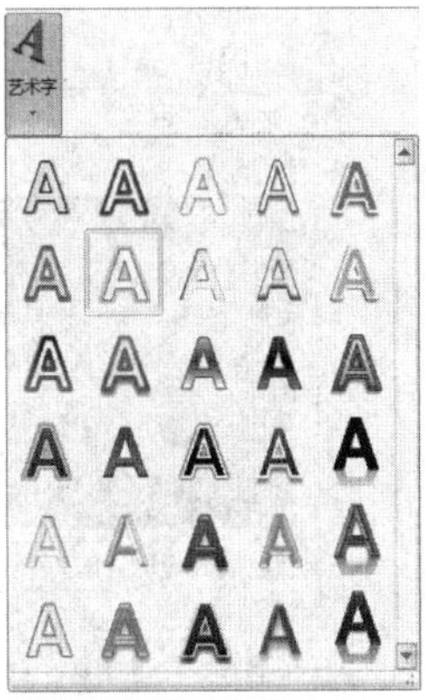

图3-85　插入艺术字样式

8）插入并设置艺术字。

①所有文本下移8行：把光标定位在文本首行首字前，按8次【Enter】键把所有文本下移8行。

②插入艺术字：单击“插入”选项卡→“文本”组→“艺术字”按钮，在弹出的列表样式中选择第二行第二列样式（图3-85），然后在艺术字编辑框内输入文字“池畔”，此时，艺术字效果如图3-86所示。

③设置艺术字字体、字号：选择艺术字，在“开始”选项卡→“字体”组中设置“字体”为“华文新魏”，设置“字号”为“70”。

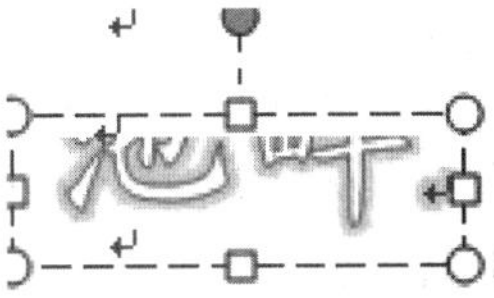

图3-86　初始艺术字效果

④设置艺术字段落格式：单击“开始”选项卡→“段落”组右下角“段落”的按钮，打开“段落”对话框，在其中设置“行距”为“单倍行距”，如图3-87所示。

⑤设置艺术字文本轮廓色：继续选择艺术字，单击“格式”→“艺术字样式”组→“文本轮廓”按钮，在弹出的下拉列表中选择“其他轮廓颜色”，如图3-88所示，打开“颜色”对话框。在“颜色”对话框中设置“红色”“绿色”和“蓝色”的值分别为“35”“160”和“15”，如图3-89所示，按确定按钮完成设置。

⑥设置艺术字映像效果：单击“格式”选项卡→“艺术字样式”组→“文本效果”按钮→“映像”，在弹出的列表中选择“半影像，4pt偏移量”，如图3-90所示。

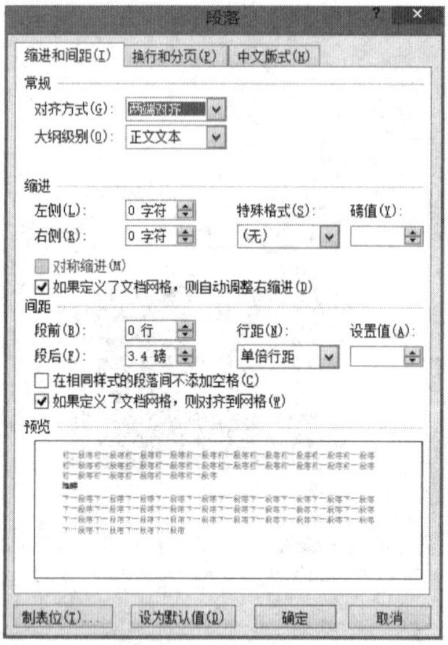

图3-87 “段落”对话框

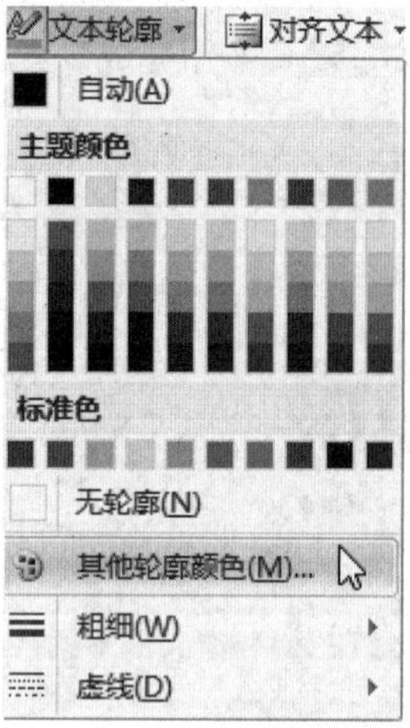

图3-88 “文本轮廓”下拉列表

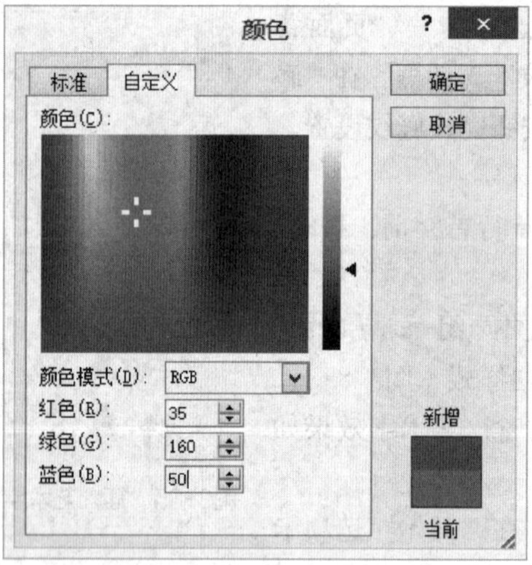

图3-89 “颜色”对话框

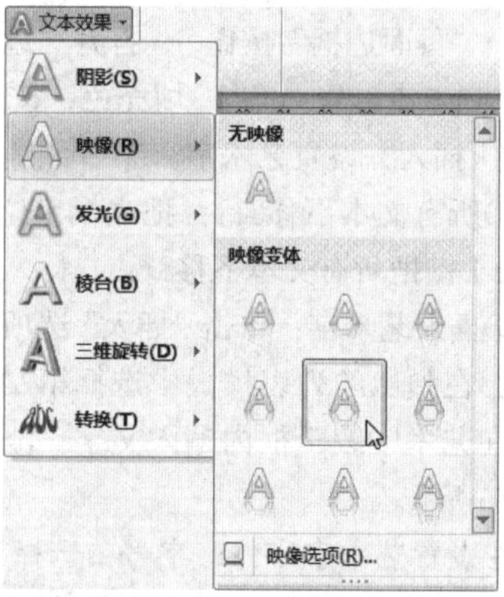

图3-90 映像设置

⑦设置艺术字发光效果：单击“格式”选项卡→“艺术字样式”组→“文本效果”按钮→“发光”，在弹出的列表中选择“橄榄色，5pt发光，强调文字颜色3”选项，如图3-91所示。

⑧参照样文，把艺术字移到适当位置，艺术字最终效果如图3-92所示。

9）插入水平直线。

①插入直线：单击“插入”选项卡→“插图”组→“形状”按钮，在弹出的列表中选择“线条”→“直线”，如图3-93所示，在艺术字下方用鼠标拉出一条水平直线（同时按住【Shift】键拖动鼠标可画出水平或垂直的线）。

②设置直线长度：选择直线，在“格式”选项卡→“大小”组中设置“长度”为“17

厘米”。

③设置直线发光效果：选择直线，单击“格式”选项卡→“形状样式”组→“形状效果”按钮→“发光”选项，在弹出的子列表中选择“水绿色，5pt发光，强调文字颜色5”选项，如图3-94所示。

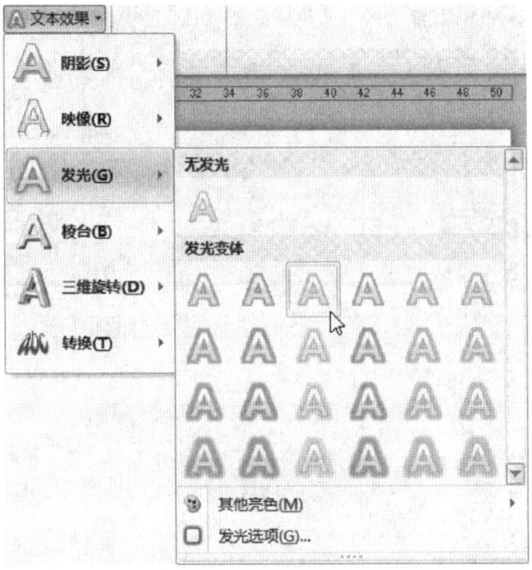

图3-91　发光效果设置

图3-92　艺术字效果

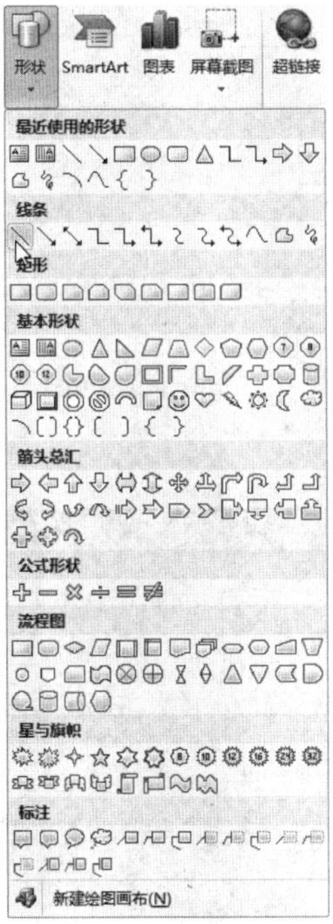

图3-93　直线

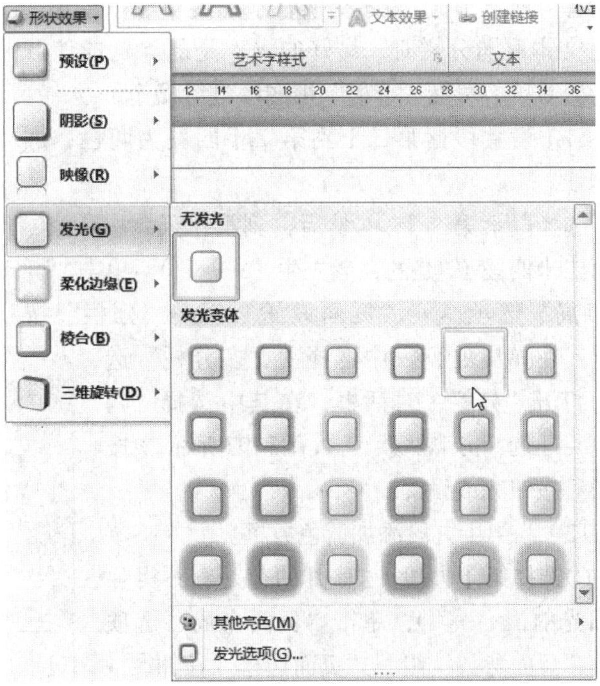

图3-94　发光选项

10）设置文章第九段（“我想，你一定会……”）到第十五段（“你静静地来，……”）格式。

①设置段落分栏：选择文章第九段到第十五段，单击“页面布局”选项卡→“页面设置”组→“分栏”按钮，在弹出的列表中选择“更多分栏”选项，打开“分栏”对话框，在其中选择“两栏”，勾选“分隔线”，设置“间距”为“3 字符”，如图3-95所示，按确定按钮完成设置。

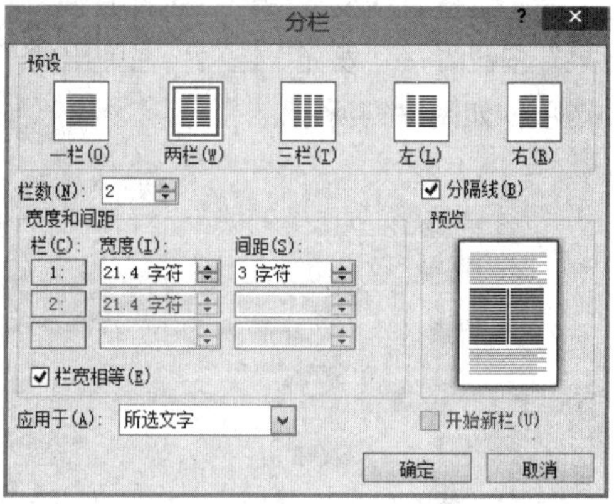

图3-95 “分栏”对话框

②设置段落页边距：继续选择段落，单击“页面布局”选项卡→“页面设置”组右下角的按钮，打开“页面设置”对话框，在此设置“左”“右”页边距均为“2 厘米”，确认“应用于”为“所选节”，如图3-96所示，按确定按钮完成设置。

提示：“节”可理解为文档格式排版的范围，对文档格式化的单位。默认情况下，Word将整篇文档视为一个节。当我们对文本进行分栏以后，系统会自动在分栏文本的开始和结尾处增加两个分节符，选择这些本文进行页面设置时，“应用于”选项会自动选择“所选节”，表示对所在节的文本进行设置。要对文本取消分栏时，最好的操作是删除构成该分栏的分节符，可在“草稿”视图中进行操作。

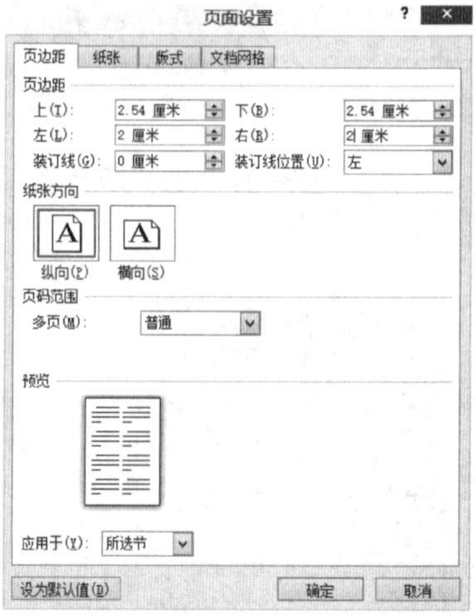

图3-96 “页面设置”对话框

11）设置段落第二十到第二十四段为两栏，加分割线。

选择段落第二十（“然后，到第三天，…….”）到第二十四段（“是的，老先生，……”），单击“页面布局”选项卡→“页面设置”组→“分栏”按钮，在弹出的列表中选择“更多分栏”选项，打开“分栏”对话框，在其中选择“两栏”，勾选“分隔线”，如图3-97所示，按确定按钮完成设置。

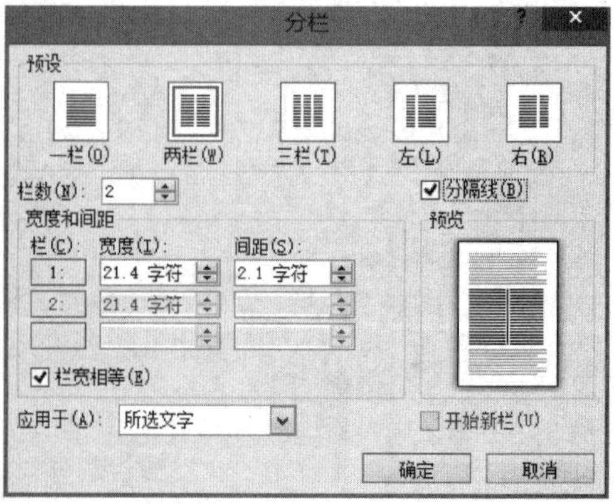

图3-97 “分栏”对话框

12）为第十九段添加蓝色方框。

①选择第十九段（“盛开的荷是容不得强烈阳光的，……”），单击“页面布局”选项卡→“页面背景”组→“页面边框”按钮，打开“边框和底纹”对话框。

②单击对话框中的“边框”选项卡，在其中选择“方框”，并设置“颜色”为“蓝色”，如图3-98所示，按确定按钮完成设置。

13）设置第十九段首字下沉，并为下沉的文字添加文本效果（文本效果样式为第4行第1列）。

①设置首字下沉：选择第十九段文本，单击“插入”选项卡→“文本”组→“首字下沉”按钮，在弹出的选项中选择“下沉”选项。

②添加文本效果：选择下沉的文字“盛”，单击“开始”选项卡→“字体”组→“文本效果”按钮，在弹出的列表中选择第4行第1列的样式，如图3-99所示。

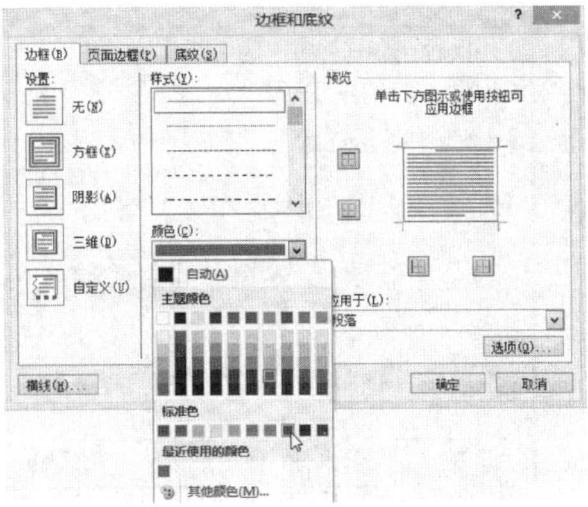

图3-98 “边框和底纹”对话框

14）参考样文，在适当位置插入图片。

①插入图片H1.png：单击“插入”选项卡→“插图”组→“图片”按钮，在打开的“插入图片”对话框中选择要插入的图片“H1.png”。

②设置图片“H1.png”的环绕方式：选择图“H1.png”，单击“格式”选项卡→“排列”组→“自动换行”按钮，在弹出的列表中选择“四周型环绕”选项。

③设置图片“H1.png”的大小：选择图片，往里拖动图片四个角上的圆形控点，参照样文，把图片缩放到适当大小。

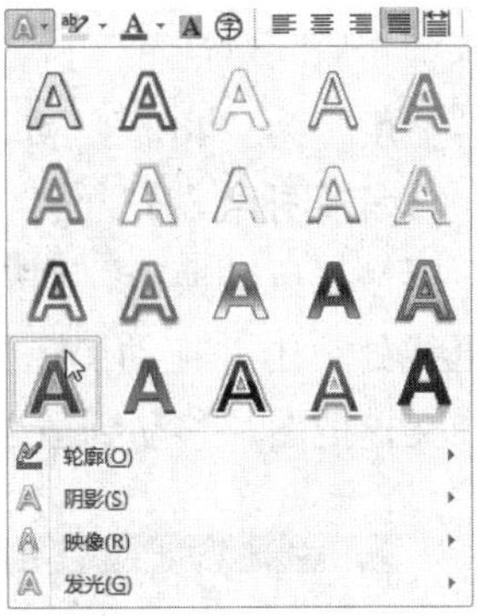

图3-99 “文本效果”效果选项

④设置图片“H1.png”的映像效果：选择图片，单击“格式”选项卡→“图片样式”组→“图片效果”按钮，在弹出的列表中选择“映像”→“紧密映像，4pt偏移量”，如图3-100所示。参照样文，把图片移动到合适的位置。

⑤插入并设置图片“H3.jpg”：参考以上步骤，插入图片“H3.jpg”，并设置该图片的环绕方式为“衬于文字下方”。

⑥设置图片“H3.jpg”的大小：选择图片“H3.jpg”，单击“格式”选项卡→“大小”组右下角的按钮，打开“布局”对话框。选择对话框中的“大小”选项卡，去掉“锁定纵横比”前面的“√”，并设置“高度”和“宽度”的“绝对值”分别为“9 厘米”和“18 厘米”，如图3-101所示，按 确定 按钮完成设置。

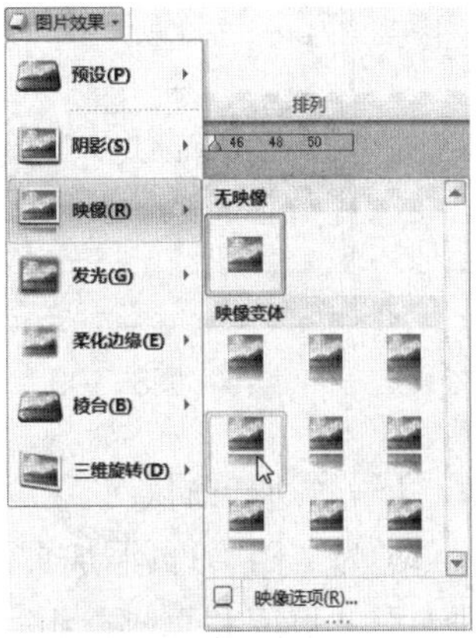

图3-100 设置图片映像效果

⑦设置图片“H3.jpg”的亮度、对比度：选择图片“H3.jpg”，单击“格式”选项卡→“图片样式”组右下角的按钮，打开“设置图片格式”对话框，在“图片更正”组中设置“亮度”和“对比度”分别为“48%”和“20%”，如图3-102所示。参照样文，把图片移动到合适的位置。

⑧插入并设置图片“H3.jpg”：参考以上步骤，插入图

片“H3.jpg”，并设置该图片的环绕方式为“紧密型环绕”。

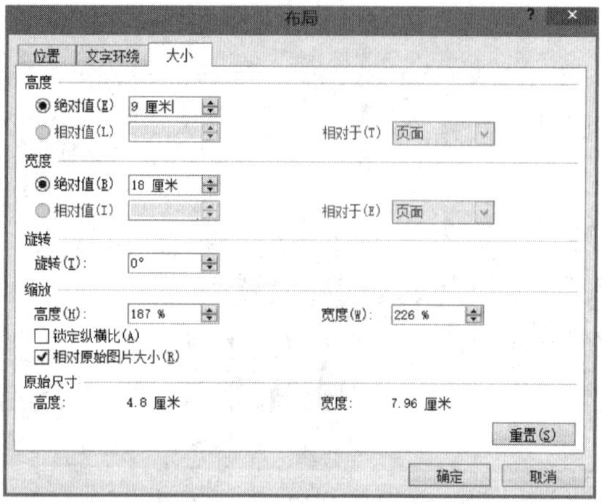

图3-101 “布局”对话框

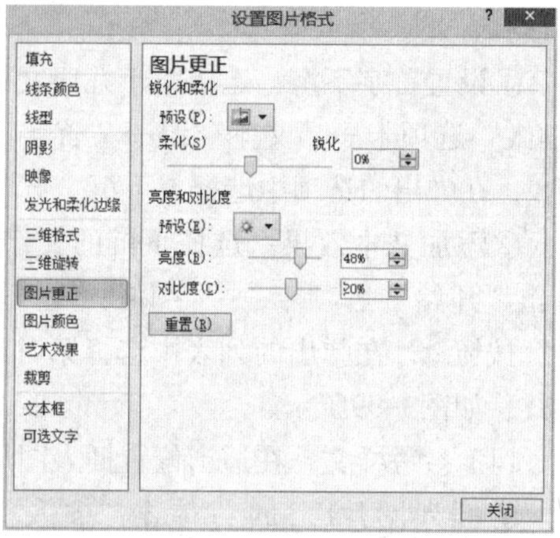

图3-102 “设置图片格式”对话框

⑨设置图片“H3.jpg”的大小：单击“格式”选项卡→“大小”组右下角的按钮，打开“布局”对话框。选择对话框中的“大小”选项卡，在其中设置图片的缩放“高度”和“宽度”为“40%”，如图3-103所示，按确定按钮完成设置。

⑩编辑图片“H3.jpg”的环绕顶点：选择图片“H3.jpg”，单击“格式”选项卡→“排列”组→“自动换行”按钮，在弹出的列表中选择“编辑环绕顶点”选项，到图片上红色框线处单击并拖动黑色控点，设置图片“H3.jpg”的环绕顶点大致如图3-104所示。参考样文，把图片移动到适当的位置。

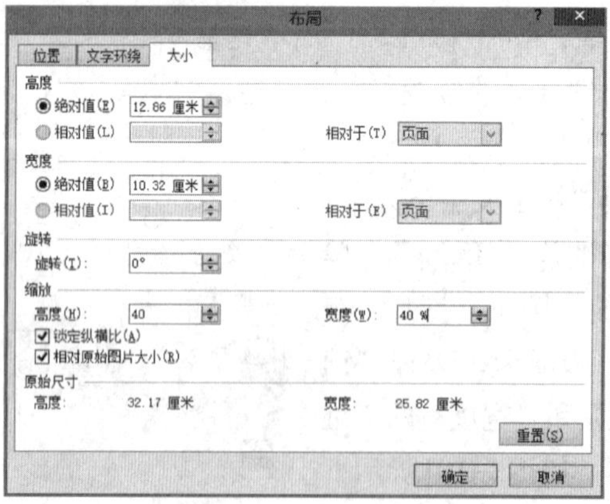

图3-103 “布局”对话框

图3-104 环绕顶点

15）添加页眉。

①为文档第1页添加页面：拖动滚动条，把文档的第1页设为当前页，单击“插入”选项卡→“页眉和页脚”组→“页眉”按钮，在弹出的列表中选择“边线型”页眉样式，进入页眉编辑状态。

②设置第1页页眉参数：勾选“设计”选项卡→“选项”组→“奇偶页不同”选项，

设置奇数页和偶数页页眉的不同；再设置“设计”选项卡→“位置”组→“页眉顶端距离”为“1 厘米”。

③在第1页页眉插入图片：把光标置于第1页页眉左端，单击“插入”选项卡→“插图”组→“图片”按钮，在打开的“插入图片”对话框中选择要插入的图片“HS.jpg”，选择图片，在“格式”选项卡→“大小”中设置图片的“高度”为“0.7厘米”，“宽度”为“0. 93厘米”。

④设置第1页页眉内容：在第1页页眉中间的“标题”框内输入文字“席慕蓉散文”，选择页眉文字，在“开始”选项卡→“字体”组设置“字号”为“五号”。单击“设计”选项卡→“关闭”组的“关闭页眉页脚”按钮退出页眉编辑状态。

⑤为文档第2页添加页眉：拖动滚动条，把文档的第2页设为当前页，单击“插入”选项卡→“页眉和页脚”组→“页眉”按钮，在弹出的列表中选择“现代型（偶数页）”页眉样式，进入第二页的页眉编辑状态。

⑥设置第2页页眉内容：第2页（偶数页）页眉的标题内容会默认沿用奇数页的页眉标题内容，此时，可把该页页眉的标题框删除，然后，在页眉光标处输入文字“名家经典散文节选”。

⑦设置偶数页参数：在“设计”选项卡→“位置”组设置“页眉顶端距离”为“1.2厘米”。单击“设计”选项卡→“关闭”组的“关闭页眉页脚”按钮退出页眉编辑状态。

最终编排效果如图3-74所示。

第4章

数据处理与分析

数据是事实，也称观测值，是实验、测量、观察、调查等的结果，常以数量的形式给出。数据处理是对数据的采集、存储、检索、加工、变换和传输。数据分析的目的是把隐没在一大批看来杂乱无章的信息集中、萃取和提炼出来，以找出所研究对象的内在规律。数据处理与分析贯穿于社会生产和社会生活的各个领域，数据处理与分析技术的发展及其应用的广度和深度，极大地影响着人类社会发展的进程。

电子表格软件是办公软件的核心组件之一，具有直观的界面、出色的计算功能和图表工具。通过功能强大的工具将杂乱的数据组织成有用的信息，然后分析、交流和共享所得到的结果。使用方便的电子表格软件，它可完成表格的数据输入、统计、分析等多项工作，可生成精美直观的表格、图表，可以进行烦琐的表格处理和数据分析，主要应用于财务软件、工程数据等方面。可以快速创建、分析和共享重要的数据。通常来说，电子表格软件具有以下功能。

（1）制作表格

在电子表格软件中可以使用表格边框工具栏、格式对话框等多种方法绘制表格。一般需要大量计算（如工资表，成绩表等）或需要对数据进行分析处理（如查询符合条件）的表格大都在电子表格软件。而Word中更适合完成文字为主的表格，如成绩表，简历表，学籍表等。

（2）表中计算

在电子表格软件中可以使用公式，函数完成数据的运算。并且电子表格软件中包含几百个函数用于完成不同类型的数据计算，如数学和三角函数，财务函数，概率分析函数，查找引用函数等。

（3）数据处理及分析

像其他数据库软件创建的数据库一样，电子表格软件数据也可以方便地对数据进行修改、添加、删除、排序、查询、分类汇总等。

（4）图表制作

图表比数据表格更能直观地体现数据的变化趋势。在电子表格软件中，用户可以方便地将数据表格生成各种二维或三维的图表，如柱形图、条形图、折线图等。

Excel是Office软件中的核心成员，它是一个功能强大的电子表格程序，是目前最为强大的电子表格制作、数据处理、数据分析工具。Excel不仅可以将整齐而美观的表格呈现给用户，还可以用来进行数据的分析和预测，完成许多复杂的数据运算，帮助使用者做出更加有根据的决策。同时它还可以将表格中的数据通过各种各样的图形、图表的形式表现出来，增强表格的表达力和感染力。

4.1 数据录入与编辑

4.1.1 Excel组成

Excel 2010界面如图4-1所示。

（1）工作簿

工作簿是指在Excel环境中用来存储并处理工作数据的文件，也就是通常意义上的Excel文件，Excel 2003及之前的版本，Excel文件默认后缀均为.xls，从Excel 2007版本开始，Excel文件默认后缀为.xlsx。每一个工作簿可由一个或多个工作表组成，在默认的情况下是由3个工作表组成，Excel 中，一个工作簿中的工作表受计算机的可用物理内存限制。工作簿窗口下方有若干个标签，单击其中一个标签就会切换到该工作表。

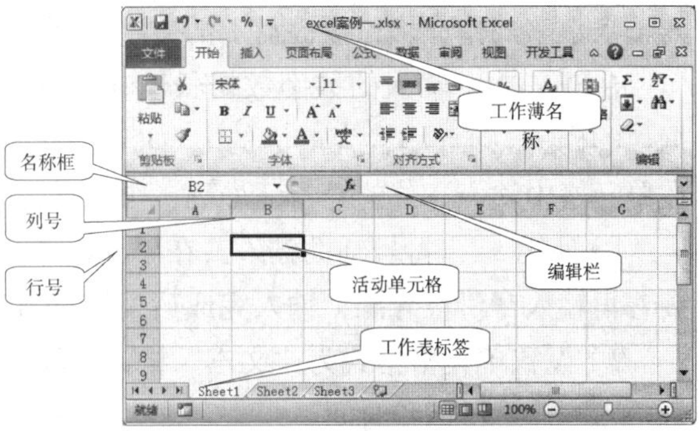

图4-1　Excel2010界面

（2）工作表

它是工作簿的一部分，也称作电子报表，工作的主要对象，由行、列组成的表格，Excel 2010工作表的大小为 16384 列 × 1048，576 行。每个工作表有一个标签名称，当前活动的白色，其余灰色，默认的三个工作表标签名为Sheet1~Sheet3，用户可根据需要增加或删除工作表，并可以更改标签名称。

（3）单元格

单元格是表格的最小单位，是工作表的行和列的交叉点，每个单元格通过“列标+行号”来表示单元格的位置，如：B2，就表示第B列第2行的单元格。为了便于记忆和理解，也可以为某个单元格另外命一个名称，直接在名称框输入一个名称即可给活动单元格命名，此时既可以用该名称也可以使用“列标+行号”引用该单元格。光标所在单元格为活动单元格，如图4-1中边框比较粗的单元格。

打开Excel时，映入眼帘的工作界面就是工作表。它由众多的行和列中的单元格排列在一起构成。工作表能存储包含字符串、数字、公式、图表和声音等丰富的信息或数据，并能够对这些信息或数据进行各种处理，同时能将工作表打印出来。

当工作簿建立之后，就可以在工作簿的每一个工作表中输入数据了。在Excel工作表的单元格中可以输入的数据有文本、数字、日期、时间和公式等。

4.1.2 数据输入

（1）输入文本

单元格中的文本包括任何字母、数字和键盘符号的组合。每个单元格最多可包含32000个字符，如果单元格列宽容不下文本字符串，就要占用相邻的单元格。如果相邻单元格中已有数据，就会截断显示。

同一单元格中换行：按 Alt+Enter 输入一个换行符。默认情况下，按 Enter 会向下移动一个单元格。

（2）输入数字

在Excel中，数字可用逗号、科学计数法或某种格式表示。输入数字时，只要选中需要输入数字的单元格，按键盘上的数字键即可。

在Excel中，输入的数字数据长度在12位以上时，会自动转变为科学记数格式。当数据以0开头时则自动舍弃前面的0。如果要让长度为12位以上的数字正常显示，例如需要在单元格中输入18位的身份证号码，可以通过下面两种方法来实现。

1）使用“'”符号辅助输入。在单元格中，先输入“'”（英文输入状态下的单引号），接着再输入身份证号码，输入完成后，按<Enter>键即可正常显示输入的身份证号码。

2）设置单元格格式为“文本”格式后输入。

（3）输入日期和时间

日期和时间也是数字，但它们有特定的格式。在输入日期时用斜线或短线分隔日期的年、月、日。例如，可以输入“2010/01/26”或“2010-03-26”，如果要输入当前的日期，按组合键Ctrl + ;（分号）即可。

在输入时间时，如果按12小时制输入时间，需在时间数字后空一格，并键入字母a或p，分别表示上午或下午。例如，输入10:40 p，按Enter键后四的结果是22:40:00，如果只输入时间数字，Excel将按AM（上午）处理，如果要输入当前的时间，按组合键Ctrl + Shift + ;（分号）即可。

（4）常用数据输入技巧

Excel有许多数据输入的技巧，常用的有以下一些数据输入的技巧。

1）在同一数据列中自动填写重复录入项。Excel具有数据记忆式键入功能，在同一行或同一列中，如果前面的单元格中已有数据输入，即在某单元格输入一个与前面单元格相同的数据时，Excel会自动显示出该单元格后面的数据。但Excel只能自动完成包含文字的录入项，或包含文字与数字的录入项。

2）在多个单元格中输入相同的数据。如果在工作表中有多处重复出现相同的数据，那么在数据输入时，可首先将这些单元格同时选中，同时选中的操作方法为在选中第一个单元格后按下Ctrl键，再依次单击其他单元格。然后通过编辑栏输入数据，同时按下Ctrl+Enter键。此时数据将同时显示在被选中的多个单元格中。

3）自动填充。利用自动填充功能，可以快速地复制数据、复制公式，加快数据的输入速度。

如果需要输入的数据为自然递增（递减）数值或字符+自然递增（递减）数值，比如输入“1，2，3，…”或“a1，a2，a3，…”，可以采用填充序列的方式。

填充序列方法常用的有两种，第一种方法是：先输入前2个单元格内容，选定前两个单元格，当鼠标光标移动到选定区域右下角时，会变成“+”字形状，此时可通过按住鼠标左键拖动实行自动填充操作。第一种方法根据前两个单元格中所含数值的差值自动计算后续单元格中数值部分，若要填充的是等比数列，比如要填充“1，2，4，8，…”，不能采用第一种方法。第二种方法：先输入第一个单元格的值，然后选择该单元格及要填充的单元格，进入选项卡“开始”，选择“编辑”→“填充”→“序列”，在弹出的对话框中选择“等比数列”，输入步长为2，单击“确定”按钮。

自定义序列：经常需要输入一些有规律的序列文本，比如“甲，乙、丙、丁”，文本中没有包含数值，系统无法自动判断后一个单元格需要填充的内容。此时，我们可以自己定义一个序列，定义方法是：选择菜单“文件→选项→高级→常规”，单击按钮“编辑自定义列表”，在弹出的对话框输入自定义列表。系统已经定义了月份、季度等常用的序列。

4）数据有效性设置。可以设定某些单元格区域输入的内容限制以避免一些输入错误，比如在输入年龄列，可以规定输入值的有效范围为18~65的整数。

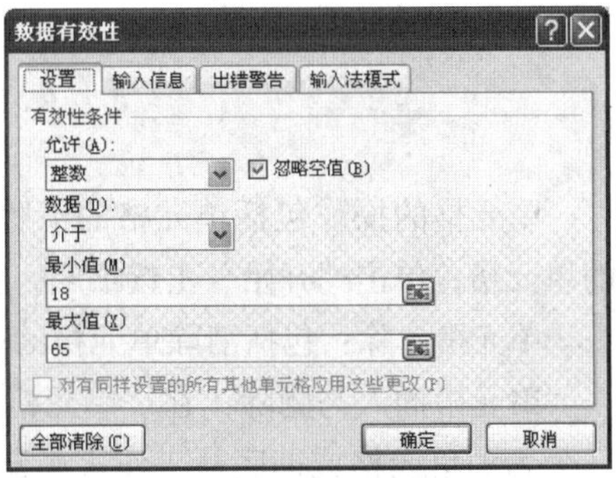

图4-2　数据有效性设置

操作步骤：

1）选定单元格区域。

2）选择“数据”选项卡，单击“数据有效性”，如图4-2所示对话框，在“设置”选项卡的有效性条件输入允许输入的数据类型及其范围，另外还可以设置当输入的值不满足条件时的错误提示信息等选项。

3）当用户在该单元格区域内输入的值不是整数或范围不在[18，65]之间时，系统提示错误信息，不接收用户输入。

4.1.3　单元格格式

在Excel的单元格中可以输入多种类型的数据，如文本、数值、日期、时间等。在输入时一般需要先设定单元格的格式，然后再输入相应数据，否则系统将根据输入值的特征自动判断何种类型，有些时候这种类型并不是我们需要的，比如要输入分数“2/3”，在未设定单元格格式为分数时，系统认为是日期格式，转换为“2月3日”。

设置单元格格式方法：选定需要设定单元格区域，单击鼠标右键，在弹出的菜单中选择“设置单元格格式”，选择“数字”选项卡，选择相应的格式。

如图4-3所示，“对齐”选项卡设置单元格文本对齐方式、显示方式，“字体”选项卡设置单元格的字体，“边框”选项卡设置选定区域单元格的边框线和颜色，“填充”选项卡设置选定区域背景色。

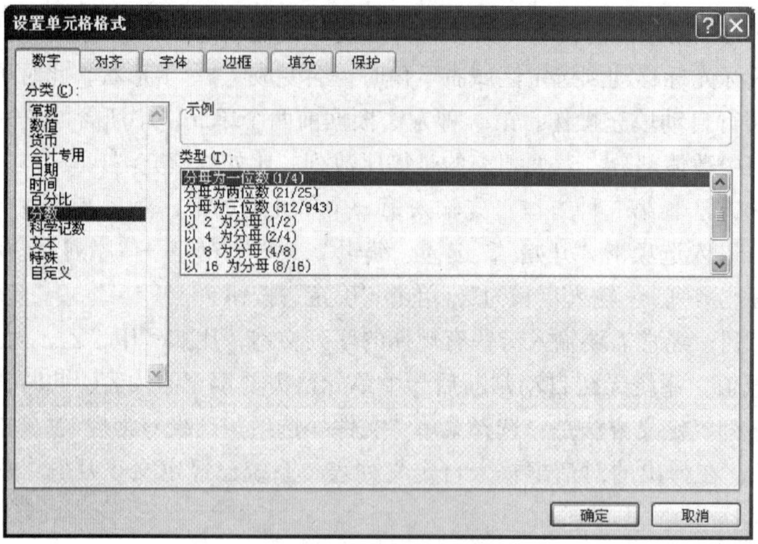

图4-3 设置单元格格式

4.1.4 单元格操作

单元格的操作包括单元格的清除、删除、移动、增加、合并等。首先选择需要操作的单元格，单击“开始”主选项卡，在“单元格”和“编辑”工具栏上选择相应的操作。

单元格清除：包括清除单元格的内容、格式、批注及超级链接。

单元格插入与删除：在“单元格”工具栏上包含“插入”“删除”菜单项，可以插入一个新的单元格或彻底从工作表中删除该单元格，插入或删除时会提示周围其他单元格的相应操作。

单元格的合并：选定要合并的单元格，单击“开始”主选项卡，在“对齐方式”工具栏上选择“合并后居中”的操作，如图4-4所示。也可以单击鼠标右键，在弹出的菜单中选择“设置单元格格式”，选择“对齐”选项卡，选中“合并单元格”复选框。如要撤销单元格的合并，清除“合并单元格”复选框选项即可。

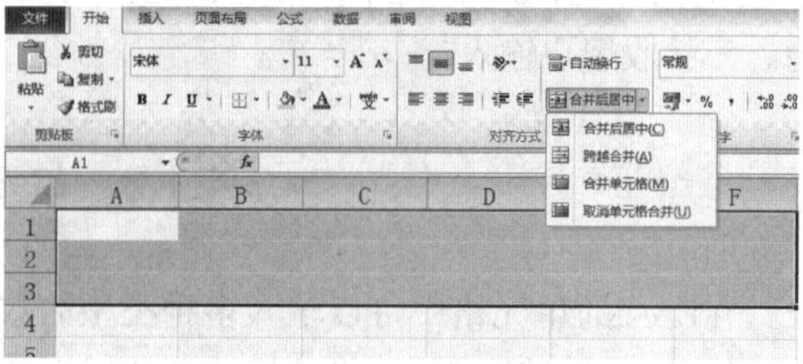

图4-4 单元格的合并

4.1.5 工作表操作

工作表的操作包括工作表的增加、删除、移动、复制，工作表标签更名及改变颜色，鼠标指向工作表标签名称处，单击鼠标右键，在弹出的菜单中选择相应功能，如图4-5所示。

还可以对工作表及其行列进行修改。行（列）操作包括行(列)高度(宽度)调整、隐藏(恢复)、删除、插入。操作方法：选定要操作的行（列），单击鼠标右键，在弹出的菜单中选择相应功能。

图4-5　工作表的操作

4.1.6　打印工作表

Excel 2010提供打印预览功能，用户可以通过该功能查看打印后的实际效果，如页面设置、分页符效果等。若不满意可以及时调整，避免打印后不能使用而造成浪费。

在打印工作表之前，可根据要求对希望打印的工作表进行一些必要的设置。主要包括打印区域设置、设置打印的方向、纸张的大小、页眉或页脚和页边距等。在“页面布局”选项卡的“页面设置”组中可以完成最常用的页面设置。

如图4-6所示，在页面设置时，“页面”“页边距”“页眉/页脚”的设置同Word类似，需要注意的设置有以下几点。

（1）打印区域。

可以先选定要打印的区域，单击“页眉设置”工具栏上的“打印区域”进行设置，或者在“页面设置”对话框的“工作表”选项卡上的打印区域上输入要打印的区域，如图4-6中，要打印的区域为A1：J17。

（2）打印标题

通常Excel工作表中的数据很多，需要打印很多页，如果每页都要显示标题，如图4-6所示，每页都要显示第1、2行的标题。设置方法：在“打印标题”的“顶端标题行”输入或选择第1行和第2行“$1:$2”。

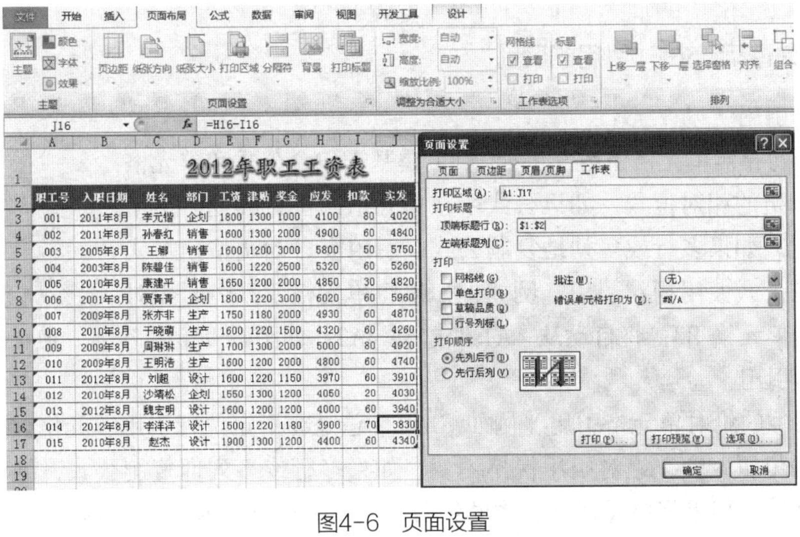

图4-6　页面设置

4.2 公式与函数

4.2.1 关于单元格和区域引用

引用的作用在于标识工作表上的单元格或单元格区域，并指明公式中所使用的数据的位置。通过引用，可以在公式中使用工作表不同部分的数据，或者在多个公式中使用同一个单元格的数值，还可以引用同一个工作簿中不同工作表上的单元格和其他工作簿中的数据。引用不同工作簿中的单元格称为链接。

默认情况下，Excel 使用 A1 引用样式，此样式引用字母标识列和引用数字标识行。若要引用某个单元格，输入相应的列标和行号。例如，B2 引用列 B 和行 2 交叉处的单元格。

一、引用其他工作表中的单元格

下面的示例中，AVERAGE函数将计算同一个工作簿中名为 Marketing 的工作表的 B1:B10 区域内的平均值。

工作表名称

对工作表上单元格或单元格区域的引用

=AVERAGE（Marketing! B1:B10）

分隔工作表引用和单元格引用

如果函数计算中需要链接到另一个工作簿中的区域，则需要指明工作簿的路径及名称。例如“=average（[d:\book1.xlsx]marketing!B1:B10）”，AVERAGE函数将计算计算机D盘根目录下的book1.xlsx工作簿中名为 Marketing 的工作表的 B1:B10 区域内的平均值。

请注意，工作表的名称和感叹号（!）应位于区域引用之前。

二、绝对引用与相对引用的区别

1. 相对引用

公式中的相对单元格引用（例如 A1）是基于包含公式和单元格引用的单元格的相对位置。如果公式所在单元格的位置改变，引用也随之改变。如果多行或多列地复制公式，引用会自动调整。默认情况下，新公式使用相对引用。例如，如果将单元格 B2 中的相对引用复制到单元格 B3，将自动从 =A1 调整到 =A2，如图4-7所示。

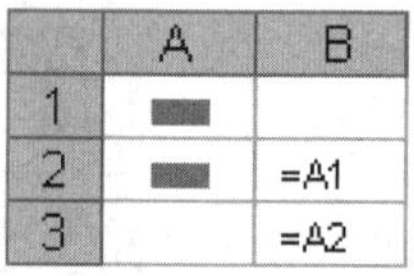

图4-7 相对引用

2. 绝对引用

单元格中的绝对单元格引用（例如 $A$1）总是在指定位置引用单元格。如果公式所在单元格的位置改变，绝对引用保持不变。如果多行或多列地复制公式，绝对引用将不作调整。例如，如果将单元格 B2 中的绝对引用复制到单元格 B3，则在两个单元格中一样，都是 $A$1，如图4-8所示。

3. 混合引用

混合引用具有绝对列和相对行，或是绝对行和相对列。绝对引用列采用 $A1、$B1 等形式，绝对引用行采用 A$1、B$1 等形式。如果公式所在单元格的位置改变，则相对引用改变，而绝对引用不变。如果多行或多列地复制公式，相对引用自动调整，而绝对引用不作调整。例如，如果将一个混合引用从 A2 复制到 B3，它将从 =A$1 调整到 =B$1，如图4-9所示。

	A	B
1		
2		=$A$1
3		=$A$1

图4-8　绝对引用

	A	B	C
1			
2		=A$1	
3			=B$1

图4-9　混合引用

4.2.2　公式与函数

（1）公式

Excel 公式，是指对工作表中的数值执行计算的等式。

1）Excel 公式应遵循以下原则：

✧ 以等号“=”作为开始。

✧ 等号“=”之后紧接运算数和运算符。

运算数即参加运算的参数，可以是数值常量、单元格引用、名称或工作表函数。

2）运算符有：

✧ 算术运算符：+ 、-、*（乘）、\（除）、%（余数）、^（乘方）

✧ 比较运算符：=、>、<、>=、<=

✧ 文本运算符：&（连成一个字符串）

✧ 如"North" & "wind"，结果将是North wind。

引用运算符：，、:

“，”表示不连续区域，如“A2，C2”表示A2和C2这两个单元格。

“:”表示连续区域，如“A2:C2”表示A2到C2之间的区域，即A2，B2，C2这三个单元格。

公式的输入操作类似于输入文字数据，但输入一个公式的时候应以一个等号（=）作为开始，然后才是公式的表达式。在单元格中输入公式的步骤如下：

①选择要输入公式的单元格。

②在编辑栏的输入框中输入一个等号（=），或者在当前选择的单元格中输入一个等号（=），然后输入公式表达式。

③单击【确认】按钮或按Enter键就可以得到计算结果。

公式中常常包含对其他单元格的引用。

3）数据类型

✧ 文本：由字母、汉字、数字组成的字符串，默认为左对齐。例：name，广东省广州市。

✧ 数字：正负号、小数点和数字，默认为右对齐。例：-21，100。

✧ 日期和时间：存储为序列值。默认1900年1月1日的序列值为1。例：2009-10-1，

09/10/1。

◇ 逻辑值：TRUE 和 FALSE，默认居中对齐。进行+，-运算时，TRUE = 1，FALSE = 0

4）运算符优先级。

表4-1　　公式、函数基础—运算符优先级

优先顺序	符 号	说 明
	:，空格	引用运算符
	−	算术运算符：符号
	%	百分比
高	^	幂
低	* /	乘和除
	+ −	加和减
	&	文本连接
	=，>=，<=，<，>，<>	比较运算

（2）函数

1）什么是函数。Excel的函数是由Excel内部预先定义用来执行计算、分析的功能模块。Excel 2010函数一共有12类，分别是财务函数、日期与时间函数、数学和三角函数、统计函数、查询和引用函数、数据库函数、文本函数、工程函数、信息函数、逻辑函数、多维数据集和兼容性函数。函数可以单独使用，也可以在公式中调用函数。

2）函数的语法规定。函数使用一些被称为参数的数据按规定的顺序或结构进行计算，参数可以是数字、常量、逻辑值或单元格引用等。函数执行后一般给出一个结果，这个结果成为返回值。

函数的结构为：函数名（参数1，参数2，参数3，……）

以常用的求和函数SUM 为例，它的语法是“SUM（number1，number2，......）”。其中“SUM”称为函数名称，一个函数只有唯一的一个名称，它决定了函数的功能和用途。函数名称后紧跟左括号，接着是用逗号分隔的称为参数的内容，最后用一个右括号表示函数结束。

提示：如果函数中的参数为表格区域的话，可以采用粘贴函数的办法来输入，这种方法的最大优点就是引用的区域很准确，特别是三维引用时不容易发生工作表或工作簿名称输入错误的问题。

3）函数输入方法。对Excel 公式而言，函数是其中的主要组成部分，因此公式输入可以归结为函数输入的问题。

①“插入函数”对话框，“插入函数”对话框是Excel 输入公式的重要工具。

②编辑栏输入，如果你要套用某个现成公式，或者输入一些嵌套关系复杂的公式，

利用编辑栏输入更加快捷。

4）公式中常见的错误类型。

表4-2　　公式中常见的错误类型

错误代码	原因	解决办法
#####	列宽不足	增加列宽，或缩小字体
	日期或时间为负数	修改公式，或设置显示格式
#VALUE	在需要数字或逻辑值时输入了文本，Excel不能将文本转换为正确的数据类型	确认公式或函数所需的运算符或参数正确，并且公式引用的单元格中包含有效的数值
	赋予需要单一数值的运算符或函数一个数值区域	将数值区域改为单一数值
#DIV/O	当公式被0除	修改公式或单元格引用
	使用AVERAGE等函数时，如果引用的区域尚未输入数据	在该区域中输入数值型数据后会显示正常
#N/A	当在函数或公式中没有可用数值时	如果工作表中某些单元格暂时没有数值，请在这些单元格中输入”#N/A”，公式在引用这些单元格时，将不进行数值计算，而是返回#N/A
#REF!	当单元格引用无效时将产生错误值#REF（删除了由其他公式引用的单元格，或将移动单元格粘贴到由其他公式引用的单元格中）	
#NUM !	给公式或函数输入的数值超出其可以接受的值域	应确保输入的数值在公式或函数的可接受范围内，并保证函数使用的参数类型正确
	计算产生的数值太大或太小，超出了Excel可以表示的范围（Excel的数值在-1 × 10^307与1 × 10^307之间，若超出了上述范围就会出现“#NUM!”错误）	修改计算公式，使产生的结果在-1 × 10^307与1 × 10^307之间
#NAME?	未识别公式中的文本时，出现错误	
	删除了公式中使用的名称，或者使用了不存在的名称	修改名字为正确
	在公式中输入文本时没有使用双引号	文本两端加上双引号
#NULL!	使用了不正确的区域运算符或不正确的单元格引用。当试图为两个并不相交的区域指定交叉点时将产生错误值#NULL!	

4.3 常用的数据处理与分析

在Excel中，可以用非常简便的方法，快速创建与其他数据库管理系统建立的类似关系性数据库表格，并可对这种数据库表格进行数据排序、筛选、数据透视、汇总分析等数据处理和数据分析操作。Excel中的数据库实际上就是工作表中的一个二维表。

在建立和使用Excel数据库表格时，用户必须遵循以下的基本准则：

1）一个数据库最好单独占据一个工作表，避免将多个数据库放到一个工作表上。

2）数据记录紧接在字段名下面，不要使用空白行将字段名和第一条记录数据分开。

3）避免在数据库中间放置空白行或空白列，任意两行的内容不能完全相同。

4）避免将关键数据放到数据库左右两侧，防止数据筛选时这些数据被隐藏。

5）字段名的字体、对齐方式、格式、边框等样式，应当与其他数据的格式相区别。

4.3.1 条件格式

在Excel中提供了一个功能非常独特的数据处理功能——条件格式。通过数据条件格式的设置，可以将单元格中满足指定条件的数据进行特殊标记（如以指定字体格式、数据条、图标等）显示出来。

4.3.2 排序

排序是将无序的数据按照特定的关键字进行排列，从而直观地反映数据间的区别。对Excel数据进行排序是数据分析不可缺少的组成部分。比如可能需要执行以下操作：将名称列表按字母顺序排列；按从高到低的顺序编制产品存货水平列表，按颜色或图标对行进行排序。对数据进行排序有助于快速直观地显示数据并更好地理解数据，有助于组织并查找所需数据，有助于最终做出更有效的决策。

Excel 使用如下排序规则：

1）数字按从最小的负数到最大的正数排序。

2）字母按照英文字母A ~ Z和a ~ z的先后顺序排序。

3）在对文本进行排序时，Excel 从左到右一个字符一个字符地进行排序比较。

4）特殊符号以及包含数字的文本，升序按如下排列：0~9（空格）! " # $ % &（ ）* , . / : ; ? @ [\ ] ^ _ ` { | } ~ + < = > A~Z a~z。

5）在逻辑值中，FALSE（相当于0）排在 TRUE（相当于1）之前。

6）所有错误值的优先级等效。

7）空格总是排在最后。

8）汉字的排序可以按笔画，也可按汉语拼音的字典顺序。

（1）单个关键字排序

按单个关键字排序就是根据数据表中某一列的内容进行排序，包括“升序”和“降序”两种方式。

其功能实现的最简单的方法就是采用工具按钮法，操作时，只要将光标置于待排序的列中；然后单击常用工具栏上“升序”按钮或“降序”按钮即可。

说明：按某一列数据作为关键字排序时，只需单击该列中任一单元格，而不用全选该列数据。

（2）多关键字排序

所谓多关键字排序，就是对数据表中的数据按两个或两个以上的关键字段进行排序。进行多关键字的排序，可使数据在主要关键字段相同的情况下，再按次要关键字段排序；在主要关键字段、次要关键字段都相同的情况下，数据可按第三关键字段排序，依此类推。

（3）汉字进行按笔画排序

汉字与数值不同，数值有大小可比，而汉字本身没有。为了处理的方便，人们按照一定的规则（按照字母顺序、按照笔画顺序）确定汉字的“大小”次序。

默认为按照字母顺序，要想按照笔画顺序，可以在如图4-10所示对话框中进行设置。

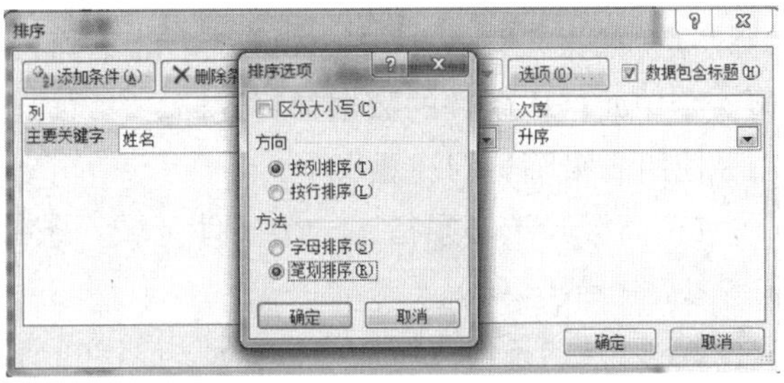

图4-10　排序选项对话框

4.3.3　数据的筛选

数据管理时经常需要从众多的数据中挑选出一部分满足条件的记录进行处理。筛选的功能是在庞大的数据中筛选出满足指定条件的记录，便于用户对特定的数据进行编辑和修改，是Excel提供的最为实用的数据处理功能之一。筛选区域仅显示满足条件的行，该条件由用户针对某列指定。Microsoft Excel 提供了两种筛选区域的命令：自动筛选和高级筛选。

与排序不同，筛选并不重排区域。筛选只是暂时隐藏不必显示的行。它们可以将那些符合条件的记录显示在工作表中，而将其他不满足条件的记录隐藏起来；或者将筛选出来的记录送到指定位置存放，而原数据表不动。

（1）自动筛选

选择“数据”——“排序和筛选”——“筛选”命令，使“筛选”按钮为选中状态，即可进行自动筛选。

自动筛选非常方便，通过它可以实现以下的筛选操作：

✧ 对某一字段筛选出符合某特定值的记录——单击需要筛选字段的筛选器箭头，从下拉菜单中直接选择某特定值即可。

✧ 对同一字段进行“与”运算和“或”运算——单击需要筛选字段的筛选器箭头，从下拉菜单中选择相应的筛选规则（图4-11），在弹出对话框中进行设置即可。

✧ 对不同字段之间进行“与”运算——只要通过多次进行自动筛选即可。但是，自动筛选无法实现多个字段之间的“或”运算，这时就需要使用高级筛选。

（2）高级筛选

高级筛选可以一次性对多个条件进行筛选。高级筛选与自动筛选不同，它要求在一个工作表区域内单独指定筛选条件，称为条件区域。条件区域由条件标题行和条件表达式组成，如果条件表达式是在同一行的不同单元格中，Excel 适用AND运算符连接，表示将返回匹配所有单元格中条件的数据；如果表达式是在条件区域中的不同行中，Excel适用OR运算符连接，表示匹配任何一个单元格中条件的数据都将返回。

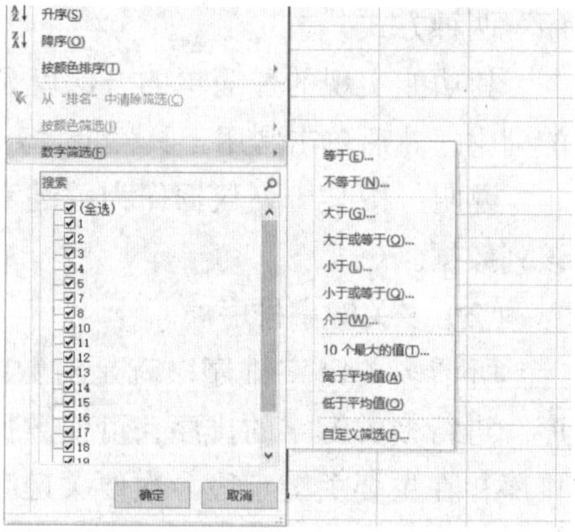

图4-11 数字的筛选规则

使用高级筛选的注意事项：

1）高级筛选必须指定一个条件区域。条件区域要与数据区域分开（即和数据区域隔开至少一行或一列）。

2）如果“条件区域”与数据库表格在一张工作表上，筛选前，确定光标放置到数据库中某一单元格上。

3）执行“将筛选结果复制到其他位置”时，在“复制到”文本框中输入或选取将来要放置位置的左上角单元格即可，不要指定某区域。

4）条件区域可以定义多个条件，以便用来筛选符合多个条件的记录。

条件区域的设置实例及其图形化解释如图4-12所示。

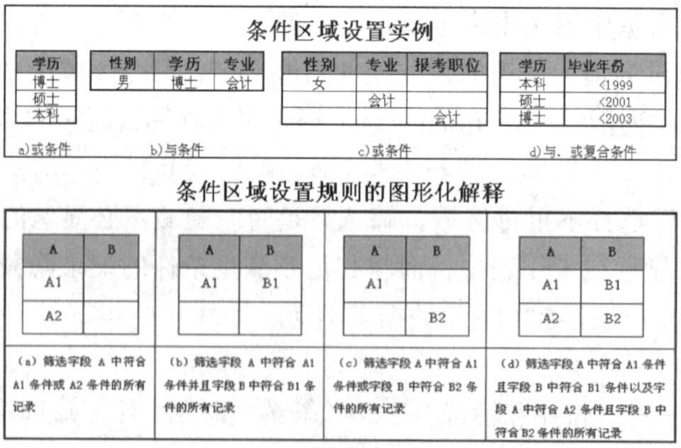

图4-12 条件区域设置实例

高级筛选条件区域中可以使用通配符“*”和“?”。例如，如图4-13所示为“查找姓王的人员信息”条件区域设置，如图4-14所示为“查找姓名中包含有‘学’字的人员信息”条件区域设置。

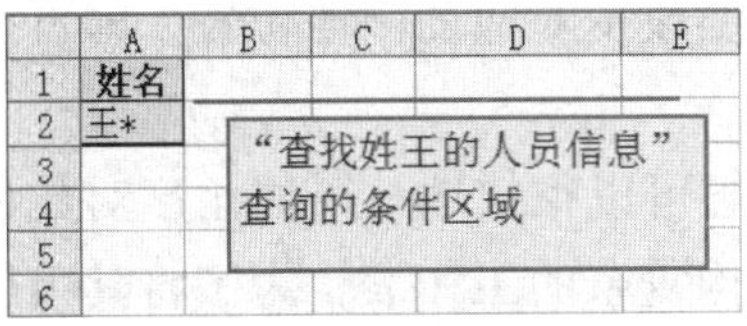

图4-13　“查找姓王的人员信息”
条件区域设置实例

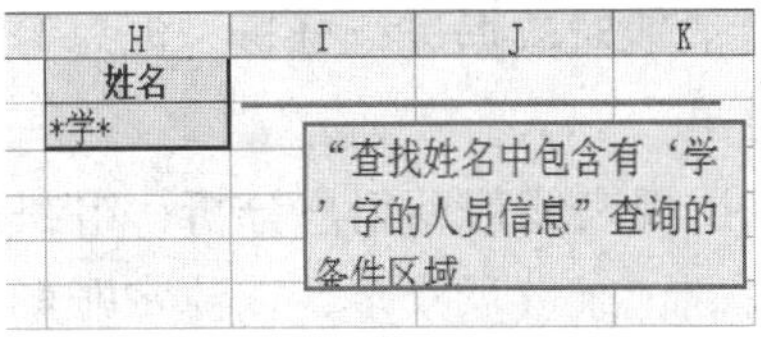

图4-14　“查找姓名中包含有‘学’字的
人员信息”条件区域设置实例

在高级筛选的条件区域中，还可以将公式的计算结果作为条件使用。例如，找出成绩表中高于平均分的学生记录，找出工资表中高于或低于平均收入的职工档案，找出人员档案表中超过平均年龄10岁以上的人员的信息等。此时，因为平均成绩、平均收入和平均年龄都不是一个常数条件，它们全部都是需要根据工作表计算的结果。在Excel中，可以创建计算条件的条件区域，用计算条件进行高级筛选。

4.3.4　分类汇总

使用数据的分类汇总，也可以对工作表的数据信息按照不同需求进行各种分类的统计和显示。特别是当数据量很多的时候，分类汇总更能直观地表现数据。分类汇总是指将数据按指定的类进行汇总分析，在进行分类汇总前先要对所汇总数据进行排序。

分类汇总可以将数据按照不同的类别进行统计。分类汇总不需要输入公式，也不需要使用函数，Excel将自动处理并插入分类结果。

在对数据分类汇总之前，我们要明确三个问题，第一个问题：分类的依据（也称分类字段）是什么？第二个问题：汇总的对象是什么？第三个问题：汇总的方式是什么？

4.3.5　合并计算

Excel 2010中若要汇总和报告多个单独工作表的结果，可以将每个单独工作表中的数据合并计算到一个主工作表中。这些工作表可以与主工作表在同一个工作簿中，也可以位于其他工作簿中。对数据进行合并计算就是组合数据，以便能够更容易地对数据进行定期或不定期的更新和汇总，对于单表来说其功能同按条件汇总函数SUMIF、AVERAGEIF等，但使用合并计算，可以实现对多个表的汇总，并且不需要写函数，更为快速。

例如，如果你有一个用于每个地区办事处开支数据的工作表，可使用合并计算将这些开支数据合并到公司的开支工作表中。这个主工作表中可以包含整个企业的销售总额和平均值、当前的库存水平和销售额最高的产品。

4.3.6　数据透视表在数据分析中的应用

数据透视表是一种对大量数据快速汇总和建立交叉列表的交互式表格，它具有能够全面、灵活地对数据进行分析、汇总等功能。只需要改变对应的字段位置，即可得到多种分析结果。

数据透视表能帮助用户分析、组织数据。利用它可以很快地从不同角度对数据进行分类汇总。记录数量众多、以流水账形式记录、结构复杂的工作表，为了将其中的一些内在规律显现出来，可将工作表重新组合并添加算法，即建立数据透视表。

数据透视表实际上是数据排序、筛选和分类汇总的三项操作的结合。数据透视表功能能够将筛选、排序和分类汇总等操作依次完成，并生成汇总表格，合并计算、分类汇总只能根据单列分类汇总，如果需要根据多列进行汇总，必须先将两列合并为一列再进行汇总，而数据透视表可以实现按多列汇总。

4.4 数据可视化

数据可视化主要旨在借助图形化手段，清晰有效地传达与沟通信息。为了有效地传达思想概念，美学形式与功能需要齐头并进，通过直观地传达关键的方面与特征，从而实现对于相当稀疏而又复杂的数据集的深入洞察。

图表是以图形化方式表示数值数据，是Excel中功能非常强大的数据分析工具。它可以通过图形的表达方式将复杂的数据表现出来，能够更加直观地比较数据之间的变化，以及变化趋势关系，是建立分析报告时一个必不可少的工具。

Excel 2010中提供了11种标准图表类型，如柱形图、折线图、饼图、条形图、面积图、散点图等，各种图表各有优点，适用于不同的场合，并新增了迷你图。

◇ 柱形图和条形图反映一段时间内数据的变化，或者不同项目之间的对比。

◇ 折线图可以显示一段时间内连续的数据，特别用于显示趋势。

◇ 饼图显示组成数据系列的项目在项目总和中所占的比例。

◇ 圆环图也显示部分和整体之间的关系，但是可包含多个数据系列。

◇ 面积图是以阴影或颜色填充折线下方区域的折线图，适用于要突出部分时间系列时，特别适合于显示随时间改变的量。

◇ 适合于表示表格中数值之间的关系，特别适合用于比较两个可能互相关联的变量。

◇ 股价图常用于显示股票市场的波动，可使用它显示特定股票的最高价、最低价与收盘价。

◇ 曲面图适合于显示两组数据的最优组合，但难以阅读。

◇ 雷达图可用于对比表格中多个数据系列的总计，很适合用于进行绩效评估，但不太常用。雷达图可显示4～6个变量之间的关系。

◇ 气泡图与散点图相似，但气泡图不常用且通常不易理解。气泡图是一种特殊的XY散点图，可显示3个变量的关系。气泡图最适合用于较小的数据集。

另外Excel 2010中新增一个迷你图（Sparklines）功能，它是绘制在单元格中的一个微型图表，用迷你图可以直观地反映数据系列的变化趋势。目前提供了三种形式的迷你图，即“折线迷你图”“列迷你图”和“盈亏迷你图”。

如图4-15所示为柱状图图表。

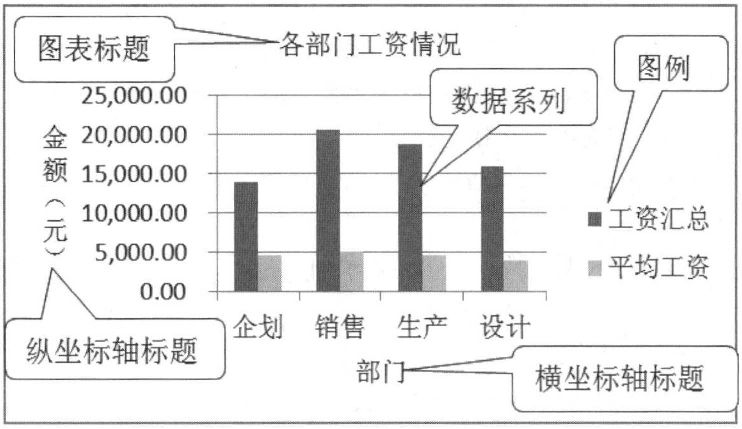

图4-15　图表要素

4.5　实验部分

4.5.1　费用报销单的制作

实验目的

（1）熟悉Excel 2010的基本操作。
（2）熟练掌握Excel 2010中表格格式的设置。
（3）熟悉表格的打印设置。

实验要求

目前，公司管理都要求规范化，公司报销制度一定要规范。费用报销单是原始单据的汇总凭证。费用报销单一般由报销部门名称、日期、报销摘要、附件张数、报销金额、备注及公司领导签字、部门领导签字、财务审核签字、报销人签字等部分组成，怎么设计比较合理，填写的时候可以高效填写?

1）录入数据时经常是重复数据中的一个，如果用键盘逐个字录入，费时费力，还容易出错，这时如果用列表选择录入，不仅可以提高录入速度，还会使得录入的质量得到保证。以部门为例，我们不如为这些部门指定一个数据列表。录入时只需要在下拉列表中单击选择相应的部门，这样的输入快速简单，而且可以减少输入错误。

2）证件号码的输入。一般证件输入要求输入的是身份证号码，身份证号码共18位，输入时可能会出现多位或少位的情况，如何减少错误的发生？我们可以通过设置数据有效性，对输入的数据做个有效性的限制，减少错误的发生。

3）费用报销单是个汇总凭证，报销单中需要对产生的费用进行汇总计算，因此可以在相应的单元格中输入公式进行计算。

4）可以将做好的费用报销单做成模版，以达到一次建立，多次使用的目的，提高工作效率。

我们通过观察填写的数据的特点，实验要求如下：

1）工作表标签设置为“费用报销单”。

2）参照图4-16输入基本数据，并设置相应的边框。

3）设置报销单的报销日期和报销时间为自定填入当前系统日期。

4）为了以后建立“费用报销单”时简化计算工作量，在“小计”对应的行和列中事先输入计算公式，以便日后使用时，输入相应的项目数据就可得出计算结果。

5）利用数据有效性功能来创建下拉式列表来输入“职务”数据。

6）根据“基础数据”区域的数据为“部”设置下拉框选项。

7）根据“基础数据表”为“区域”设置下拉框选项，并根据区域具体选项确定相应“城市”选项。

8）在费用报销单工作表中，基础数据的内容是不需要打印的，设置B1：K25为打印区域，并设置纸张方向为横向并适当设置缩放比例直到表格显示合适。

9）做好的费用报销单做成模版，以达到一次建立，多次使用的目的，提高工作效率。

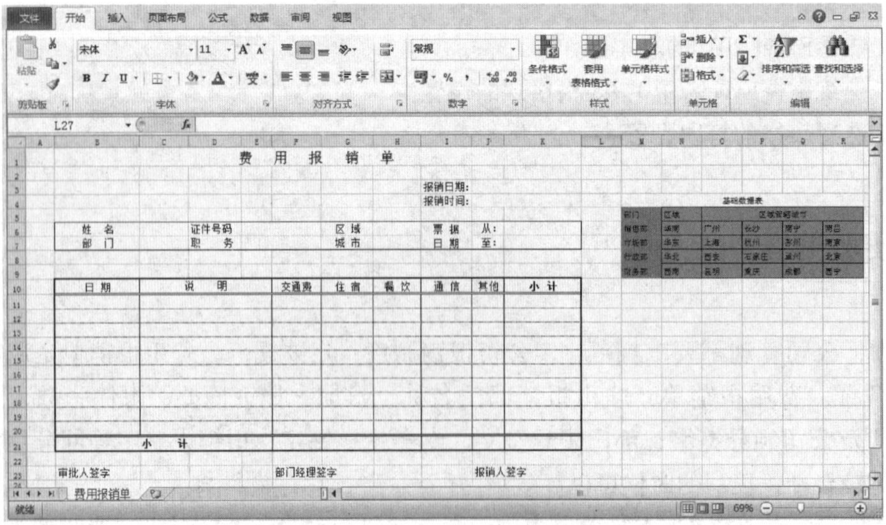

图4-16　费用报销单

实验步骤

1）重命名工作表标签。方法一：切换到开始选项卡——单元格——格式——重命名工作表（R）——输入工作表的名称“费用报销单”，回车确认。方法二：双击工作表名称“sheet1”，当原工作表名称反白显示的时候，输入新工作表名称“费用报销单”。方法三：鼠标指向工作表名称“sheet1”，单击右键，在弹出的快捷菜单中选择“重命名（R）”，输入工作表名称“费用报销单”。

2）输入基本数据，并设置相应的边框。

①选中B1：K1，单击开始——对齐方式——合并后居中，在单元格中输入标题“费用报销单”。选中B1单元格设置单元格字体格式。单击开始——字体组右下方的右下箭头，打开“设置单元格格式”对话框，在“字体”选项卡中设置单元格格式：宋体（标题）、20号。在“对齐”选项卡中设置“文本对齐方式”的水平对齐为“分散对齐（缩进）”，并调整“缩进（T）”的值，使得字符间保持合理的间距，如图4-17所示。

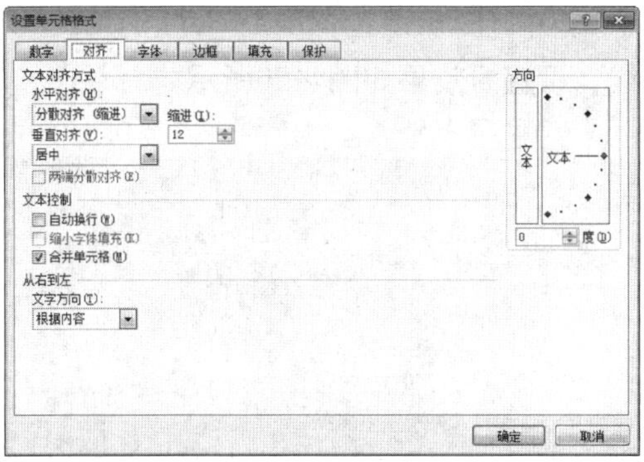

图4-17　B1单元格设置单元格字体格式

②选中要设置边框的单元格，单击开始——字体——边框，选择相应的边框。如果遇到特殊设置，可以选中相应的区域后单击“边框”的下拉按钮，在弹出的列表中选择其他边框，打开如图4-18所示的“单元格格式”对话框的“边框”选项卡进行设置，原则是先选择边框线条的样式和颜色，然后选择用在哪些边框上，例如选中B10：K21区域，单击选择较粗的实线，再单击“外边框”，即设置所选区域的外边框为“实线”。选择细实线，单击边框内部竖线，选择细虚线，单击边框内部竖横线。得到如图4-19所示的效果。

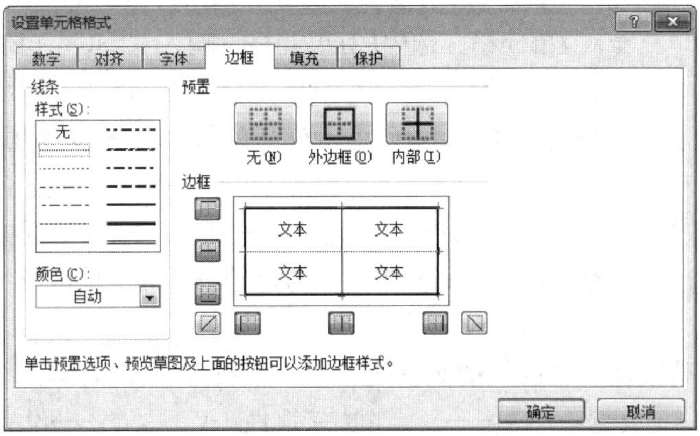

图4-18　“单元格格式”对话框的“边框”选项卡

日 期	说 明	交通费	住 宿	餐 饮	通 信	其他	小 计
	小 计						

图4-19 边框设置效果图

③按住Ctrl键选择B11：K11，B21：K21两个区域，设置这两个区域的上边框为双实线，设置的效果如图4-20所示。

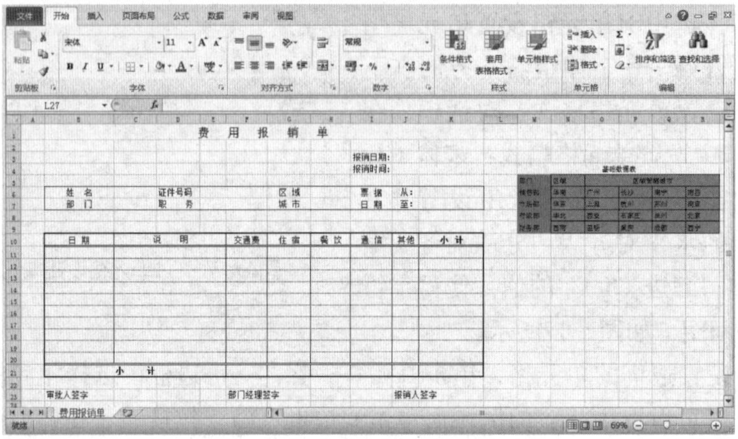

图4-20 双实线边框设置效果图

3）设置报销日期和报销时间。单击J3单元格，输入“=now（ ）”，回车确认，单击开始——数字，设置J3单元格格式为长日期，单击J4单元格，输入“=now（ ）”，回车确认，单击开始——数字，设置J4单元格格式为“时间”。

4）为了以后建立“费用报销单”时简化计算工作量，在模板中事先输入计算公式，以便日后使用时，输入相应的项目数据就可得出计算结果。选中K11单元格，输入“SUM（F11：J11）”，并填充至K21单元格。选中F21单元格，输入“=SUM（F11：F20）”，并填充至J21单元格。

5）为了便于输入一些常用的、重复性比较高的数据，可以利用数据有效性功能来创建下拉式列表来输入。例如职务，选中E7，单击数据——数据工具——数据有效性——“数据有效性（V）...”——设置——允许——序列——来源框中输入“总经理，经理，主管，职员”，注意各选项之间使用英文的逗号来分隔，单击确定完成下拉列表的创建。

6）根据“基础数据表”区域的数据为“部门”设置下拉框选项。选中C7，单击数据——数据工具——数据有效性——“数据有效性（V）...”——设置——允许——序列——来源框中单击选取按钮在“基本数据表中”N5:N9区域选中，返回，单击确定。

7）根据“基础数据表”为“区域”设置下拉框选项，并根据区域具体选项确定相应“城市”选项。“区域”下拉列表设置与“部门”相似。

8）“城市”下拉列表的设置。“城市”下拉列表中的选项是要对应“区域”单元格的内容。例如，如果“区域”是“华南”，则“城市”的选项应该是“广州、长沙、南宁、南昌”；如果“区域”是“华东”，则“城市”的选项应该是“上海、杭州、苏州、南京”。设置如下：

①首先在“基础数据表”区域中选中华南区域对应的城市表格区域，即O6：R6，单击公式——定义的名称——定义名称——“定义名称（D）...”，打开如图4-21所示对话框，在名称中输入“华南”。给该区域定义名称，其他区域也做类似设置。

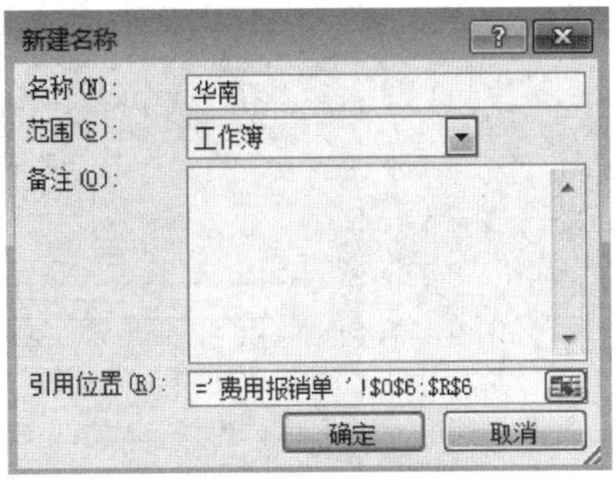

图4-21　定义名称

给区域命名，也可以选中相应的区域后，直接在名称框中输入名称，例如，可以选中O6：R6后，直接在名称框中输入“华南”，完成对O6：R6区域的命名，如图4-22所示。

②单击“城市”对应的输入单元格H7，单击数据——数据工具——数据有效性——“数据有效性（V）···”——设置——允许——序列——来源框中输入“=indirect（H6）”，如图4-23所示。此函数立即对引用进行计算，并显示其内容。

图4-22　在名称框中定义名称

9）设置打印区域。当工作表中不是全部内容都需要打印的话，可以设置打印区域，只打印选中内容。例如在费用报销单工作表中，基础数据的内容是不需要打印的，选中B1：K25，单击页面布局——页面设置——打印区域——设置打印区域。

10）单击文件——打印，预览打印效果，页面下方的页面设置，设置纸张方向为横向并适当设置缩放比例直到表

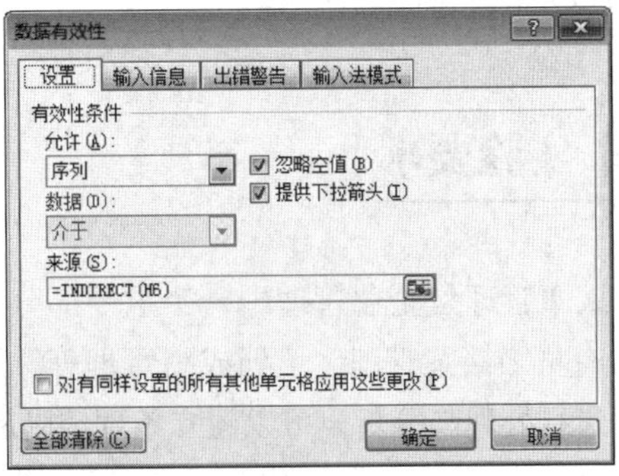

图4-23　“城市”对应的输入H7单元格数据有效性设置

格显示合适。

11）为了使工作表格看起来更清晰，可以将工作表中的网格线隐藏起来。单击页面布局——工作表选项，把网格线的查看选项的复选框去掉。效果如图4-24所示。

12）单击文件——另存为，打开“另存为”对话框，输入文件名“费用报销单模板”，文件类型选择为“Excel模板”，单击“保存”按钮。

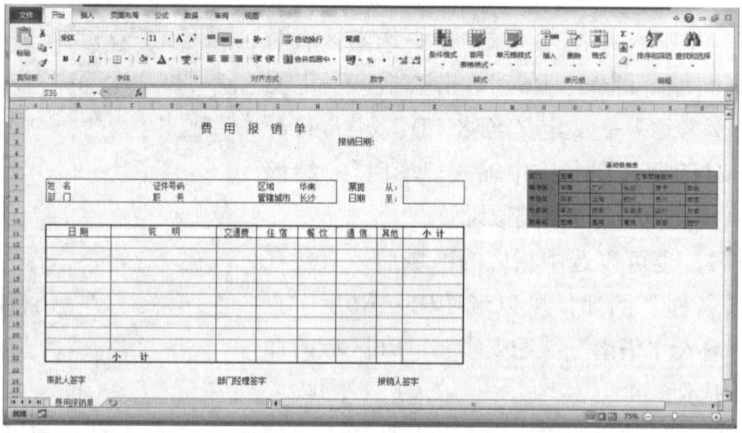

图4-24 将工作表中的网格线隐藏起来

4.5.2 培训成绩统计表

实验目的

（1）了解Excel 2010 公式和函数的基本概念。
（2）熟练掌握如何使用公式和函数。
（3）掌握绝对单元格和相对单元格的使用。
（4）能熟练运用图表表示数据。
（5）能熟练运用条件格式标记数据。
（6）掌握排序的应用。

实验要求

人事管理是企业管理中一个重要部分，在人事管理过程中会牵涉多项数据的处理，常见的有员工档案管理、培训成绩管理等。运用Excel的函数、图表、条件格式等功能对这些数据进行处理与分析，可以建立条理清晰的表格。打开2-1.xlsx，实验具体要求如下：

（1）将“sheet1”工作表重命名为“培训成绩统计表”。
（2）使用自动填充由MW_0001开始对员工编号进行快速填充。

（3）设置成绩单元格区域C3：H22，输入范围为0到100之间的整数。

（4）设置各科目成绩在60分以下的用浅红填充色深红色文本标记显示。

（5）使用公式完成“总分”“平均分”等字段的填充。其中，总分为所有科目成绩的总和，平均分为所有科目成绩的平均值。

（6）使用rank函数完成对学生名次的填充，要求高分在前，低分在后。

（7）使用公式在M2：S7单元格区域统计各科目最高分、最低分、平均分和及格率（其中及格率=60分以上人数/考试人数，结果用百分比显示）。

（8）创建一个三维簇状柱形图，比较M2：S7单元格区域中各门课程的平均成绩。

（9）给表格添页眉和页脚，在页眉中插入当前系统日期，位于右侧，页脚为“第X页，共Y页”，居中对齐，其中，X和Y的值会自动根据实际页码和页数变化。

（10）将该表格从编号10处分为两页，设置A1：K22为打印区域，要求每页均显示表格标题及字段名。

实验步骤

1）打开3-2.xlsx，在sheet1工作表标签上双击鼠标，将其重命名为“培训成绩统计表”。输入表格标题，并输入拟定好的列标识数据及单元格的设置。

2）员工编号的快速填充。

在“编号”列下方的A3单元格输入“MW_0001”，选择A3单元格，移动鼠标至右选框右下角，当出现+时，按住鼠标左键拖动至需要填充的最后一行单元格处，松开鼠标完成编号的自动填充。

3）设置成绩单元格区域C3：H22输入有效性。

选中单元格区域D3：I22，选择数据——数据工具——数据有效性，在弹出列表中选择“数据有效性”，打开数据有效性对话框，在“设置”选项卡的有效性条件输入允许输入的数据类型及其范围，如图4-25所示。另外还可以设置当输入的值不满足条件时的错误提示信息等选项。

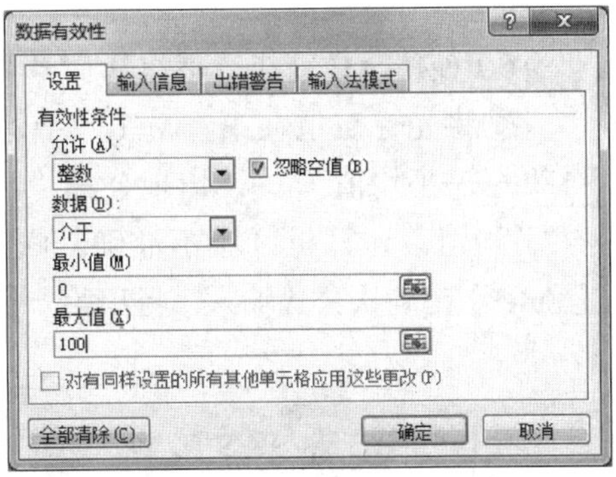

图4-25 设置数据有效性

当用户在该单元格区域内输入的值不是整数或范围不在[0，100]之间时，系统提示错误信息，不接收用户输入。

4）设置各科目成绩在60分以下的用浅红填充色深红色文本标记显示。

①在“培训成绩统计表”中，选中设置条件格式的单元格区域C3：I22，单击开始——样式——条件格式——突出显示单元格规则——小于，打开如图4-26所示的“小于”设置对话框。

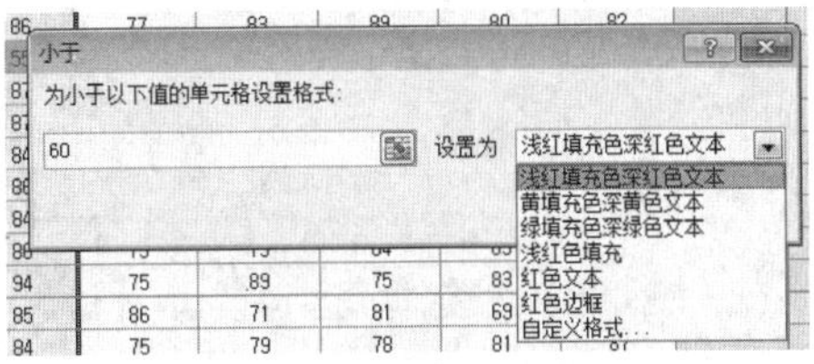

图4-26 为小于以下值的单元格设置格式

②在如图4-26所示“为小于以下值的单元格设置格式：”框中输入小于条件值“60”。

③在“设置为”中选择“自定义格式”，设置满足条件后标记的颜色效果，设置完成后，单击“确定”按钮。

5）使用函数完成“总分”字段的计算。

①将光标定位在第一位员工“总成绩”单元格即I3，选择公式——函数库——自动求和——求和（S）。出现如图4-27所示的公式“=SUM（C3：H3）”，表示对从C3到H3单元格区域求和，按【Enter】键确认公式输入，得到第一位员工的总成绩。

②选中第一位员工总成绩单元格I3，将光标移至该单元格右下角出现“+”时按住鼠标左键拖动鼠标至最后一位员工所在行，完成对“总成绩”一列数据进行的自动填充。由于在输入公式的时候使用的是相对单元格，所以完成填充后，观察被填充的单元格，可以看出，当填充行下移一行，则其行标也相应加一。

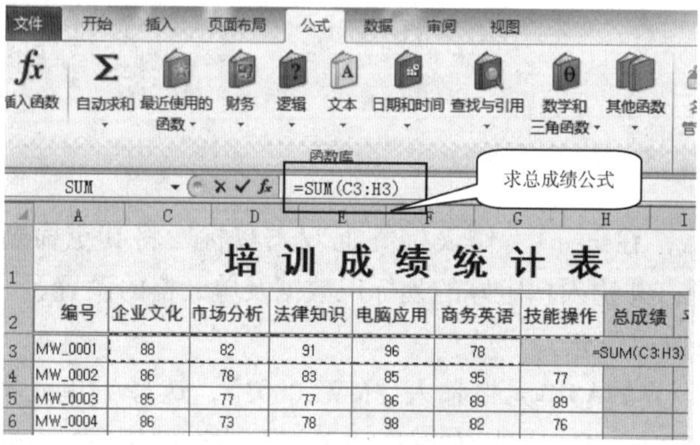

图4-27 输入求和公式

6）使用函数完成“平均分”字段的计算。

①将光标定位在第一员工“平均成绩”单元格即J3，选择公式——函数库——自动求和——平均值（A）。出现公式“=AVERAGE（C3：I3）”，表示对从C3到I3单元格区域求平均值，计算机区域不准确，修改为“=AVERAGE（C3：H3）”，如图4-28所示，按【Enter】键确认公式输入，得出第一位员工的平均成绩。

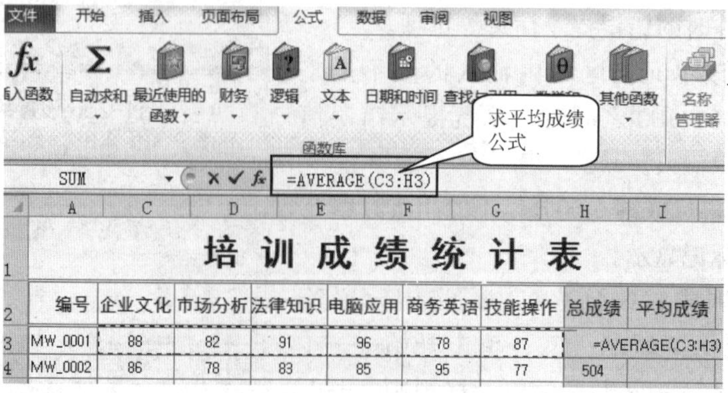

图4-28 输入求平均值公式

②选中第一位员工“平均成绩”单元格J3，将光标移至该单元格右下角出现“+”时按住鼠标左键拖动鼠标至最后一位员工所在行，对“平均成绩”一列数据进行自动填充。完成对平均分的计算，如图4-29所示。

③因为平均成绩的计算结果有不同位数的小数，我们设置保留整数。具体操作如下，选中J3：J22单元格区域，选择开始——数字，单击数字组的右下箭头，打开“设置单元格格式”对话框，在“分类”列表中选择“数值”，设置“小数位数”为“0”，如图4-30所示。

7）使用函数完成对员工“排名”的填充。

①将光标定位在第一位员工“名次”单元格即K3，选择选择公式——函数库——插入函数，在弹出的插入函数对话框中“搜索函数”文本框中输入“RANK”，单击“转到”按钮，在“选择函数”列表中选择函数“ RANK”，如图4-31所示。

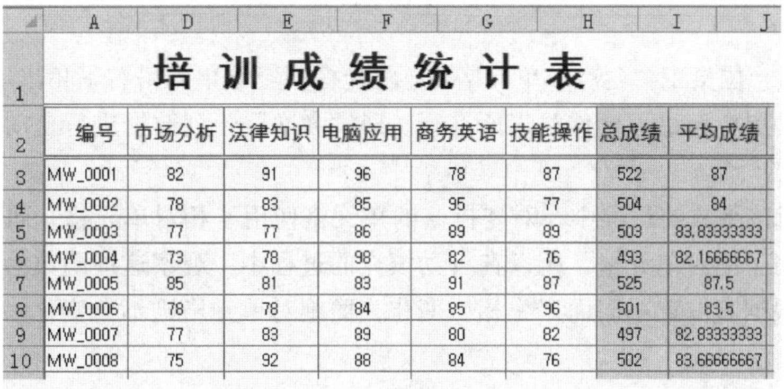

	A	D	E	F	G	H	I	J
1	培 训 成 绩 统 计 表							
2	编号	市场分析	法律知识	电脑应用	商务英语	技能操作	总成绩	平均成绩
3	MW_0001	82	91	96	78	87	522	87
4	MW_0002	78	83	85	95	77	504	84
5	MW_0003	77	77	86	89	89	503	83.83333333
6	MW_0004	73	78	98	82	76	493	82.16666667
7	MW_0005	85	81	83	91	87	525	87.5
8	MW_0006	78	78	84	85	96	501	83.5
9	MW_0007	77	83	89	80	82	497	82.83333333
10	MW_0008	75	92	88	84	76	502	83.66666667

图4-29　平均成绩计算结果

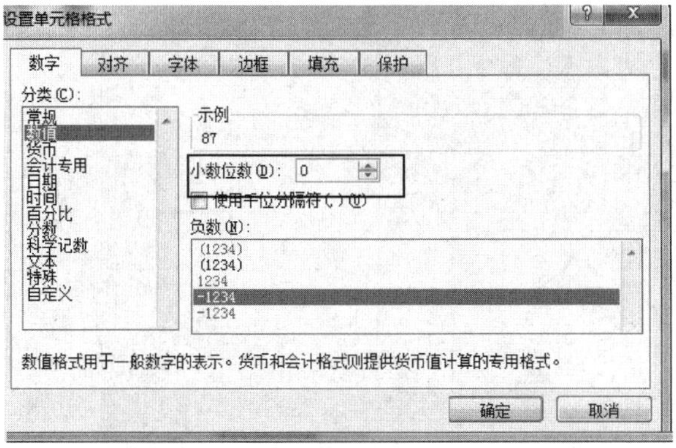

图4-30　设置“平均成绩”小数位数

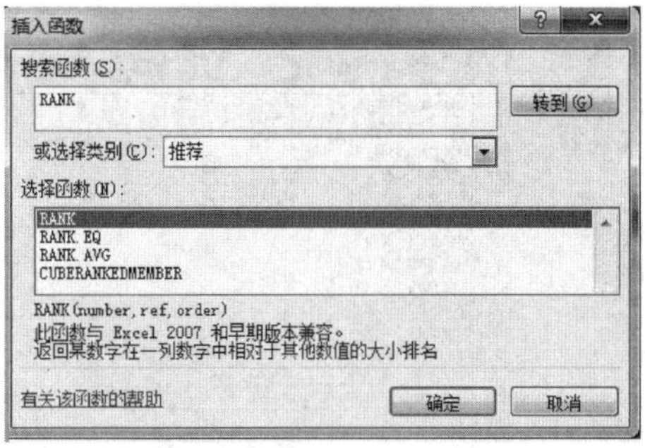

图4-31　选择RANK函数

②按【确定】按钮弹出设置【函数参数】对话框，如图4-32所示，在Number右侧文本框中输入要排序的“平均分”单元格I3，在Ref右侧文本框中输入需要参与排序的整列“平均成绩”单元格，在此输入绝对单元格“$I$3:$I$22”，在Order右侧不输入内容表示按“平均

分”从高到低进行排序。输入完成按【确定】按钮，完成对I3单元格在整列数据中的排序。

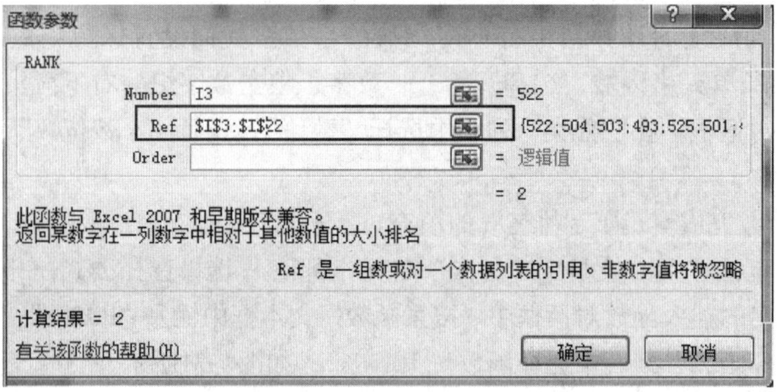

图4-32　设置RANK函数参数

③选中第一位员工“名次”单元格J3，将光标移至该单元格右下角出现“+”时按住鼠标左键拖动鼠标至最后一位员工所在行，对“名次”一列数据进行自动填充。完成对“名次”字段的计算。

由于使用该函数的过程中，对要排名的单元格使用了相对单元格，而对整个参与排序的序列使用了绝对单元格，所以在自动填充的过程中，观察这些函数参数，可发现相对单元格会根据其位置不同而产生相应变化，而绝对单元格则不会变化。结果如图4-33所示。

培训成绩统计表

基本信息		培训成绩						统计分析		
编号	姓名	企业文化	市场分析	法律知识	电脑应用	商务英语	技能操作	总成绩	平均成绩	排名
MW_0001	李国强	88	82	91	96	78	87	522	87	2
MW_0002	张　军	86	78	83	85	95	77	504	84	3
MW_0003	朱子进	85	77	77	86	89	89	503	83.83	4
MW_0004	赵庆龙	86	73	78	98	82	76	493	82.17	11
MW_0005	李华健	98	85	81	83	91	87	525	87.5	1
MW_0006	高志敏	80	78	78	84	85	96	501	83.5	7
MW_0007	宋子雄	86	77	83	89	80	82	497	82.83	8
MW_0008	曹正松	87	75	92	88	84	76	502	83.67	5
MW_0009	郭美玲	86	77	83	89	80	82	497	82.83	8
MW_0010	杨依娜	55	83	78	84	78	87	465	77.5	20
MW_0011	王雪峰	87	78	81	59	83	87	475	79.17	18
MW_0012	吴东梅	87	75	92	80	84	76	494	82.33	10
MW_0013	张长江	84	80	81	77	56	83	461	76.83	21
MW_0014	黄引泉	86	78	86	83	81	88	502	83.67	5
MW_0015	徐菲菲	84	81	78	94	79	75	491	81.83	12
MW_0016	李　娜	86	79	79	84	69	93	490	81.67	13
MW_0017	张蕾蕾	94	75	89	75	83	72	488	81.33	14
MW_0018	李平杨	85	86	71	81	69	86	478	79.67	17
MW_0019	罗家强	84	75	79	78	81	87	484	80.67	15
MW_0020	龚全海	90	61	86	80	84	80	481	80.17	16
MW_0021	丁治国	68	72	72	91	78	86	467	77.83	19

图4-33　培训成绩统计表的排名结果

◇ RANK函数

RANK函数用来返回一个数值在一组数值中的排位，其语法格式为：

RANK（number，ref，[order]）

该函数共包括三个参数，其中：

●Number　为需要找到排位的数字；

●Ref 为包含一组数字的数组或引用；

●Order为一数字，指明排位的方式，为 0 或省略，按降序排列排位，不为零，按升序排列进行排位。

8）使用函数统计各科目最高分、最低分、平均分和及格率。

①选中“企业文化”的最高分对应的单元格，即N4单元格，输入公式“=MAX（C3:C22）”，按【Enter】键确认公式输入，得出“企业文化”课程最高分。选中“企业文化”课程最高分单元格N4，将光标移至该单元格右下角出现“+”时按住鼠标左键拖动鼠标向右拖“技能操作”最高分对应单元格S4，对“最高分”一行数据进行自动填充。完成对“最高分”的计算。

②选中“企业文化”的均分对应的单元格，即N5单元格，输入公式“=AVERAGE（C3:C22）”，按【Enter】键确认公式输入，得出“企业文化”课程均分。选中“企业文化”课程均分单元格N5，将光标移至该单元格右下角出现“+”时按住鼠标左键拖动鼠标向右拖“技能操作”均分对应单元格S5，对“均分”一行数据进行自动填充。完成对“均分”的计算。

③选中“企业文化”的最低分对应的单元格，即N6单元格，输入公式“=MIN（C3:C22）”，按【Enter】键确认公式输入，得出“企业文化”课程最低分。选中“企业文化”课程均分单元格N6，将光标移至该单元格右下角出现“+”时按住鼠标左键拖动鼠标向右拖“技能操作”均分对应单元格S6，对“最低分”一行数据进行自动填充。完成对“最低分”的计算。

④选中“企业文化”的及格率对应的单元格，即N7单元格，输入公式“=COUNTIF（C3:C22,”>=60”）/COUNT（C3:C22）”，如图4-34所示，按【Enter】键确认公式输入，得出“企业文化”课程及格率，并设置单元格数字格式为百分比。选中“企业文化”课程均分单元格N7，将光标移至该单元格右下角出现“+”时按住鼠标左键拖动鼠标向右拖“技能操作”均分对应单元格S7，对“最低分”一行数据进行自动填充。完成对“及格率”的计算，如图4-35所示。

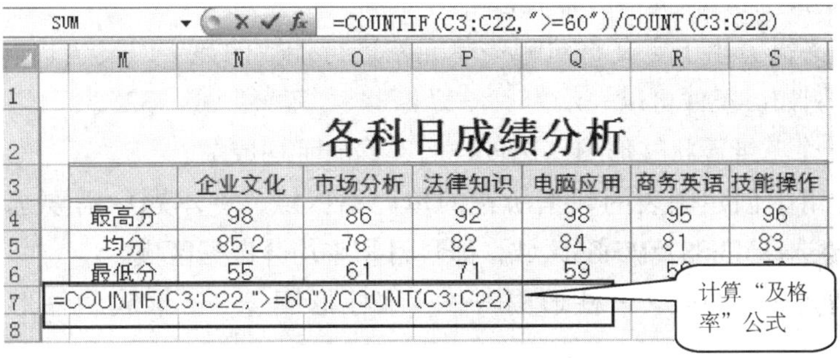

图4-34　直接输入公式计算及格率

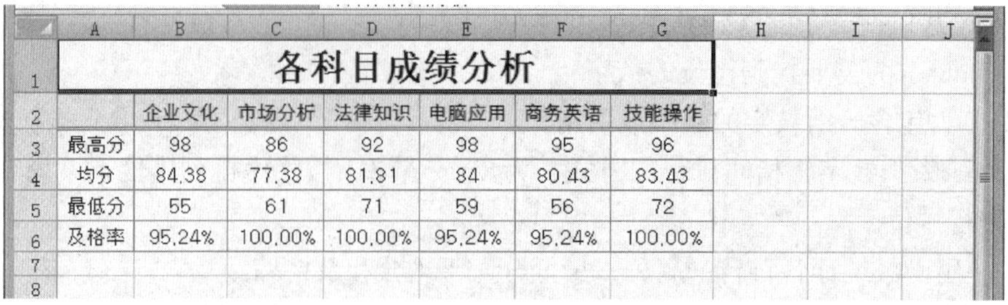

各科目成绩分析						
	企业文化	市场分析	法律知识	电脑应用	商务英语	技能操作
最高分	98	86	92	98	95	96
均分	84.38	77.38	81.81	84	80.43	83.43
最低分	55	61	71	59	56	72
及格率	95.24%	100.00%	100.00%	95.24%	95.24%	100.00%

图4-35 成绩分析表

COUNT 和COUNTIF函数都是统计函数，利用函数COUNT可以计算单元格区域中数字项的个数，利用函数COUNTIF可以计算给定区域内满足特定条件的单元格的数目。

✧ COUNT函数

COUNT 函数计算包含数字的单元格以及参数列表中数字的个数。使用函数 COUNT 可以获取区域或数字数组中数字字段的输入项的个数。语法格式为：

COUNT（value1，[value2]，...）

COUNT 函数语法具有下列参数 ：

●value1 必需。要计算其中数字的个数的第一个项、单元格引用或区域。

●value2，... 可选。要计算其中数字的个数的其他项、单元格引用或区域，最多可包含 255 个参数。

[注释] 这些参数可以包含或引用各种类型的数据，但只有数字类型的数据才被计算在内。例如，输入以下公式可以计算区域 A1:A20 中数字的个数：

=COUNT（A1:A20）

在此示例中，如果该区域中有5个单元格包含数字，则结果为 5。

✧ COUNTIF函数

COUNTIF 函数对区域中满足单个指定条件的单元格进行计数。语法格式为：

COUNTIF（range，criteria）

COUNTIF 函数语法具有下列参数：

●range 必需。要对其进行计数的一个或多个单元格，其中包括数字或名称、数组或包含数字的引用。空值和文本值将被忽略。

●criteria 必需。用于定义将对哪些单元格进行计数的数字、表达式、单元格引用或文本字符串。例如，条件可以表示为“>32”、B4、“苹果”或“32”。

9）创建一个三维簇状柱形图，比较各门课程的平均成绩。

①选择要用于创建图表的数据所在的单元格区域，在本题中需要选择不连续的区域，按住Ctrl键选择M3:S3及M5:S5区域，即科目和平均分数据区域。

②单击插入——图表——柱形图——三维柱形图——三维簇状柱形图，如图4-36所示。

③移动图标位置，将光标指向空白的图表区，按下鼠标左键不放并拖动鼠标，即可移动图表的位置。此处将刚生成的图表移动到数据列表的下方，如图4-37所示。

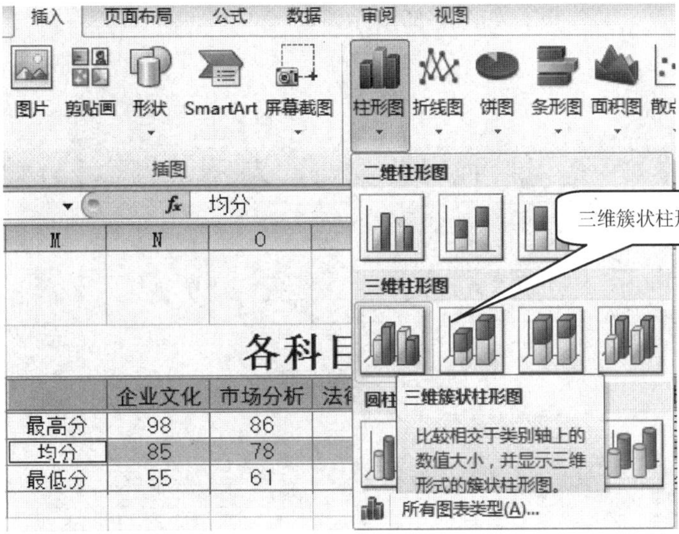

图4-36　插入三维簇状柱形图

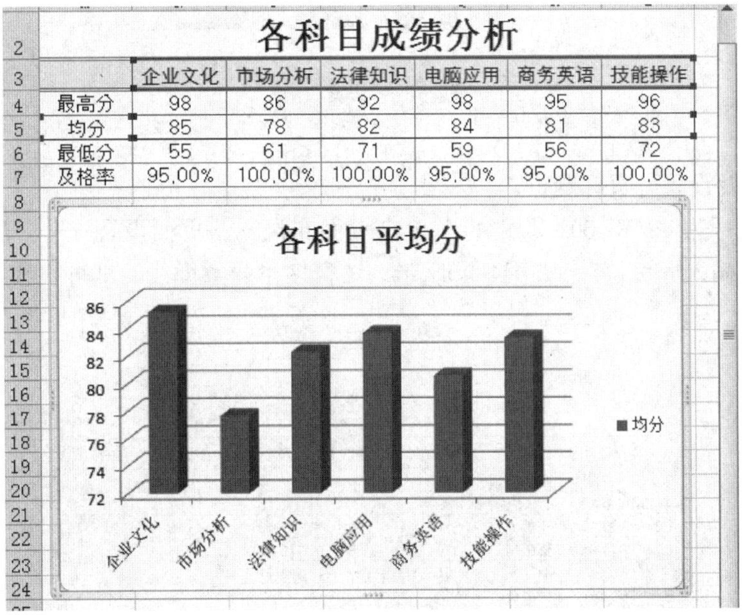

图4-37　生成图表

10）设置页眉页脚。

①选择插入——文本——页眉和页脚，进入页眉设置，单击右侧页眉，输入“制表日期：”。

②单击页眉和页脚工具组——设计——页眉和页脚元素——当前日期，如图4-38所示。

③单击页眉和页脚工具组——设计——导航——转至页脚，切换到页脚编辑。

④选中页脚中间区域，单击页眉和页脚工具组——设计——页眉和页脚—页脚，在

弹出列表中选择第1页，共？页，如图4-39所示。

姓名	企业文化	市场分析	法律知识	电脑应用	商务英语	技能操作	总成绩	平均成绩	排名
李元谐	88	82	91	96	78	87			
孙春红	86	78	83	85	95	77			
王娜	85	77	77	86	89	89			
陈碧佳	86	73	78	98	82	76			
康建平	98	85	81	83	91	87			

图4-38　设置页眉

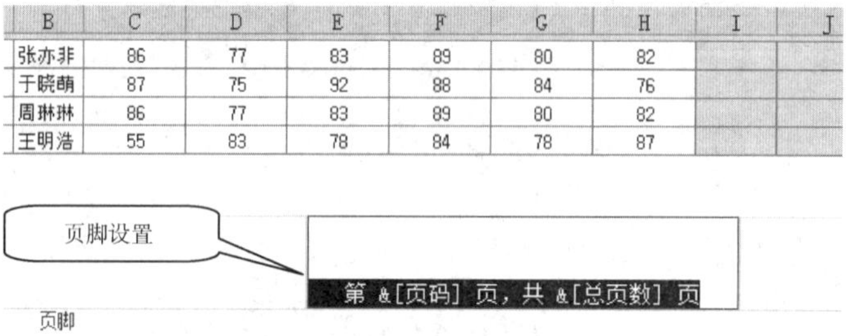

B	C	D	E	F	G	H	I	J
张亦非	86	77	83	89	80	82		
于晓萌	87	75	92	88	84	76		
周琳琳	86	77	83	89	80	82		
王明浩	55	83	78	84	78	87		

图4-39　设置页脚

11）分页及设置分页标题行。

①选中编号为“MW_0011”的行，单击页面布局——页面设置——分隔符，在弹出列表中选择“插入分页符”，如图4-40所示，该行多了一条虚线，即分页线，打印时整个表格分为两页。

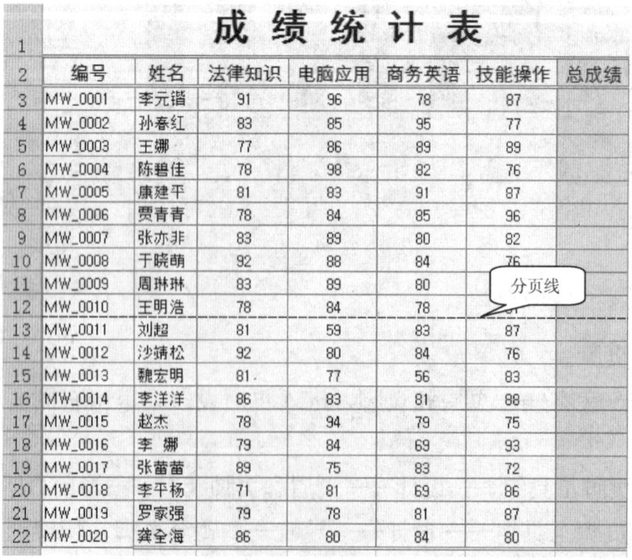

1	成绩统计表						
2	编号	姓名	法律知识	电脑应用	商务英语	技能操作	总成绩
3	MW_0001	李元谐	91	96	78	87	
4	MW_0002	孙春红	83	85	95	77	
5	MW_0003	王娜	77	86	89	89	
6	MW_0004	陈碧佳	78	98	82	76	
7	MW_0005	康建平	81	83	91	87	
8	MW_0006	贾青青	78	84	85	96	
9	MW_0007	张亦非	83	89	80	82	
10	MW_0008	于晓萌	92	88	84	76	
11	MW_0009	周琳琳	83	89	80	[illegible]	
12	MW_0010	王明浩	78	84	78	[illegible]	
13	MW_0011	刘超	81	59	83	87	
14	MW_0012	沙靖松	92	80	84	76	
15	MW_0013	魏宏明	81	77	56	83	
16	MW_0014	李洋洋	86	83	81	88	
17	MW_0015	赵杰	78	94	79	75	
18	MW_0016	李 娜	79	84	69	93	
19	MW_0017	张蕾蕾	89	75	83	72	
20	MW_0018	李平杨	71	81	69	86	
21	MW_0019	罗家强	79	78	81	87	
22	MW_0020	龚全海	86	80	84	80	

图4-40　插入分页符进行分页

②由于分页之后，系统默认第二页将不会显示表格的标题和字段名，此时需要进行页面设置，使其显出出来。设置方法：单击页面布局——页面设置——打印标题，在“打印标题”对话框中的“顶端标题行”输入或选择第1行和第2行“$1:$2”，如图4-41所示。

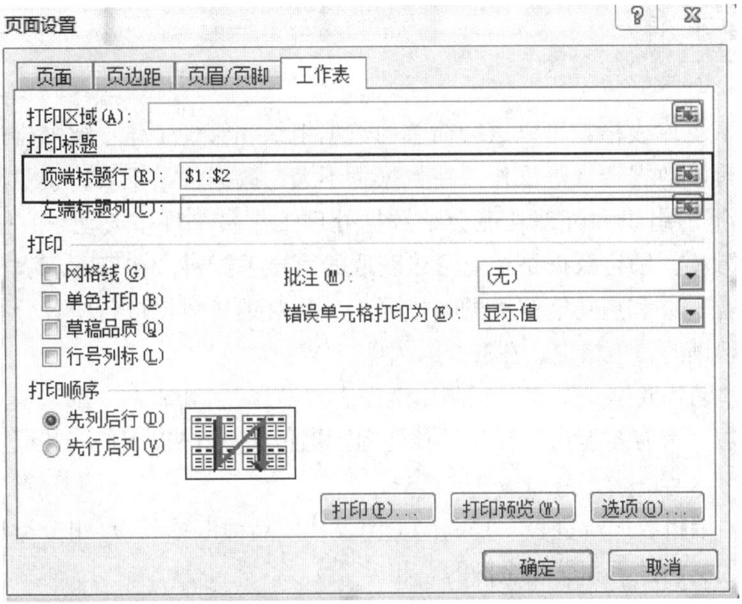

图4-41　设置分页标题行对话框

③具体操作如下：单击“顶端标题行”右侧按钮，跳转到选择顶端标题行对话框，如图4-42所示。此时直接移动鼠标至第一行行标处，按住鼠标左键拖动选择第一和第二行为“顶端标题行”。选择完成直接按【Enter】键返回【页面设置】对话框，按【确定】按钮完成顶端标题行的设置。

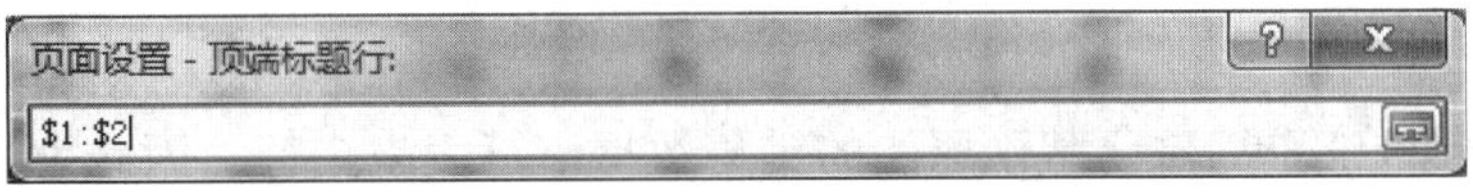

图4-42　设置顶端标题行

说明：比较设置顶端标题行前后表格打印预览的效果，就可以知道在什么时候应该设置左端标题列。

4.5.3　销售数据管理与分析

实验目的

（1）了解Excel 2010 数据处理的概念。

（2）熟练掌握数据的排序、分类汇总、筛选等操作。

（3）掌握数据透视表的使用。

（4）掌握图表的设置。

实验要求

应用Excel数据库表格，可以进行简单的数据组织和管理工作，比如排序、筛选、分类、汇总、查询、数据透视等操作。在数据量不大、数据种类不多、企业规模不大时，用Excel进行数据的组织和管理功能会给数据处理工作带来许多方便，它能简化工作步骤，提高工作效率。销售数据是企业可以获取的第一手资料，利用Excel表格处理功能统计原始销售数据，并利用功能强大的各类分析工具对销售数据进行统计分析，从而得出对企业决策有帮助的各项结论。在3-4.xlsx中，要求：

（1）利用“销售数据一览表”复制出工作表“筛选”，要求在“筛选”工作表中，利用筛选功能查看“喜客多超市”和“学林便利”销售数量在5以下或者20以上的产品的销售情况。

（2）利用“销售数据一览表”复制出工作表“按品种汇总”，利用分类汇总功能统计各个品种产品的交易数量和交易金额的总和。

（3）利用数据透视表，统计出每个客户中各种产品的销售情况。

（4）在“各品种产品销售金额统计”工作表中，使用SUMIF函数分析客户购买情况。

（5）在“各品种产品销售金额统计”工作表中，利用分离型三维饼图分析各品种产品销售金额占总交易金额的百分比，并将产品名称和百分比数据在图表中显示出来。

实验步骤

由于多项分析工作都需要基于原始的销售数据一览表来进行，因此为了保证原有的销售统计数据不被更改，可以复制工作表用于查询、分类汇总分析等操作。

1）利用“销售数据一览表”复制出工作表“筛选”，要求在“筛选”工作表中，利用筛选功能查看“喜客多超市”和“学林便利”销售数量在5以下或者20以上的产品的销售情况。

①打开3-4.xlsx，在“销售数据一览表”工作表标签上单击鼠标右键，选择“移动或复制工作表”命令。

②设置移动或复制工作表的位置，并选中“建立副本”复选框。

③单击“确定”按钮即可建立名为“销售记录汇总（2）”的工作表，在该工作表上双击将其重命名为“销售查询”。

④选中数据编辑区域任意单元格，单击“数据”—“排序和筛选”—“筛选”，为各个列标识添加筛选功能（右侧出现下拉按钮）

⑤单击“客户名称”列标识右侧的下拉按钮，打开下拉菜单，在文本筛选中，去掉全

选，然后选中要查看的客户名称，如图4-43所示。

⑥单击“数量”列标识右侧的下拉按钮，打开如图4-44所示下拉菜单，选中要查看的数量，此处选择“数字筛选”——“自定义”，打开如图4-45所示的“自定义自动筛选方式”对话框设置筛选条件。

2）分类汇总是指将数据按指定的类进行汇总分析，在进行分类汇总前先要对所汇总数据按分类关键字进行排序。分类汇总可以将数据按照不同的类别进行统计。

①利用“销售数据一览表”复制产生“产品交易汇总表”。

②选中分类关键字“品种”，单击数据——排序和筛选——排序，对“品种”进行排序。

图4-43　客户名称筛选

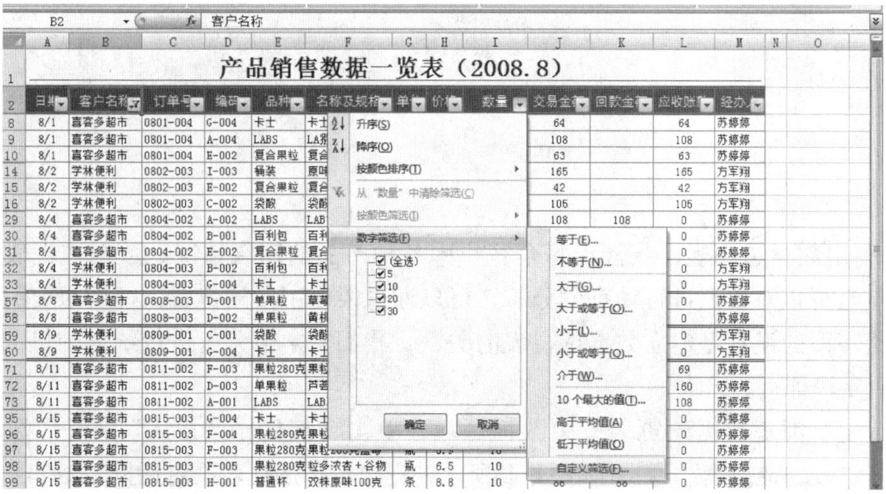

图4-44　数量筛选

③单击“数据”——“分级显示”——“分类汇总”，打开“分类汇总”对话框。设置“分类字段”、“汇总方式”和“选定汇总项”，如图4-46所示。

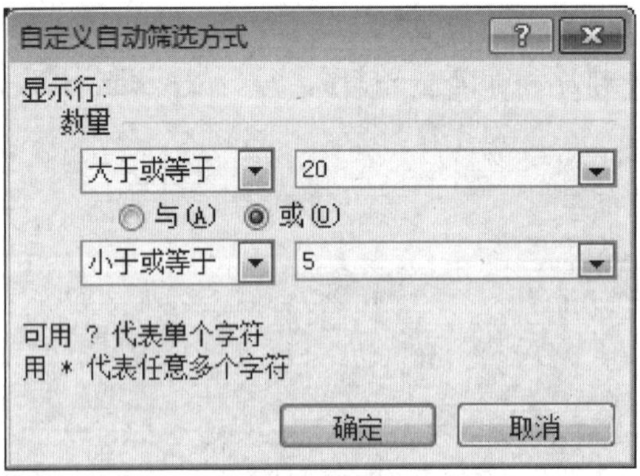

图4-45　自定义自动筛选方式

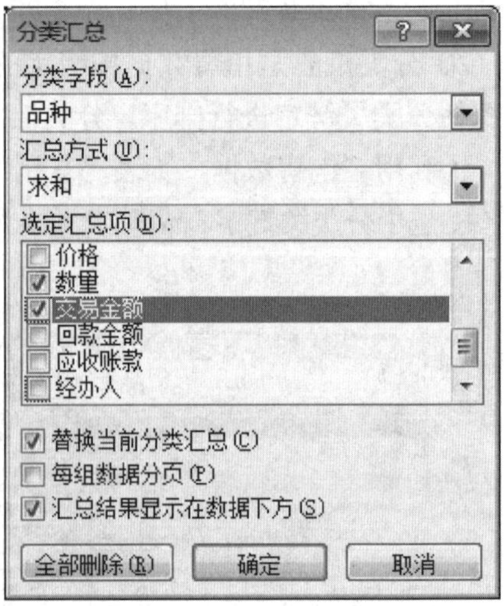

图4-46　按品种分类汇总对话框

④设置完成后，单击“确定”按钮即可按指定条件进行分类汇总，结果如图4-47所示。

图4-47　按品种汇总结果

3）利用数据透视表，统计出每个客户中各种产品的销售情况。数据透视表的一个显著特点是可以对数据进行动态的分析，可以通过改变字段的位置，得到想要的分析结果。因此字段的设置是建立数据透视表的关键，我们要学会分析进行统计的目的，然后合理设置字段即可。

①选中“销售数据一览表”中数据区域，单击功能区中“插入”——“数据透视表”——“数据透视表”，打开如图4-48所示“创建数据透视表”对话框，做如图4-49所示设置，单击“确定”按钮。

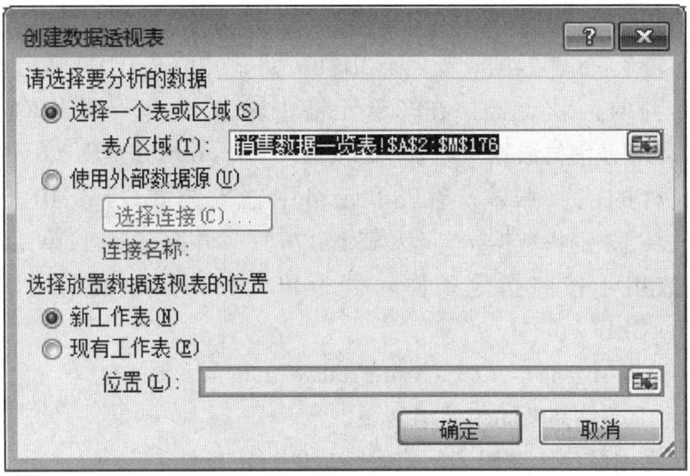

图4-48　“创建数据透视表”对话框

②选中“数据透视表分析”工作表，在“数据透视表字段列表”中作如图4-49所示设置。

日期	(全部)			
行标签	求和项:数量	求和项:交易金额	求和项:回款金额	求和项:应收账款
⊟便利24H	165	1189	951	238
LABS	25	243	243	0
百利包	40	64		64
袋酸	10	210	105	105
单果粒	5	80	80	0
复合果粒	10	21	21	0
果粒280克	30	199	130	69
卡士	20	64	64	0
普通杯	20	203	203	0
桶装	5	105	105	0
⊟便民超市	75	300	300	0
袋酸	5	105	105	0
复合果粒	60	126	126	0
果粒280克	10	69	69	0
⊟个人（零售）	146	825	594	231
LABS	8	82.8	82.8	0
百利包	29	46.4	46.4	0
袋酸	11	231	21	210
单果粒	7	96.6	96.6	0
复合果粒	41	86.1	65.1	21
果粒280克	14	95.8	95.8	0
卡士	31	107.3	107.3	0
普通杯	2	20.5	20.5	0
桶装	3	58.5	58.5	0
⊟佳佳洁	155	968	968	0
LABS	10	108	108	0
百利包	60	96	96	0
单果粒	10	138	138	0
果粒280克	60	406	406	0
普通杯	10	115	115	0
桶装	5	105	105	0
⊟久久隆餐饮	100	1282	553	729
LABS	60	612	288	324
袋酸	20	420	105	315
单果粒	10	160	160	0
普通杯	10	90		90
⊟日之惠	181	1475.4	1475.4	0
LABS	28	284.4	284.4	0
百利包	30	48	48	0
袋酸	10	210	210	0
单果粒	28	404	404	0
复合果粒	20	42	42	0
果粒280克	30	203	203	0
卡士	20	64	64	0
普通杯	10	115	115	0
桶装	5	105	105	0
⊟食为先餐饮	105	980	980	0
LABS	20	198	198	0

图4-49　在“数据透视表字段列表”中作设置及结果

4）在“各品种产品销售金额统计”工作表中使用SUMIF函数分析客户购买情况，结果如图4-51所示。

①计算各品种的销售数量：在C3单元格中输入公式“=SUMIF（销售数据一览表!$E$3:$E$176，$B3，销售数据一览表!I$3:I$176）”，并填充至C11单元格。

②计算各品种的销售金额：在D3单元格中输入公式“=SUMIF（销售数据一览表!$E$3:$E$176，$B3，销售数据一览表!J$3:J$176）”，并填充至D11单元格。

③计算各品种的回款金额：在E3单元格中输入公式“=SUMIF（销售数据一览表!$E$3:$E$176，$B3，销售数据一览表!K$3:K$176）”，并填充至E11单元格。

④计算各品种的应收账款：在F3单元格中输入公式“=SUMIF（销售数据一览表!$E$3:$E$176，$B3，销售数据一览表!L$3:L$176）”，并填充至F11单元格。

✧ SUMIF函数用于按照指定条件对若干单元格、区域或引用求和（类似函数COUNTIF、AVERAGEIF）

语法格式：SUMIF（rang，criteria，sum_range ）

range：表示用于条件判断的单元格区域。

criteria：表示是由数字、逻辑表达式等组成的判定条件。

sum_range：表示需要求和的单元格、区域或引用。

5）利用图表分析销售数据，分析各品种产品销售金额占得总交易金额的百分比。

各品种销售数据分析

编码	品种	销售数量	销售金额	回款金额	应收账款
A-	LABS	256	2653.2	2113.2	540
B-	百利包	339	542.4	478.4	64
C-	袋酸	90	1890	1155	735
D-	单果粒	130	1888.6	1728.6	160
E-	复合果粒	321	674.1	548.1	126
F-	果粒280克	284	1906.8	1638.8	268
G-	卡士	311	1021.3	893.3	128
H-	普通杯	100	1041.5	951.5	90
I-	桶装	38	703.5	538.5	165

图4-50 各品种销售数据汇总计算结果

①切换到“各品种产品销售金额统计”工作表，选中B2：B11、D2：D11单元格区域（选择不连续区域按Ctrl键）。

②单击插入——饼图，选择“分离型三维饼图”。

③在图表标题框中单击鼠标即可进行文字编辑状态，重新输入标题文字。

④添加百分比数据标签，从而直观地显示出各系列产品交易金额占总交易金额百分比的情况。选中图表，单击“图标工具——布局——标签”，在如图4-51所示的“数据标签”中单击“数据标签”下拉菜单中“其他数据标签”命令，打开“设置数据标签格式”对话框，选择“类别名称”与“百分比”数据标签。

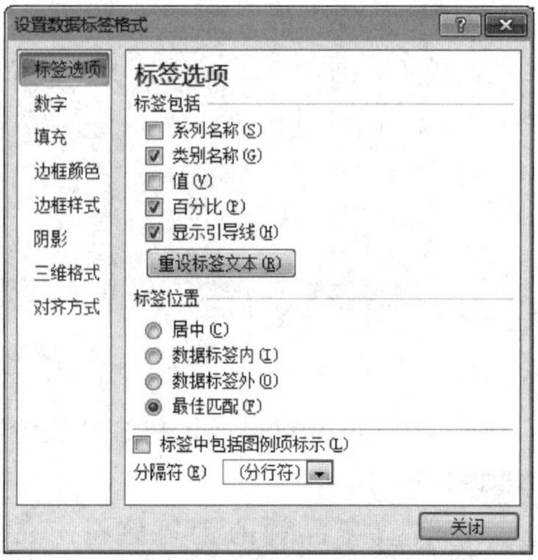

图4-51 设置数据标签格式对话框

⑤在图4-51所示对话框中切换到“数字”标签下，选择“百分比”数字类别，设置小数位数为“2”，单击确定按钮返回图表中。

⑥在单击“图标工具——布局——标签——图例”中选择“无”，结果如图4-52所示。

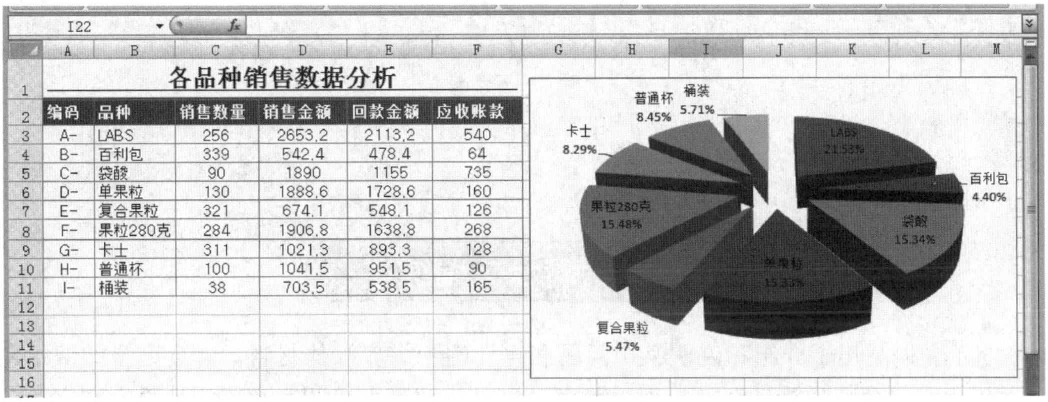

各品种销售数据分析

编码	品种	销售数量	销售金额	回款金额	应收账款
A-	LABS	256	2653.2	2113.2	540
B-	百利包	339	542.4	478.4	64
C-	袋酸	90	1890	1155	735
D-	单果粒	130	1888.6	1728.6	160
E-	复合果粒	321	674.1	548.1	126
F-	果粒280克	284	1906.8	1638.8	268
G-	卡士	311	1021.3	893.3	128
H-	普通杯	100	1041.5	951.5	90
I-	桶装	38	703.5	538.5	165

图4-52　各品种销售数据分析饼图

第5章

演示文稿

5.1 演示文稿综述

演示文稿是用于介绍和说明某个问题和事件的一组多媒体材料。一套完整的演示文稿文件一般包含：片头动画、封面、前言、目录、过渡页、图表页、图片页、文字页、封底、片尾动画等，所采用的素材包括文字、图片、图表、动画、声音、影片等。演示文稿被商业人员、教师、学生和培训人员等广泛使用，已成为人们工作生活的重要组成部分，广泛应用于工作汇报、企业宣传、产品推介、婚礼庆典、项目竞标、管理咨询等领域。

目前，常用的制作演示文稿的软件有Adam Somlai-Fischer和Peter Halacsy创建的Prezi、苹果公司的Keynote、金山公司的Presentation和Microsoft 公司的PowerPoint等。

Prezi是一个云端的演示文稿制作软件，使用者既可以在 Prezi 网站上在线创建编辑，也可以在客户端（Windows、Mac、iPad、iPhone）上离线编辑制作。Prezi主要通过缩放动作和快捷动作制作出更加生动有趣的演示文稿软件。它打破了传统演示文稿的单线条时序，采用系统性与结构性一体化的方式来进行演示，以路线的呈现方式，从一个物件忽然拉到另一个物件，配合旋转等动作则更有视觉冲击力。

Keynote是由苹果公司推出的运行于macOS操作系统下的演示文稿应用软件，它不仅支持几乎所有的图片字体，还可以使界面和设计也更图形化，借助macOS内置的 Quartz等图形技术，制作的幻灯片也更容易夺人眼球。

WPS Presentation是金山公司旗下办公软件WPS Office中的一款演示文稿制作软件。

PowerPoint是由Microsoft公司开发的演示文稿

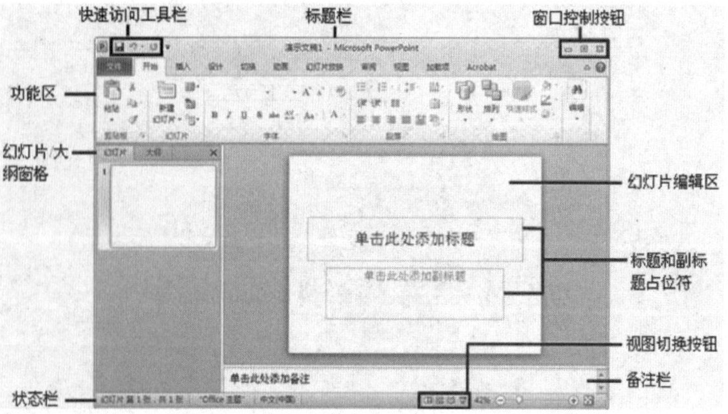

图5-1 PowerPoint 2010界面

软件，简称PPT。利用PowerPoint制作的演示文稿，可以通过不同的方式播放，也可将演示文稿打印成一页一页的幻灯片，使用幻灯片机或投影仪播放，可以将演示文稿保存到光盘中以进行分发。根据开发商的数据，每年大约有3亿个演示文稿是用PowerPoint制作的。下面来讲述PowerPoint演示文稿的制作。

5.2 基本操作

5.2.1. PowerPoint 2010的用户界面

有多种方法可以启动PowerPoint 2010。单击“开始”→“程序”→“Microsoft Office”→“Microsoft PowerPoint 2010”命令，启动PowerPoint 2010，启动后的界面如图5-1所示。

5.2.2 创建演示文稿

选择菜单“文件”→“新建”，可以采用多种方法创建演示文稿，如图5-2所示，主要包括：

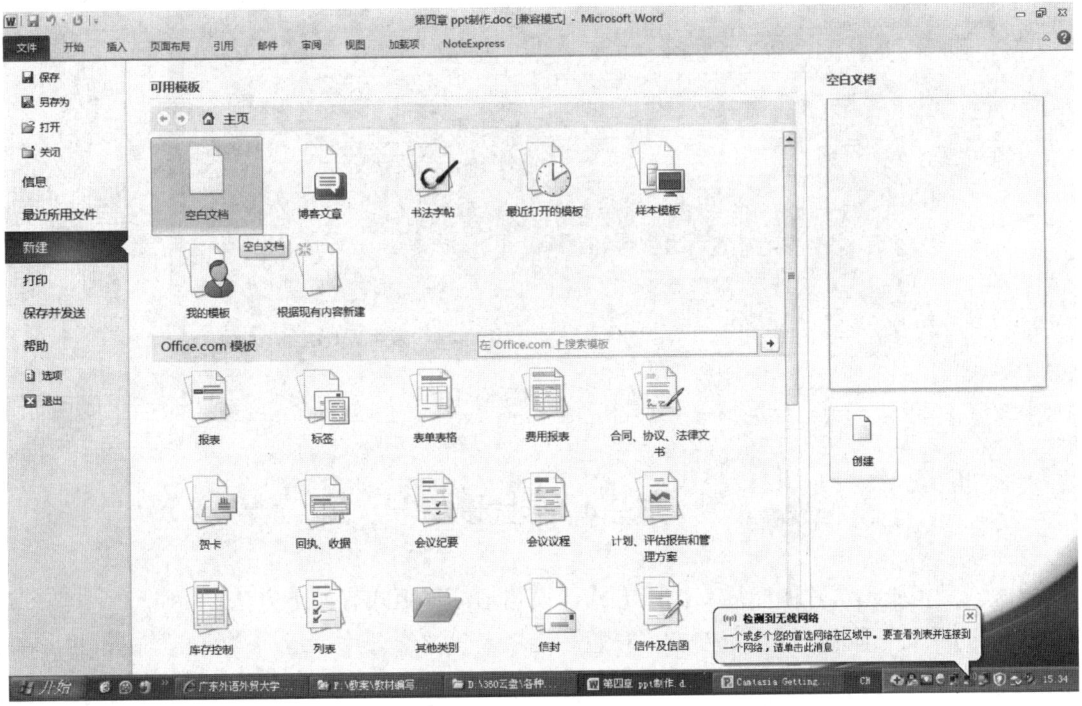

图5-2　新建演示文档界面

1）建立空演示文稿。

2）根据设计模板创建演示文稿。

3）根据内容提示向导新建演示文稿。

4）根据现有演示文稿。

设计模板是预先定义好的演示文稿的样式、风格，包括幻灯片的背景、装饰图案、文字布局及颜色大小等。PowerPoint 2010为用户提供了许多美观的设计模板，用户在设计演示文稿时可以先选择演示文稿的整体风格，然后再进行进一步的编辑修改。

5.2.3 创建幻灯片

在启动PowerPoint后，PowerPoint会自动建立一张新的幻灯片，随着制作过程的推进，需要在演示文稿中添加更多的幻灯片。要添加新幻灯片，可以按照下面的方法进行操作。

单击“开始”选项卡→“幻灯片”组→“新建幻灯片”按钮，即可添加一张默认版式的幻灯片。如果需要应用其他版式，单击“新建幻灯片”按钮右下方的下拉箭头，弹出如图5-3所示的菜单。

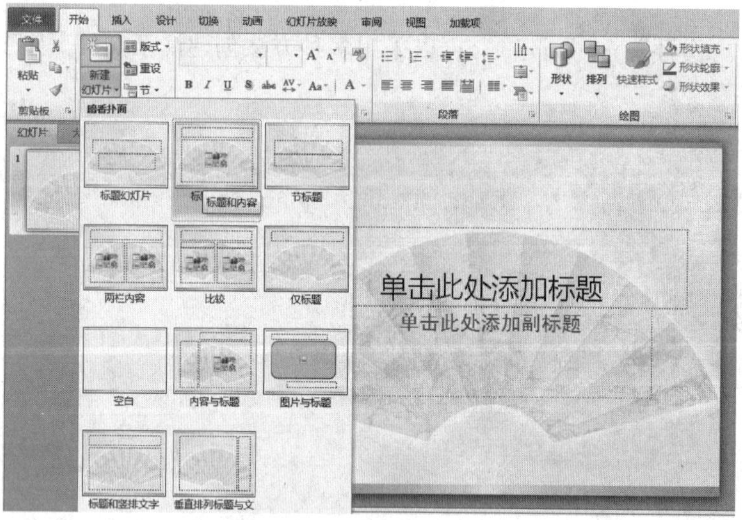

图5-3 插入新幻灯片

5.2.4 版式设计

版式是指张幻灯片的布局、排版方式。设置幻灯片版式有如下方法：

1）方法1：选择幻灯片，单击“开始”选项卡→“幻灯片”组→“版式”按钮，在弹出的下拉列表中选择版式，如图5-4所示。

2）方法2：选择幻灯片（或幻灯片缩略图）→单击鼠标右键→快捷菜单中选择“版式”命令，在弹出的版式列表中选择幻灯片版式，如图5-5所示。

3）同样，可以对选定的幻灯片进行版式更改，也可以通过删除、插入文本框、图表、图像等幻灯片对象，自行定义幻灯片版式。

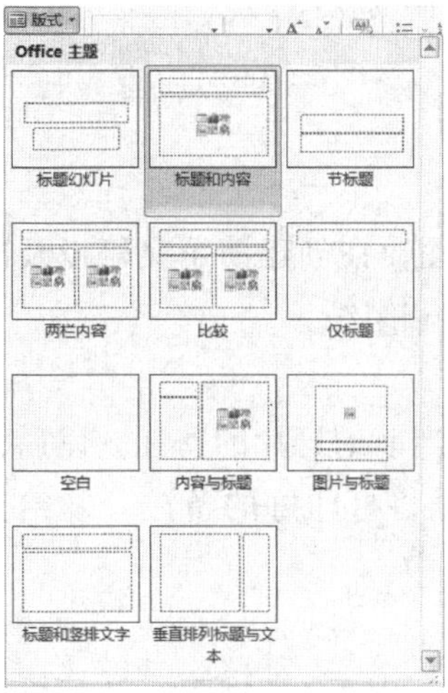

图5-4　“版式”下拉列表

图5-5　版式设计

5.2.5　编辑幻灯片

如图5-6所示，在左侧幻灯片预览栏选中幻灯片后，可以对其进行复制、剪贴和删除、版式更改等操作。

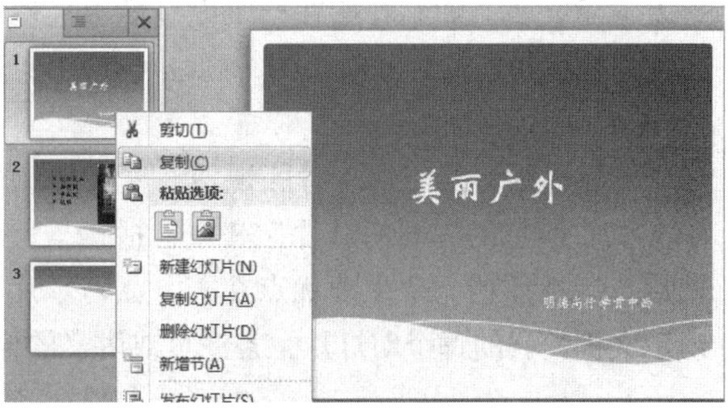

图5-6　编辑幻灯片

（1）复制幻灯片

PowerPoint支持以幻灯片为对象的复制操作。在制作演示文稿时，有时会需要两张内容基本相同的幻灯片。此时，可以利用幻灯片的复制功能，复制出一张相同的幻灯片，然后再对其进行适当的修改。复制幻灯片的方法如下：

1）选中需要复制的幻灯片，单击“开始”选项卡→“剪贴板”组→“复制”按钮，再在需要插入幻灯片的位置单击“开始”选项卡→“剪贴板”组→“粘贴”按钮。

2）选择需要复制的幻灯片，按【Ctrl】+【C】键复制，在需要插入幻灯片的地方按【Ctrl】+【V】粘贴。

（2）移动幻灯片

在制作演示文稿时，如果需要重新排列幻灯片的顺序，就需要移动幻灯片。在左侧预览栏，直接拖动幻灯片或用“剪切”按钮和“粘贴”按钮进行幻灯片的移动。

（3）删除幻灯片

在左侧预览栏，选中要删除的幻灯片，单击鼠标右键，在弹出菜单中选择“删除幻灯片”，也可以按【Delete】键直接删除选中的幻灯片。

5.2.6 视图

PowerPoint 2010 中包含了可用于编辑、打印和放映演示文稿的视图。

（1）普通视图

普通视图是主要的编辑视图，可用于撰写和设计演示文稿。

（2）幻灯片浏览视图

幻灯片浏览视图可查看缩略图形式的幻灯片。通过此视图，在创建演示文稿以及准备打印演示文稿时，将可以轻松地对演示文稿的顺序进行排列和组织。

（3）备注页视图

“备注”窗格位于“幻灯片”窗格下。可以键入要应用于当前幻灯片的备注。以后，可以将备注打印出来并在放映演示文稿时进行参考。还可以将打印好的备注分发给受众，或者将备注包括在发送给受众或发布在网页上的演示文稿中。

（4）幻灯片放映视图（包括演示者视图）

幻灯片放映视图可用于向受众放映演示文稿。幻灯片放映视图会占据整个计算机屏幕，这与受众观看演示文稿时在大屏幕上显示的演示文稿完全一样。可以看到图形、计时、电影、动画效果和切换效果在实际演示中的具体效果。

（5）阅读视图

阅读视图用于向用自己的计算机查看演示文稿的人员而非受众（例如，通过大屏幕）放映演示文稿。如果希望在一个设有简单控件以方便审阅的窗口中查看演示文稿，而不想使用全屏的幻灯片放映视图，则也可以在自己的计算机上使用阅读视图。

（6）母版视图

母版视图包括幻灯片母版视图、讲义母版视图和备注母版视图。它们是存储有关演示文稿的信息的主要幻灯片，其中包括背景、颜色、字体、效果、占位符大小和位置。使用母版视图的一个主要优点在于，在幻灯片母版、备注母版或讲义母版上，可以对与演示文稿关联的每个幻灯片、备注页或讲义的样式进行全局更改。

5.3 主题与模版

主题由一组主题颜色、主题字体和主题效果组成，每一个演示文稿（.pptx）或模板（.potx）都应用了一个主题，即使是空白的新文档也是如此。主题不仅包含单张幻灯片中的文本或图形，还包含主题颜色、字体、效果、背景、幻灯片母版和幻灯片版式。

模板包含主题，主题是组成模板的元素，模板是把这些主题元素组合起来，并保存成模板文件（.potx），可以反复调用。在创建新文档时，可以使用已有模板，快速创建一个同模板一样的演示文稿。

创建新演示文稿时，可以选择某一种模板，比如选择“样本模板”，有多种模板选择，如图5-7所示。

图5-7　模板选择

5.3.1　应用主题

PowerPoint 2010为每种设计模板提供了几十种内置的主题颜色，用户可以根据需要选择不同的颜色来设计演示文稿。这些颜色是预先设置好的协调色，自动应用于幻灯片的背景、文本线条、阴影、标题文本、填充、强调和超链接。PowerPoint 2010的背景样式功能可以控制母版中的背景图片是否显示，以及控制幻灯片背景颜色的显示样式。

单击“设计”选项卡→“主题”组右侧的“其他”按钮▾，弹出主题下拉列表，右键单击一个主题，可在弹出的下拉菜单中选择“应用于所有幻灯片”或“应用于选定幻灯片”（直接单击主题则默认把该主题应用到所有的幻灯片），如图5-8所示。

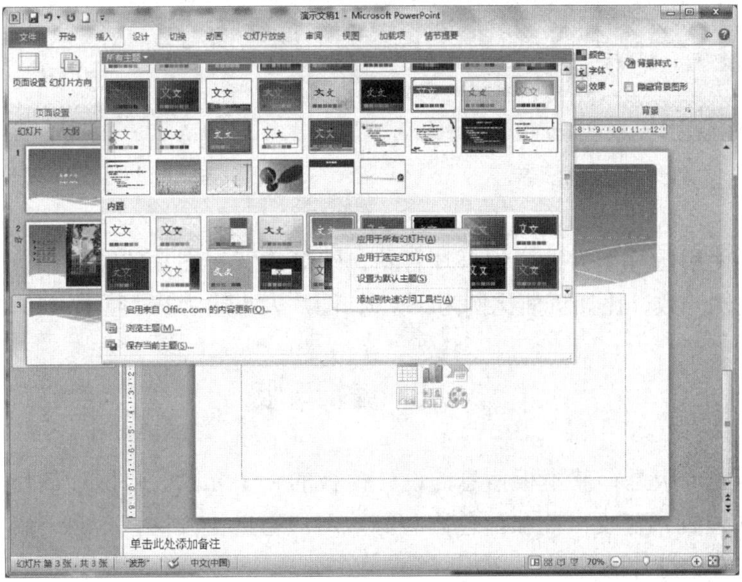

图5-8　应用主题

5.3.2 设置背景

在设计演示文稿时，用户除了在应用模板或改变主题颜色时更改幻灯片的背景外，还可以根据需要任意更改幻灯片的背景颜色和背景设计，如删除幻灯片中的设计元素、添加底纹、图案、纹理或图片等。

单击“设计”选项卡→“背景”组→“背景样式”按钮，弹出背景样式下拉列表，如图5-9所示，可在此选择预定义的背景。

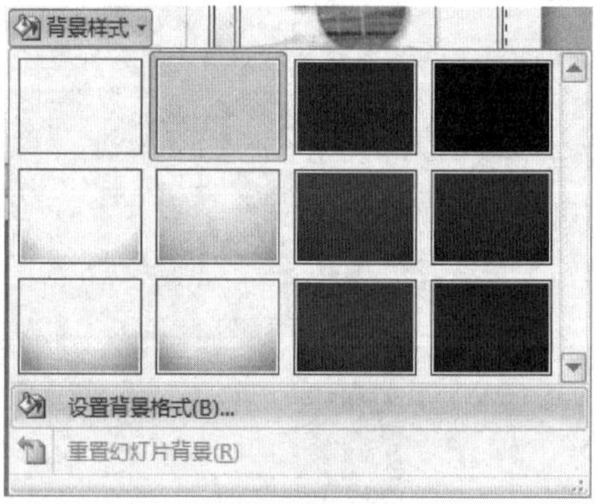

图5-9 设置背景

如需自定义背景格式，单击背景样式下拉列表中的“设置背景格式”命令，或在幻灯片空白处单击鼠标右键，在弹出的快捷菜单中选择“设置背景格式”命令（图5-10），弹出“设置背景格式”对话框，里面有多种背景设置方案，用户可在此自定义背景，如图5-11所示。

图5-10 快捷菜单

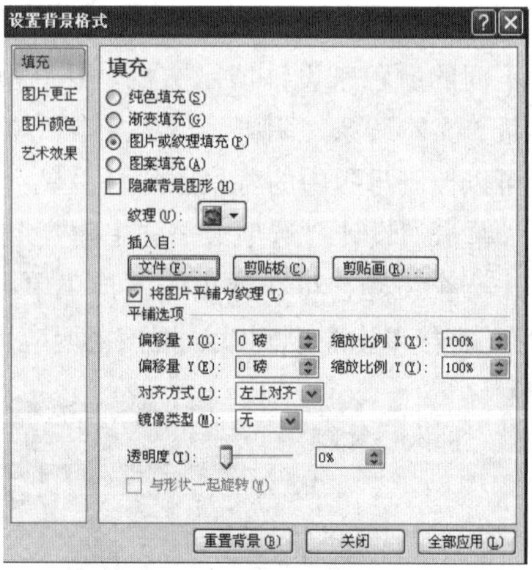

图5-11 自定义背景格式

如果需要使用图片作为整个幻灯片背景，幻灯片背景图片的宽和高首先应和电脑屏幕的宽和高比例一致，比如页面比例为16∶9，图片大小应为25.4厘米 × 15.29厘米。

5.3.3 编辑母版

演示文稿的母版是存储模板信息的设计模板的一个元素。母版中的信息包括字形、占位符大小和位置、背景设计和配色方案等。用户通过更改这些信息，就可以更改整个演示文稿中所有幻灯片的外观。

（1）幻灯片母版

单击“视图”选项卡→“母版视图”组→“幻灯片母版”按钮，切换至幻灯片母版视图，如图5-12所示。

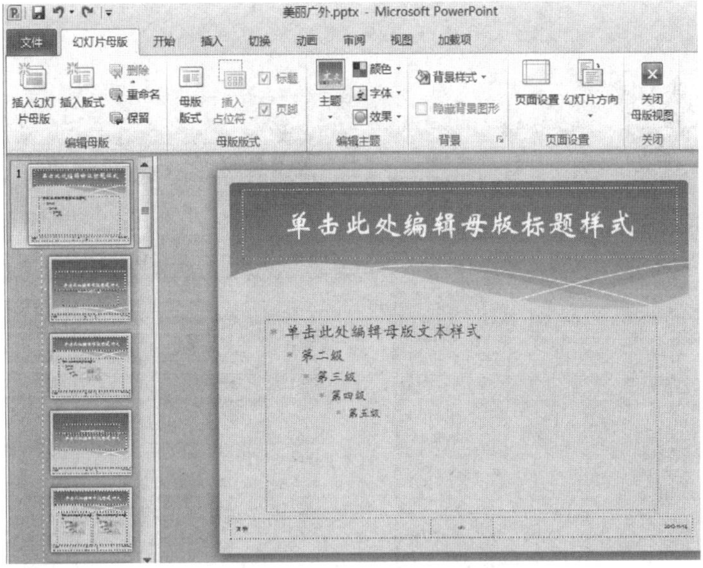

图5-12　幻灯片母版视图

图5-12窗口左侧是母版样式预览栏，一共列出了12个母版样式缩略图。有11个较小的缩略母版图，这11个缩略模板图分别对应了PowerPoint的11个幻灯片版式，更改其中一个母版的背景、动画等设置，则与该母版相对应的版式的幻灯片都会做出相应的更改。预览栏左侧最顶端的母版缩略图较大，该母版代表了所有版式的母版，在该母版中设置的操作（如背景、动画等），则所有的母版都会相应更改，也就是所有的幻灯片都会发生改变。

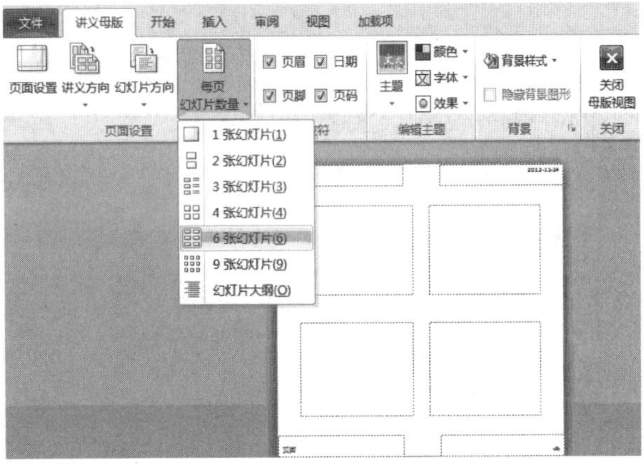

图5-13　讲义母版

（2）讲义母板

讲义母版是为讲义制作而准备的，通常需要打印输出，因此讲义母版的设置大多和打印页面有关。讲义母版允许设置一页讲义中包含几张幻灯片，设置页眉、页脚、页码等基本信息。在讲义母版中插入对象或者更改版式时，新的页面效果不会反映在其他母版视图中。

单击“视图”选项卡→“母版视图”组→“讲义母版”按钮，切换至讲义母版视图，如图5-13所示。

(3) 备注母版

备注母版主要用以设置幻灯片的备注格式，一般也是用来打印输出的，所以备注母版的设置大多也和打印页面有关。

单击“视图”选项卡→“母版视图”组→“备注母版”按钮，切换至备注母版视图，如图5-14所示。

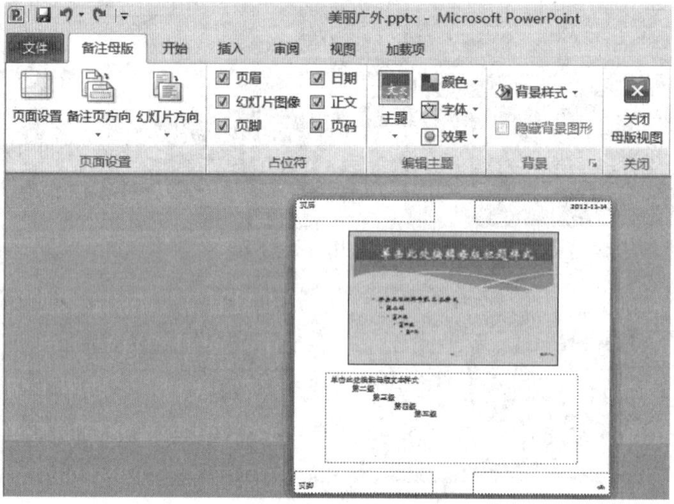

图5-14 备注母版

5.4 插入对象

PowerPoint 2010支持插入“表格”“图像”“插图”“链接”“文本”“符号”“媒体”等对象。“插入”选项卡如图5-15所示。

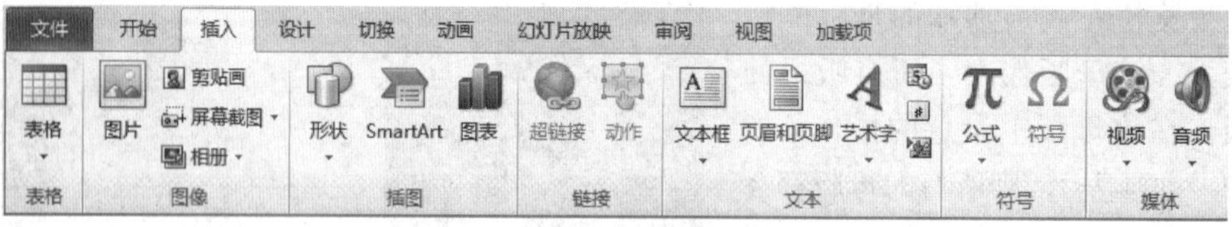

图5-15 插入选项卡

5.4.1 插入图像

在演示文稿中插入图片，可以更生动、形象地阐述其主题和要表达的思想。在插入图片时，要充分考虑幻灯片的主题，使图片和主题和谐一致。 插入图片包括以下内容。

(1) 插入剪贴画

PowerPoint 2010附带的剪贴画库内容非常丰富，所有的图片都经过专业设计，它们能够表达不同的主题，适合于制作各种不同风格的演示文稿。

要插入剪贴画，单击“插入”选项卡→“插图”组→“剪贴画”按钮，在打开的“剪贴画”任务窗格中单击搜索按钮，则窗格中会出现Office 2010自带的剪贴画，如图5-16所示，用户单击其中的剪贴画即可插入该剪贴画。

图5-16　“剪贴画”窗格

（2）插入来自文件的图片

用户除了插入Office 2010附带的剪贴画之外，还可以插入磁盘中的图片。这些图片可以是.bmp位图，也可以是其他类型的图片。

在演示文稿中插入图片后，用户可以调整其位置、大小，也可以根据需要进行裁剪、调整对比度和亮度、添加边框、设置透明色等操作。

5.4.2　插入插图

PowerPoint 2010提供了功能强大的绘图工具，利用绘图工具可以绘制各种线条、连接符、几何图形、星形以及箭头等复杂的图形。

（1）插入图形

单击“插入”选项卡→“插图”组→“形状”按钮或“SmartArt”按钮，可插入Office 2010提供的形状和SmartArt 图形。“形状”提供了简单的图形对象；而SmartArt插图是自Office 2007版以后提供的新功能，提供了包括有流程、层次结构、循环或关系等多种图形，共有80余套图形模板，利用这些图形模板可以设计出各式各样的专业图形。

（2）编辑图形

PowerPoint 2010中，可以对绘制的图形进行个性化的编辑。下面以SmartArt图形为例。

选择SmartArt图形，单击“设计”选项卡，如图5-17所示，可在此更改SmartArt图形的布局、颜色和样式等。

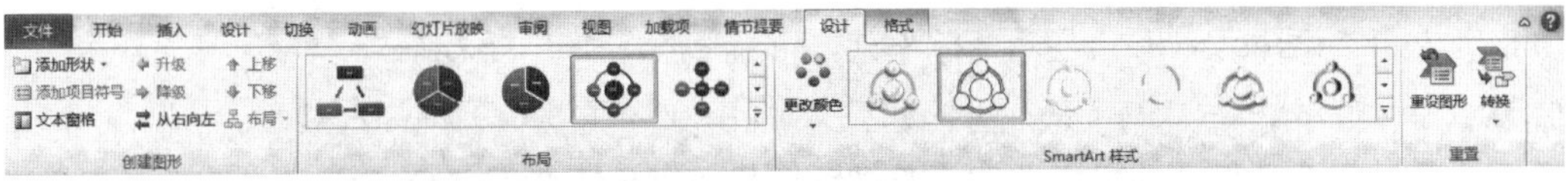

图5-17　“设计”选项卡

选择SmartArt图形，单击“格式”选项卡，如图5-18所示，在此更改SmartArt图形的轮廓、填充、文本效果等。

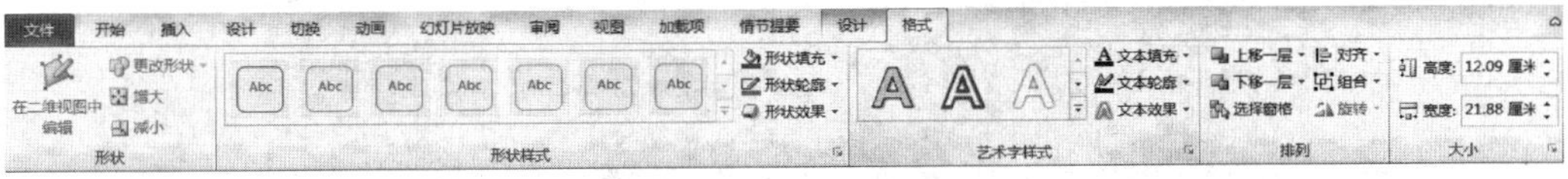

图5-18　“格式”选项卡

5.4.3 插入表格

使用PowerPoint制作一些专业型演示文稿（如销售统计表、个人简历表、财务报表）等时，通常需要使用表格。表格采用行列化的形式，它与幻灯片页面文字相比，更能体现内容的对应性及内在的联系。表格适合用来表达比较性、逻辑性的主题内容。

单击“插入”选项卡→“表格”组→“表格”按钮，在下拉列表中选择行、列创建一个表格，如图5-19所示。

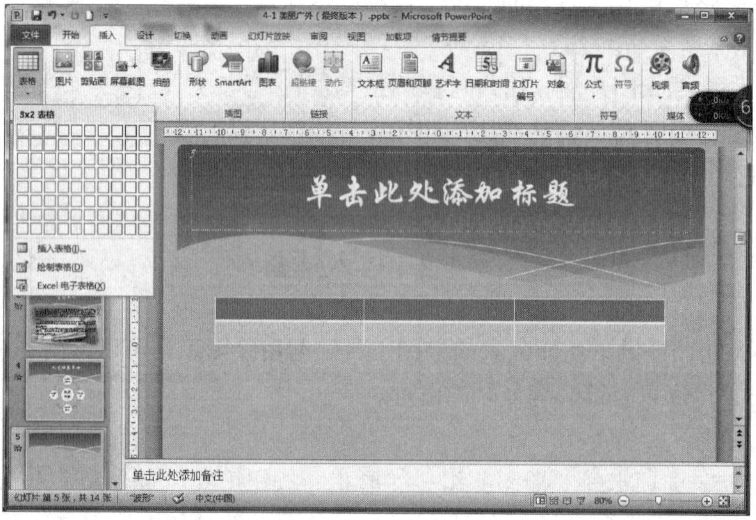

图5-19 创建表格

表格创建以后，会增加“设计”和“布局”两个选项卡。“设计”选项卡可以为表格添加底纹、设置边框样式、应用阴影效果等，如图5-20所示；“布局”选项卡包括设计表格结构的工具，如拆分、合并、添加行、添加列、设置行高和列宽等。

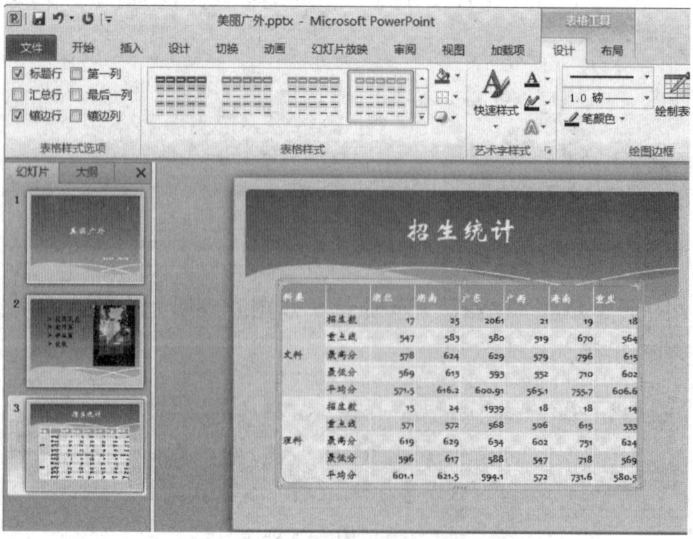

图5-20 “设计”选项卡

5.4.4　插入图表

与文字数据相比，形象直观的图表更容易让人理解，它以简单易懂的方式反映了各种数据关系。PowerPoint附带了一种Microsoft Graph的图表生成工具，它能提供各种不同的图表来满足用户的需要，使得制作图表的过程简便而且自动化。

单击“插入”选项卡→“插图”组→“图表”按钮。单击该按钮，打开“插入图表”对话框，如图5-21所示，该对话框提供了11种图表类型，每种类型可以分别用来表示不同的数据关系。

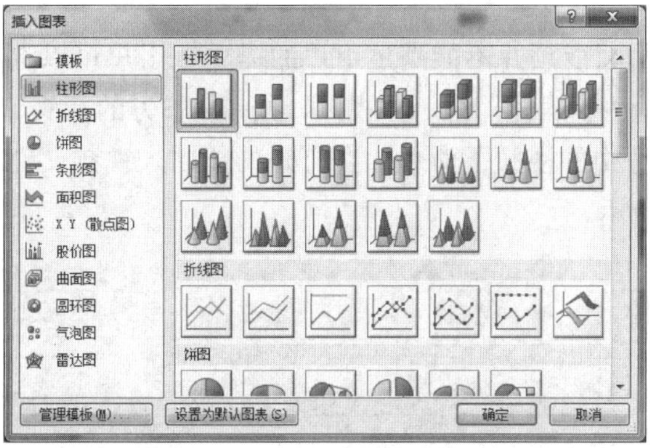

图5-21　“插入图表”对话框

图表创建后会立即打开一个电子表格，用户按照需要在表格中输入相应数据，第一行和第一列为标题，其他为数据，可以根据需要增加行列，图表会根据表格数据做出改变，如图5-22所示。

建立图表后，会新增“设计”“布局”和“格式”选项卡，如图5-22所示，可以通过这些选项卡的功能对图表进行编辑；也可以直接选中图表中的对象，双击后在弹出的对话框中修改相应属性，比如双击图中纵坐标上的标尺，在弹出的对话框中修改坐标轴最小值和最大值。

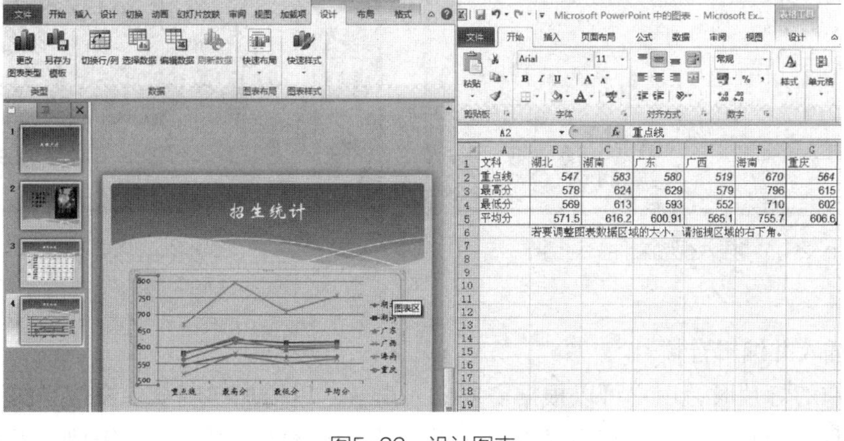

图5-22　设计图表

5.4.5 插入多媒体

在使用多媒体素材时，必须注意所使用的对象需切合主题，否则反而会使得演示文稿冗长、累赘。

（1）插入并编辑视频

PowerPoint中的影片包括视频和动画，用户可以在幻灯片中插入的视频格式有十几种，而可以插入的动画则主要是GIF动画。PowerPoint支持的影片格式会随着媒体播放器的不同而有所不同。在PowerPoint中插入视频及动画的方式主要有剪贴画视频和从文件中插入视频两种。

很多情况下，剪贴画视频并不能满足用户的需要，用户可以选择插入来自文件中的影片。“插入”选项卡 →“媒体”组→“视频”按钮下方的箭头，如图5-23所示，在弹出的菜单中选择“文件中的视频”命令，在打开的“插入视频文件”对话框中选择要插入的视频，如图5-24所示。

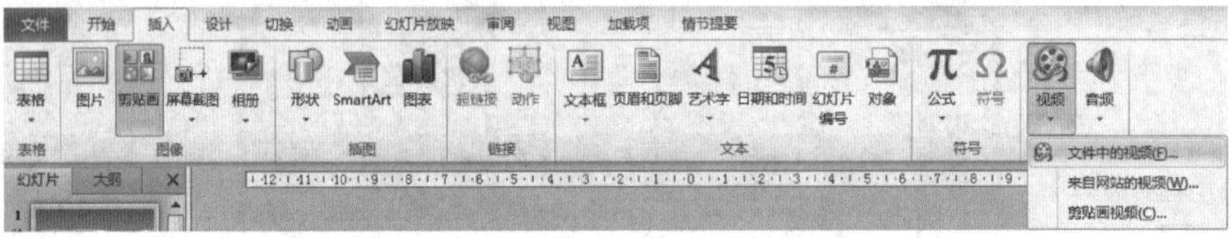

图5-23 插入视频

视频插入后，可在“格式”选项卡设置视频的样式、大小等，在“播放”选项卡进行剪辑、设置播放方式等操作，如图5-25所示。

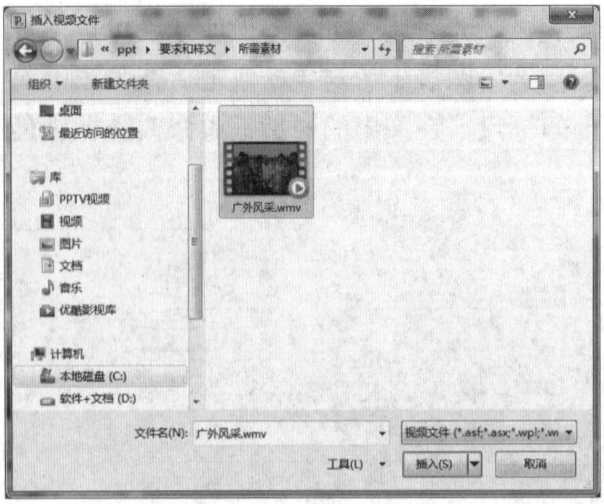

图5-24 “插入视频文件”对话框

图5-25 编辑视频

（2）插入并编辑音频

在制作幻灯片时，用户可以根据需要插入声音，以增加向观众传递信息的通道，增强演示文稿的感染力。插入声音文件时，需要考虑到在演讲时的实际需要，不能因为插入的声音影响演讲及观众的收听。

单击“插入”选项卡→“媒体”组→“音频”按钮下方的下拉箭头，用户可通过三种方式插入音频，如图5-26所示。

音频插入后，系统都会自动创建一个音频图标，用以显示当前幻灯片中插入的声音，如图5-26所示。

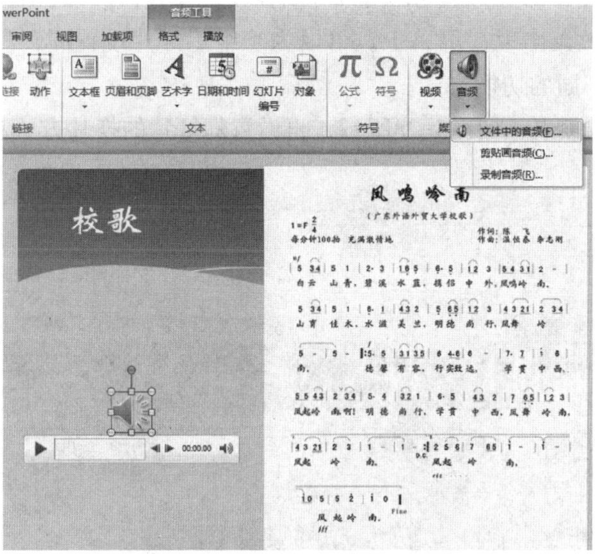

图5-26 插入音频

选中声音图标，用户可在“格式”选项卡中设置音频的格式，在“播放”选项卡中设置音频的播放方式、剪辑音频等，如图5-27所示。

图5-27 编辑音频

如果利用录制声音的功能插入音频，用户可以将自己的声音插入到幻灯片中，如图5-26所示。

5.5 动画制作

在PowerPoint中，用户可以为演示文稿中的文本或多媒体对象添加特殊的视觉效果或声音效果，例如使文字逐字飞入演示文稿，或在显示图片时自动播放声音等。PowerPoint 2010提供了丰富的动画效果，用户可以设置幻灯片切换动画和对象的自定义动画。本章将介绍在幻灯片中为对象设置动画，以及为幻灯片设置切换动画的方法。

5.5.1 设置幻灯片切换效果

幻灯片切换效果是指一张幻灯片如何从屏幕上消失，以及另一张幻灯片如何显示在屏幕上的方式。幻灯片切换方式可以是简单地以一个幻灯片代替另一个幻灯片，也可以使幻灯片以特殊的效果出现在屏幕上。可以为一组幻灯片设置同一种切换方式，也可以为每张幻灯片设置不同的切换方式。

单击“切换”选项卡，如图5-28所示，再设置幻灯片的换片方式和切换效果等。

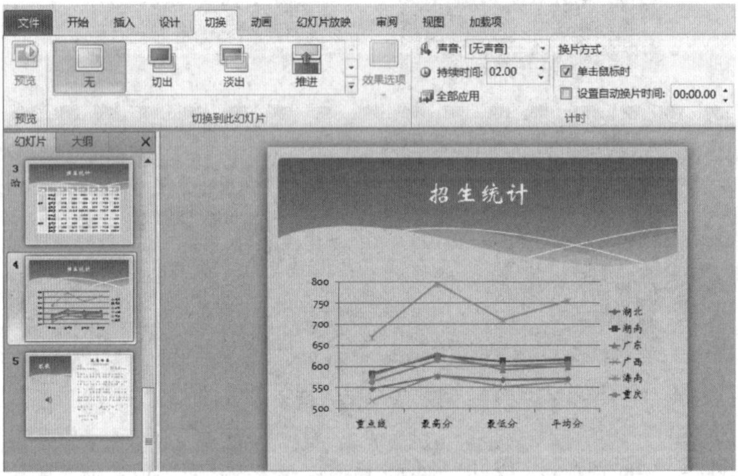

图5-28 设置切换

用户在设置幻灯片切换效果时，可以设置每张幻灯片在放映时停留的时间，当等待到设定的时间后，幻灯片将自动向下放映。

在图5-28所示的选项卡中，为当前选定的幻灯片设置自动切换时间后，再单击“全部应用”按钮，为演示文稿中的每张幻灯片设定相同的切换时间，这样就实现了幻灯片的连续自动放映。

5.5.2 自定义动画

在PowerPoint中，除了幻灯片切换动画外，还包括自定义动画。所谓自定义动画，是指为幻灯片内部各个对象设置的动画，它又可以分为项目动画和对象动画。其中项目动画是指为文本中的段落设置的动画，对象动画是指为幻灯片中的图形、表格、SmartArt图形等设置的动画。

选择要设置动画的对象，单击“动画”选项卡→“动画”组中的按钮，打开动画下拉列表，动画效果主要包括“进入”“强调”“退出”“动作路径”几类动画效果，如图5-29所示。

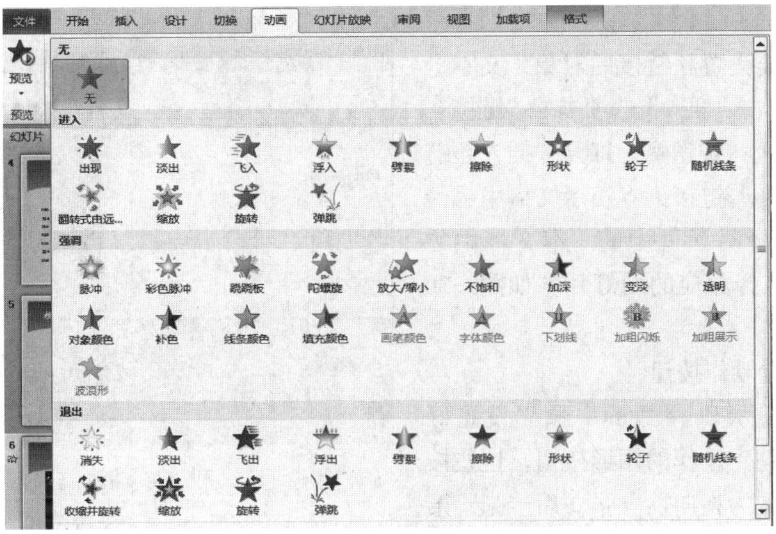

图5-29　动画效果

●“进入”动画可以设置文本或其他对象以多种动画效果进入放映屏幕。在添加动画效果之前需要选中对象。对于占位符或文本框来说，选中占位符、文本框，以及进入其文本编辑状态时，都可以为它们添加动画效果。选择对象后，在“动画”任务窗格中单击“添加效果”按钮，选择“进入”区中的命令。

●强调动画是为了突出幻灯片中的某部分内容而设置的特殊动画效果。

●退出动画可以设置幻灯片中的对象退出屏幕的效果。

●动作路径动画又称为路径动画，可以指定文本等对象沿预定的路径运动。PowerPoint中的动作路径动画不仅提供了大量预设路径效果，还可以由用户自定义路径动画。

5.5.3　幻灯片放映

PowerPoint 2010提供了多种放映和控制幻灯片的方法，如正常放映、计时放映、录音放映、跳转放映等。用户可以选择最为理想的放映速度与放映方式，使幻灯片放映结构清晰、节奏明快、过程流畅。另外，在放映时还可以利用绘图笔在屏幕上随时进行标示或强调，使重点更为突出。

在PowerPoint中，用户可以为幻灯片中的文本、图形、图片等对象添加超链接或者动作。当放映幻灯片时，可以在添加了动作的按钮或者超链接的文本上单击，程序将自动跳转到指定的幻灯片页面，或者执行指定的程序。演示文稿不再是从头到尾播放的线形模式，而是具有了一定的交互性，能够按照预先设定的方式，在适当的时候放映需要的内容，或做出相应的反应。

（1）设置超链接

超链接是指向特定位置或文件的一种连接方式，可以利用它指定程序的跳转的位置。超链接只有在幻灯片放映时才有效。在PowerPoint中，超链接可以跳转到当前演示文稿中的特定幻灯片、其他演示文稿中特定的幻灯片、自定义放映、电子邮件地址、文件或Web页上。

选中需要设置超链接的对象（文本、图像等），单击“插入”选项卡→“链接”组→“超链接”按钮，打开“插入超链接”对话框，若链接到本演示文稿中另一幻灯片，选择对话框中的“本文档中的位置”，再选择相应的幻灯片，如图5-30所示。

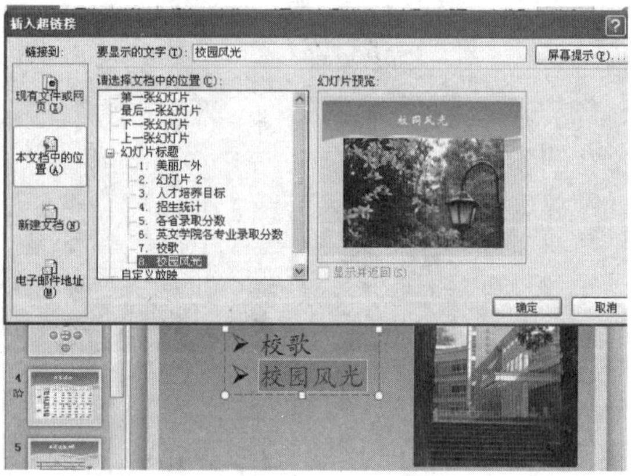

图5-30　插入链接

（2）设置动作按钮

动作按钮是PowerPoint中预先设置好的一组带有特定动作的图形按钮，这些按钮被预先设置为指向前一张、后一张、第一张、最后一张幻灯片、播放声音及播放电影等链接，应用这些预置好的按钮，可以实现在放映幻灯片时跳转的目的。

单击“插入”选项卡→“插图”选项卡→“形状”按钮，在打开的“形状”下拉列表的最下方是预设好的动作按钮，如图5-31所示。用户可单击选中其中的一个动作按钮，在幻灯片中拖动鼠标绘制按钮，系统会弹出“动作设置”对话框，可在此更改按钮对应的动作，如图5-32所示。

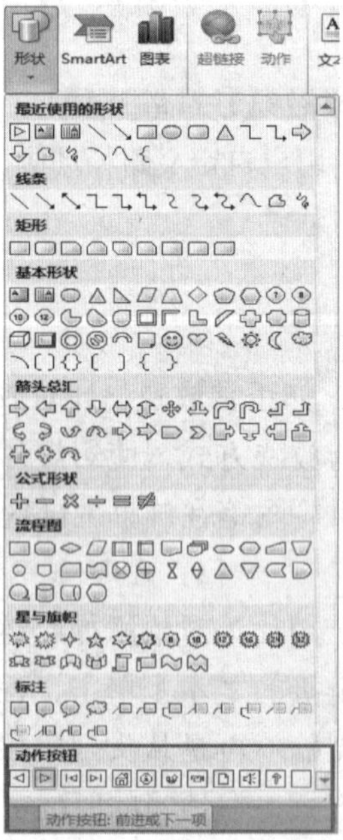

图5-31　插入动作按钮

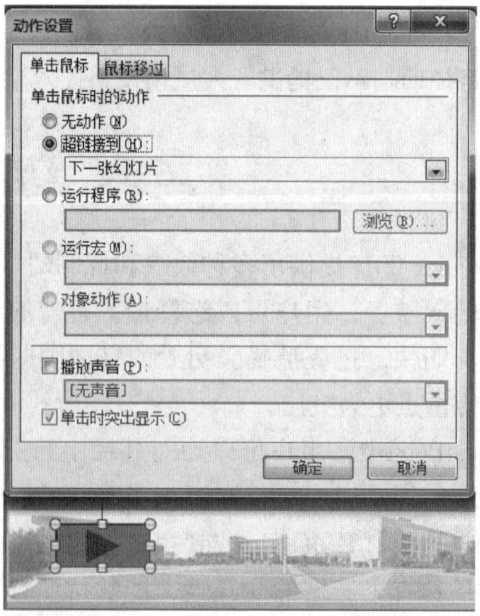

图5-32　“动作设置”对话框

（3）设置播放方式

1）排练计时。演示文稿制作内容制作完成后就可以播放了。需要注意的是，由于每张幻灯片的内容不同，放映的时间可能不同。可以运用PowerPoint的“排练计时”功能来排练整个演示文稿放映的时间。在“排练计时”的过程中，演讲者可以确切了解每一页幻灯片需要讲解的时间，以及整个演示文稿的总放映时间。

单击“幻灯片放映”选项卡→“设置”组→“排练计时”按钮，可对演示文稿进行排练，如图5-33所示。

图5-33 幻灯片放映设置

排练计时结束后，系统会弹出一个对话框询问是否保留排练时间，如图5-34所示。如选择 是(Y) 按钮，则各幻灯片的播放时间会采用计时排练得到的时间。

图5-34 是否保留排练时间

当然，用户也可以继续根据每张幻灯片的内容，在“切换”选项卡→“计时”组中调整幻灯片的播放时间。

2）自定义放映。自定义放映是指用户可以自定义演示文稿放映的张数，使一个演示文稿适用于多种观众，即可以将一个演示文稿中的多张幻灯片进行分组，以便该特定的观众放映演示文稿中的特定部分。

单击“幻灯片放映”选项卡→“开始放映幻灯片”组→“自定义”幻灯片放映按钮→“自定义放映”命令，弹出“自定义放映”对话框，如图5-35所示。单击 新建(N)... 按钮，在打开的“定义自定义放映”对话框中设置需放映的幻灯片，如图5-36所示。

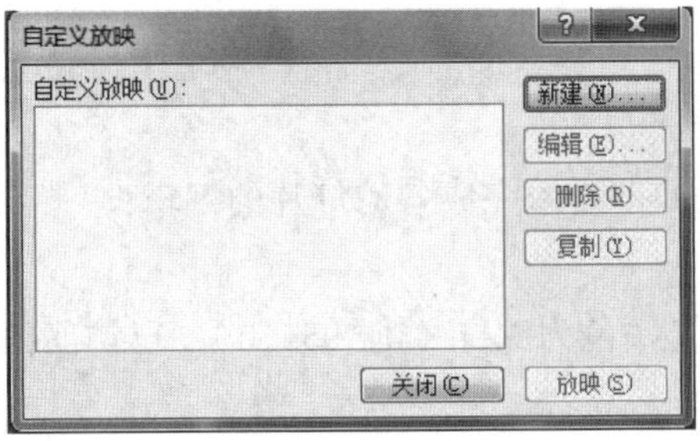

图5-35 “自定义放映”对话框

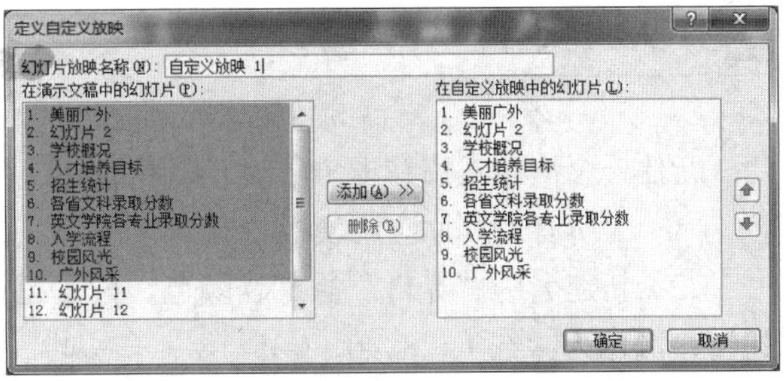

图5-36 “定义自定义放映”对话框

3）设置放映方式。用户可以设置幻灯片的放映方式，如循环播放、换片方式等。

单击“幻灯片放映”选项卡→“设置”组→“设置幻灯片放映”按钮，弹出“设置放映方式”对话框，如图5-37所示。

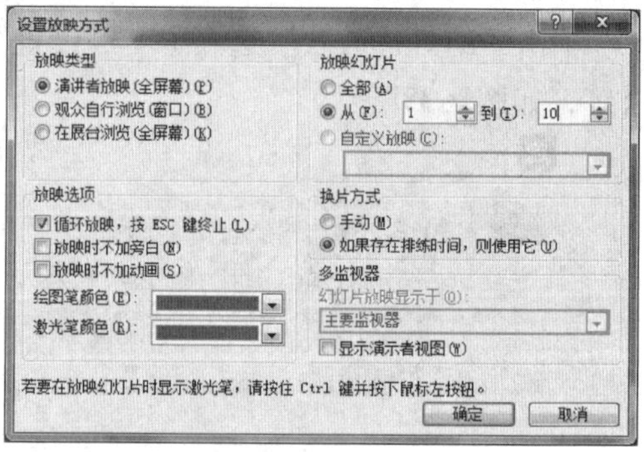

图5-37 “设置放映方式”对话框

勾选对话框中的“循环放映，按Esc键终止”复选框，幻灯片会在播放完最后一张幻灯片后，会自动跳转到第1张幻灯片，而不是结束放映，直到用户按Esc键退出放映状态。

“放映幻灯片”组可设置幻灯片播放的范围。

“换片方式”可设置幻灯片是按手动换片还是按排练时间按片。

4）放映。如图5-33所示，单击“幻灯片放映”选项卡→“开始播放幻灯片”组→“从头开始”按钮（或按【F5】键），按照设置好的播放方式开始从头播放幻灯片（例如，如果设置好的幻灯片播放方式是从第5张开始播放，则单击此按钮也会从第5张幻灯片开始播放）。

如图5-33所示，单击“幻灯片放映”选项卡→“开始播放幻灯片”组→“从当前幻灯片开始”按钮（或按【Shift】+【F5】键），会从当前选择的幻灯片开始放映。

5.6 制作演示文稿《踏春》

实验目的

（1）掌握演示文稿中幻灯片的背景设置、模板应用和主题颜色设置。

（2）掌握幻灯片的动画制作、切换效果和按钮应用。

实验要求

新建一个演示文稿并重命名为“踏春.pptx”，按如下要求完成各幻灯片的编辑：

（1）为所有幻灯片应用模板“春.potx”。

（2）新建名为“春日”的主题颜色，设置超链接颜色为深绿（0，95，0），已访问的超链接颜色为深红（128，0，0）。

（3）设置第1张幻灯片：

①幻灯片版式为标题幻灯片。

②主标题为“踏春”，副标题为“古诗欣赏”。

（4）设置第2张幻灯片：

①幻灯片版式为“标题和内容”。

②标题文字为“春日-朱熹”。

③正文文本为“等闲识得东风面，万紫千红总是春。”分两段，没有项目符号。字体为“华文新魏”，字号35，颜色为紫色，段前间距为8.5磅，文本效果为“发光”（橙色，8pt 发光，强调文字颜色6）。

④分别为文本“等闲识得东风面”和“万紫千红总是春”设置动画：“淡出”进入效果，上一动画之后开始播放，持续时间为1.5秒，延迟1秒。

⑤幻灯片背景为图片“c1.jpg”，透明度35%。

（5）设置第3张幻灯片：

①幻灯片版式为“仅标题”。

②标题内容为“钱塘湖春行-白居易”。

③插入横排文本框，框内输入文字“乱花渐欲迷人眼，浅草才能没马蹄。”分两段。文本格式设置与第2张幻灯片的正文文本一样。

④为文本框中的文本设置动画，动画效果与第2张幻灯片正文文本的动画效果相同。

⑤幻灯片背景为图片“c2.jpg”，透明度35%。

（6）在第2张幻灯片的下方位置插入一个“前进”动作按钮，链接到下一张幻灯片，按钮大小随意，填充颜色为浅绿色，轮廓色为“橄榄色强调文字颜色3，深色25%”。

（7）设置第2张幻灯片的换片方式为只有单击前进按钮才能换片。

幻灯片最终效果如图5-38至图5-40所示。

图5-38　第1张幻灯片

图5-39　第2张幻灯片

图5-40　第3张幻灯片

实验步骤

（1）为所有幻灯片应用模板“春.potx”

①新建一个空的演示文稿.pptx文件，按【Ctrl】+【S】，该演示文稿名称为“踏春.pptx”。

②单击“设计”选项卡→“主题”组中的“其他”按钮，在弹出的下拉列表中选择“浏览主题”命令，如图5-41所示，在弹开的“选择主题或主题文档”对话框中选择“春.potx”，如图5-42所示，单击应用(P)按钮应用该模板主题。

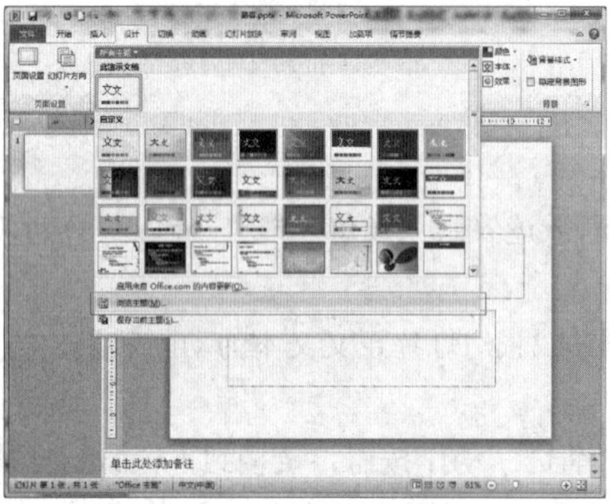

图5-41　浏览主题

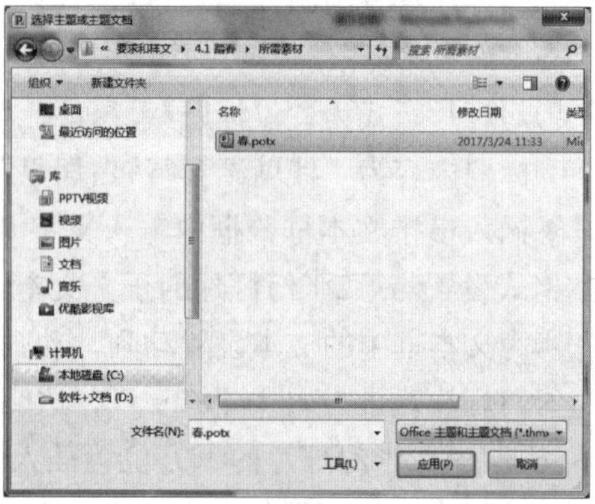

图5-42　“选择主题或主题文档”对话框

（2）设置主题颜色

①单击“设计”选项卡→“主题”组中的“颜色”按钮，在弹出的下拉列表中选择“新建主题颜色”命令，如图5-43所示，打开“新建主题颜色”对话框。

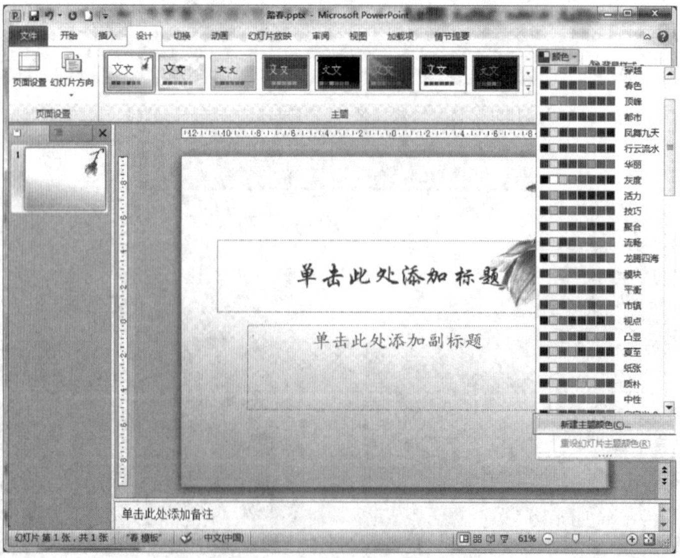

图5-43　新建主题颜色

②在对话框中的“名称”一栏中输入“春色”；单击对话框中的“超链接”右侧的颜色按钮，在弹出的下拉列表中选择“其他颜色”命令，如图5-44所示，打开“颜色”对话框，在其中的“自定义”选项卡中设置（红色、绿色、蓝色）分别为（0，95，0），如图5-45所示。依次单击 确定 、 保存(S) 保存按钮完成设置。

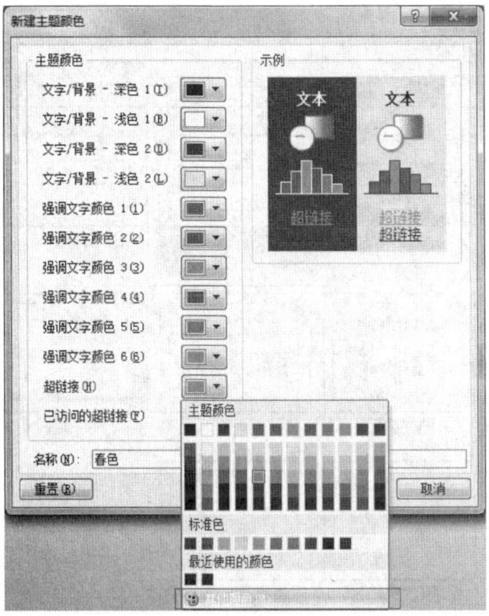

图5-44　“新建主题颜色”对话框

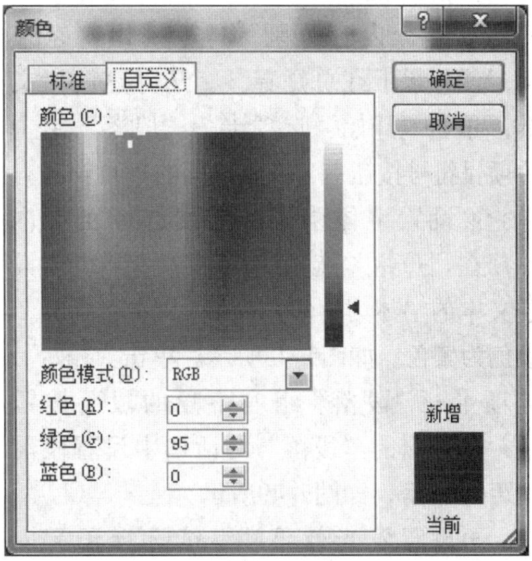

图5-45　“颜色对话框”

③同样，设置已访问的超链接颜色为（120，0，0），如图5-46所示。

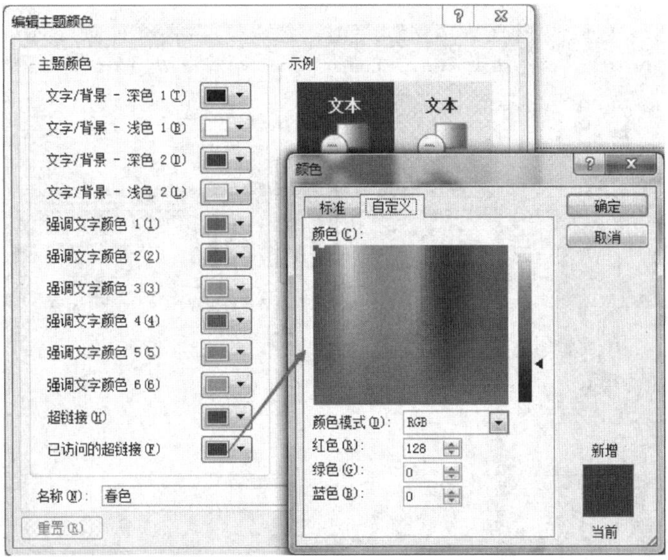

图5-46　已访问的超链接颜色

（3）设置第1张幻灯片

在标题处输入文本“踏春”；副标题处输入文本“古诗欣赏”。

（4）设置第2张幻灯片

①新建幻灯片：单击“开始”选项卡→“幻灯片”组→新建幻灯片按钮，在弹出的下拉列表中选择“标题和内容”选项，如图5-47所示。

②输入标题文字：在标题幻灯片处输入文本“春日-朱熹”。

③输入文本：在正文形状框内输入两段文本，内容分别为“等闲识得东风面，”“万紫千红总是春。”。选择这两段文本，单击“开始”选项卡→“段落”组中的项目符号按钮，去除段落的项目符号。

④设置字体格式：继续选择正文内容，在“开始”选项卡→“字体”组中设置文本的字体为“华文新魏”，字号为35，颜色为紫色，如图5-48所示。单击“开始”选项卡→“段落”组右下角的段落按钮，在弹出的“段落”对话框中设置段前间距为8.5磅，如图5-49所示。

⑤设置发光效果：继续选择正文内容，单击“格式”选项卡→“艺术样式”组→“文本效果”按钮→“发光”命令，在弹出的列表中选择“橙色，8pt 发光，强调文字颜色6”选项，如图5-50所示。

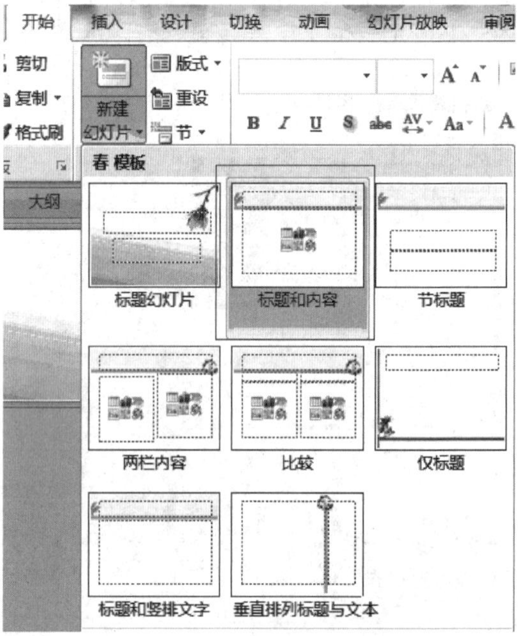

图5-47 新建第2张幻灯片

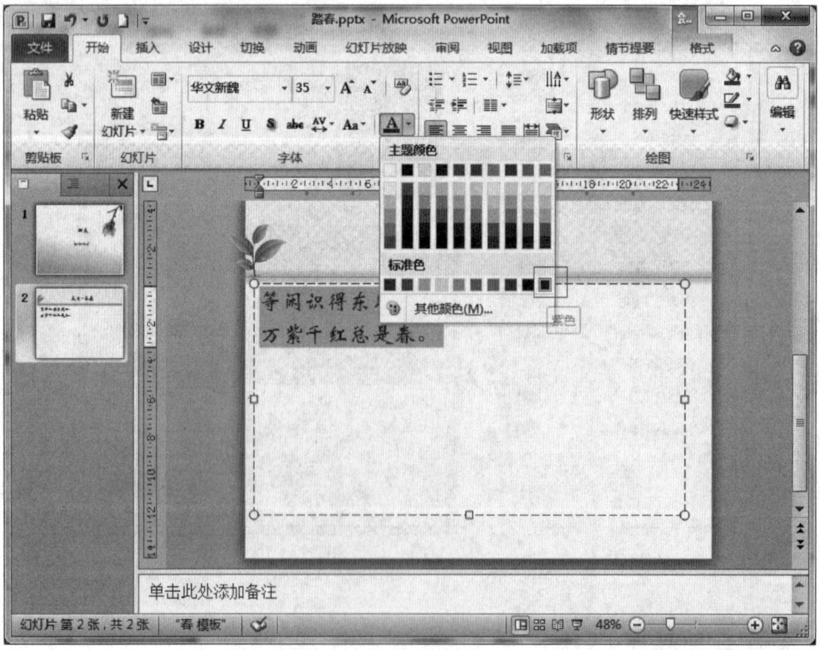

图5-48 设置字体格式

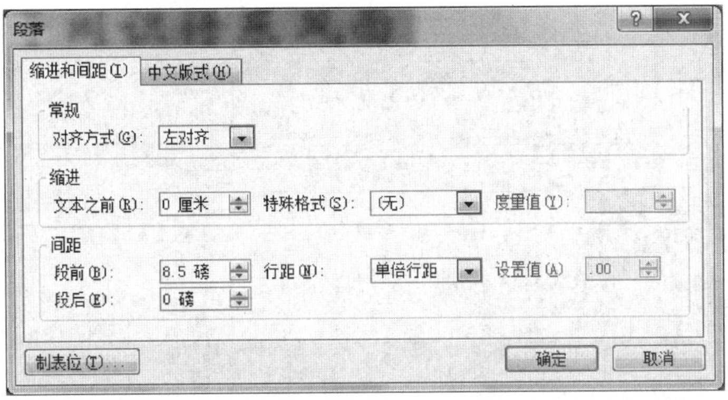

图5-49　“段落”对话框

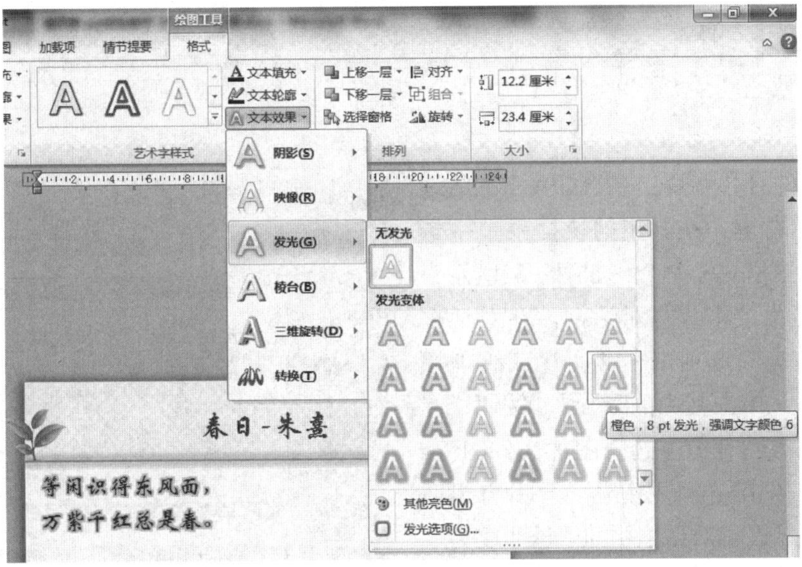

图5-50　设置发光

⑥设置动画：继续选择正文的两段文本，单击“动画”选项卡→“动画”组中的“其他”按钮，在弹出的下拉列表中选择“淡出”进入动画，如图5-51所示。在“动画”选项卡→“计时”组中设置“开始”为“上一动画之后”，“持续时间”为“1.5”，“延迟”为“1”，如图5-52所示。（单击“高级动画”组→“动画窗格”按钮，会在打开的动画窗格中发现这两段文本的动画是分段单独进行的）

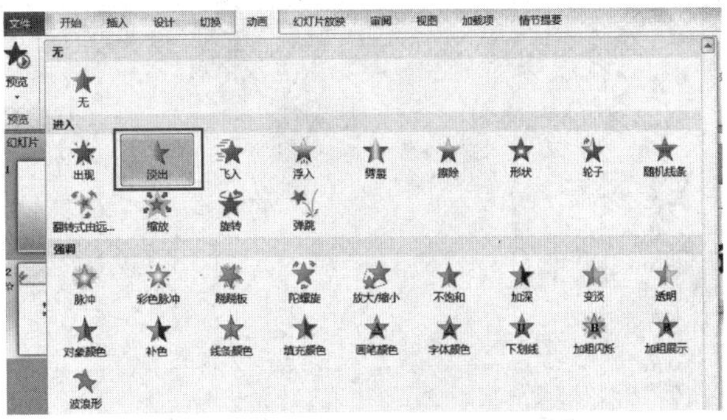

图5-51　设置动画

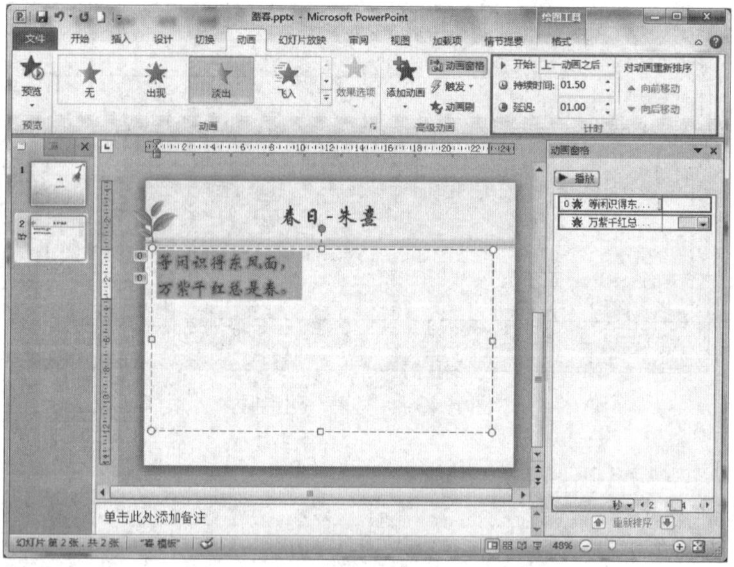

图5-52 “计时”组

⑦设置幻灯片背景：在幻灯片空白的地方单击鼠标右键，在弹出的快捷菜单中选择“设置背景格式”命令，如图5-53所示，弹出“设置背景格式”对话框。在对话框中单击“填充”选项卡→“图片或纹理填充”单选框，单击其中的文件(F)...按钮，在打开的“插入图片中”选择图片文件C1.jpg（图5-54），单击插入(S)按钮插入图片并返回格式对话框，设置对话框中的“透明度为”为35%，如图5-55所示。单击关闭按钮返回编辑界面。

图5-53 右键弹出菜单

图5-54 “插入图片”对话框

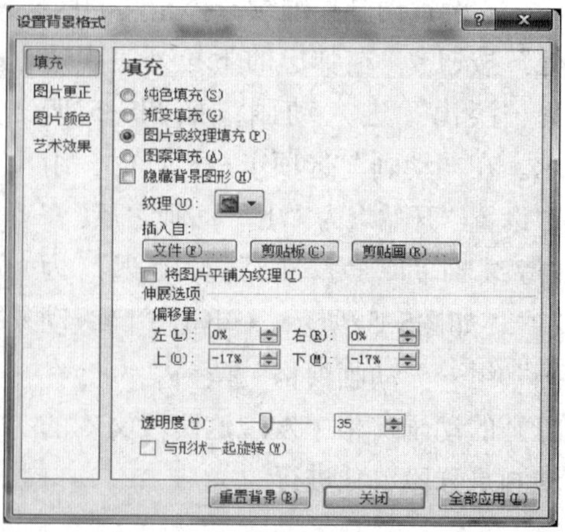

图5-55 “设置背景格式”对话框

（5）设置第3张幻灯片

①新建第3张幻灯片：单击“开始”选项卡→“幻灯片”组→新建幻灯片按钮，在弹出的下拉列表中选择“仅标题”选项，如图5-56所示。

②输入标题文本：在第3张幻灯片标题处输入文字“钱塘湖春行-白居易”。

③插入并编辑文本框：单击“插入”选项卡→“文本”组→“文本框”按钮→“横排文本框”命令，然后在第3张幻灯片的标题下方拖动鼠标绘制出文本框。在文本框内输入两段文字，分别为“乱花渐欲迷人眼，”“浅草才能没马蹄。”，如图5-57所示。

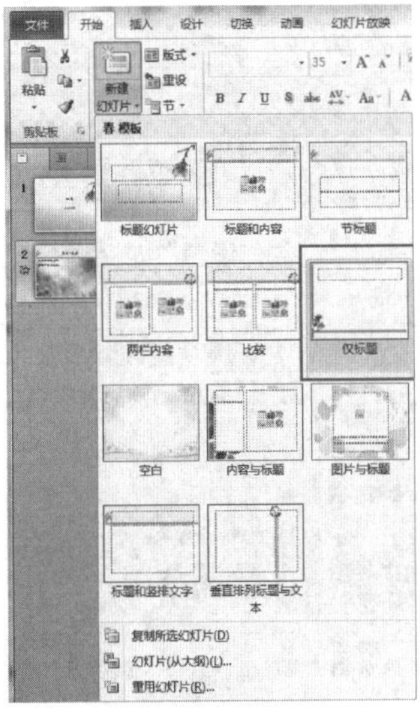

图5-56　新建第3张幻灯片

图5-57　设置文本框

④设置文本框内的文字格式：选取第2张幻灯片正文文本所在的形状框（注意），单击“开始”选项卡→“剪贴板”组→“格式刷”按钮，再单击第3张幻灯片的文本框处，这样就实现了格式复制。

⑤设置文本框内文本的动画：选择文本框内的所有文本，参照第2张幻灯片正文文本动画的设置过程为文本框内文本设置动画效果。

⑥设置背景：参照第2张幻灯片的背景设置过程，设置本章幻灯片的背景图像为图片“c2.jpg”，“透明度”为35%。

（6）插入动作按钮

①插入动作按钮：选择第2张幻灯片，单击“插入”选项卡→“插图”组→“形状”按钮，在弹出的下拉列表的“动作按钮”栏中单击“前进或下一项”按钮，如图5-58所示，然后在幻灯片的中间下方位置拖动鼠标绘制按钮，系统会弹出“动作设置”对话

图5-58　插入按钮

框，如图5-59所示，单击确定按钮完成动作设置。

②设置动作按钮：选择动作按钮，单击“格式”选项卡→“形状样式”组→“形状填充”按钮形状填充，在弹出的下拉列表中选择“标准色”下的“浅绿色”，如图5-60所示。同理，设置按钮的形状轮廓色为“橄榄色，强调文字颜色3，深色25%”，如图5-61所示。

（7）设置第2张幻灯片的切换方式。

选择第2张幻灯片，单击“切换”选项卡→“计时”组→“单击鼠标时”复选框，去掉该复选框的勾选状态，如图5-62所示。此时，该幻灯片就只能通过单击“前进”按钮切换到下一张幻灯片。

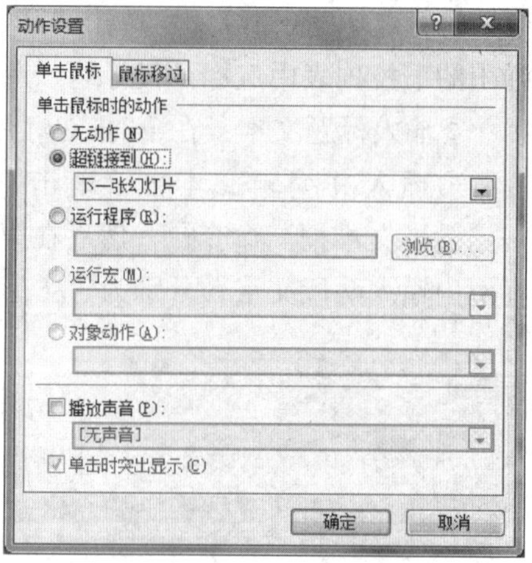

图5-59 “动作设置”对话框

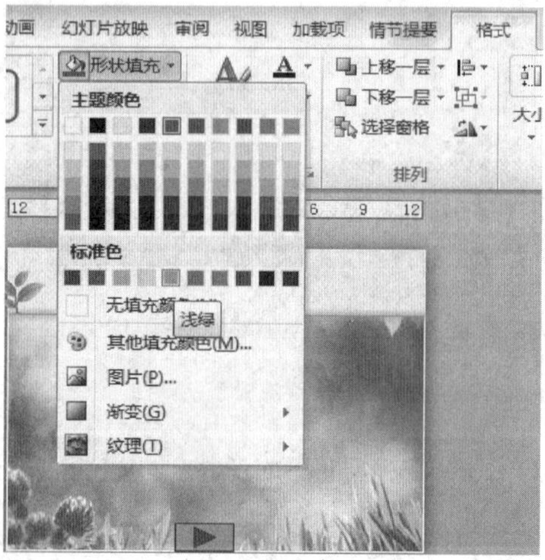

图5-60 设置形状填充色

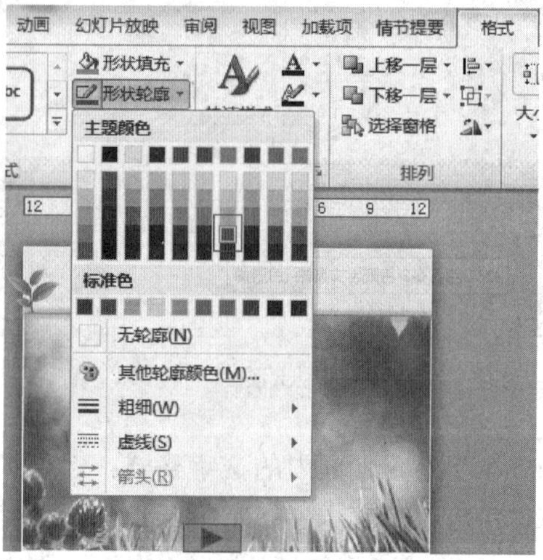

图5-61 设置形状轮廓色

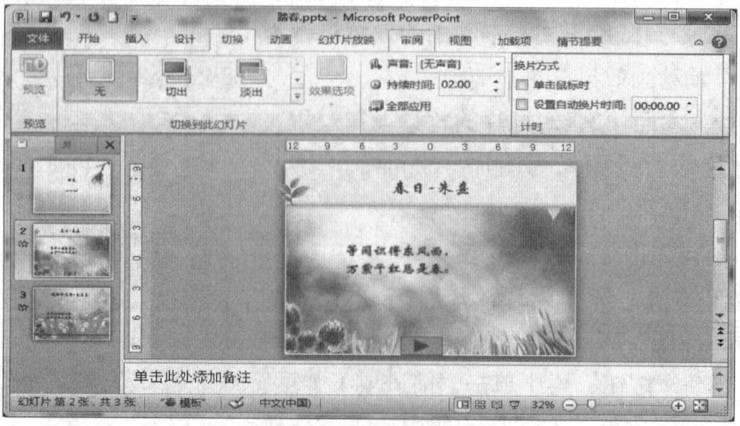

图5-62 设置换片方式

5.7　制作演示文稿《美丽广外》

实验目的

（1）掌握演示文稿中幻灯片的主题设置、背景设置、母版制作和使用。

（2）熟练掌握幻灯片中文本、图形、SmartArt、图像（片）、图表、音频、视频、艺术字等对象的编辑和应用。

（3）熟练掌握幻灯片中对象动画、幻灯片切换效果、链接操作等交互设置的方法。

实验要求

新建一个演示文稿并重命名为“美丽广外.pptx”，按如下要求完成各张幻灯片的编辑：

（1）新建13张幻灯片，设置各幻灯片的版式。

①第1张：标题幻灯片。

②第2张：图片与标题。

③第3张：仅标题。

④第4张至第13张：标题和内容。

（2）设置所有幻灯片的主题。

①幻灯片主题样式为“波形”。

②标题字体为“华文行楷”，正文字体为“华文楷体”。

（3）设置所有幻灯片的背景的填充颜色为“蓝色，强调文字颜色1，淡色60%”。

（4）参照图5-63至图5-72所示，为各幻灯片输入标题内容。

（5）设置第1张幻灯片，最终效果如图5-63所示。

①主标题（“美丽广外”）文字：字号60。

②副标题：加粗，颜色为“深蓝RGB（10，74，142）”，字号25。

③幻灯片底部插入图片“广外图书馆1.jpg”。

（6）设置第2张幻灯片，最终效果如图5-64所示。

①“人才培养”等字体大小为40；项目编号的颜色为黑色，段前段后均为0磅。

②设置超级链接：每段文字链接到相应的幻灯片，如文字“学校概况”链接到标题为“学校概况”的幻灯片（第3张幻灯片）。

③幻灯片右侧插入图片“广外图书馆2.png”，适当更改图片大小，图片不添加任何效果。

（7）设置第3张幻灯片（最终效果如图5-65所示）：

①插入横排本文框，文本框宽度为20，把“文字素材.docx”中的“（学校概况）”部分的内容复制到该文本框，文本框内文字首行缩进1.27厘米。

②插入图片“广外图书馆3.jpg”，适当更改图片大小并置于文本框下方，设置图片亮

度为35%、柔化边缘50 磅。

（8）设置第4张幻灯片：插入一个射线循环型的SmartArt图形，颜色为“彩色轮廓，强调文字颜色3”；SmartArt样式为“卡通”，适当更改图形大小，参考图5-66所示，为各图形添加文本。

（9）设置第5张幻灯片：插入表格，表格数据来源于“招生分数线.xlsx”；表格样式采用“中度样式2 强调5”；表格所有单元格高度为0.94厘米，宽度为2.48厘米，最终效果如图5-67所示。

（10）设置第6张幻灯片：插入带数据标记的折线图，图表数据来源于“招生分数线.xlsx”中的“文科”分数，图表样式采用“样式10”；图表纵坐标最小值为500，最大值为800，最终效果如图5-68所示。

（11）设置第7张幻灯片：插入簇状柱形图，具体参数参考图5-69所示。

（12）设置第8张幻灯片：插入交替流流程型的SmartArt图形，颜色采用“彩色轮廓，强调文字颜色1”，SmartArt样式采用“中等效果”，参照图5-70所示，为各图形添加文字。

（13）设置第9张幻灯片（最终效果如图5-71所示）：

①插入图片，各图片从最底层到最顶层的排列顺序为：“校园风光1.jpg”“校园风光2.jpg”“校园风光3.jpg”和“蜜蜂.gif”。

②图片“校园风光1.jpg”“校园风光2.jpg”和“校园风光3.jpg”的大小均为高度15厘米、宽度25.3厘米，均处于统一位置。

③为图片添加动画效果，各图片动画顺序和效果如表5-1所示。

表5-1 图片动画效果

动画顺序	图片名称	动画效果	动画开始方式	持续时间	延迟
1	校园风光1.jpg	浮入	与上一动画同时	2秒	无
2	校园风光2.jpg	淡出	上一动画之后	2秒	2秒
3	校园风光3.jpg	淡出	上一动画之后	2秒	2秒
4	蜜蜂.gif	自定义路径	上一动画之后	5秒	无

（14）设置第10张幻灯片，最终效果如图5-72所示。

①插入一圆角矩形，矩形大小为高度1.8厘米，宽度5厘米，矩形上的文字为“播放”。

②插入视频“广外风采.wmv”，设置未播放时隐藏视频，单击圆角矩形开始播放该视频，视频播放过程中单击该视频可暂停播放。

（15）第11张至第13张幻灯片留空（不需要加任何内容）。

（16）设置幻灯片的切换方式：所有幻灯片的切换效果为“涟漪”，方向为“从右下部”，单击鼠标时换片；除第10张幻灯片以外，其余幻灯片每隔2秒自动换片。

（17）设置所有幻灯片的标题动画为强调“字体颜色”，字体变化的颜色为黄色，增强动画文本为“按字/词”。

（18）为第1张幻灯片副标题“明德尚行学贯中西”，按以下顺序添加动画效果：

①添加“挥鞭式”的进入动画效果，与上一动画同时开始播放，动画持续时间为1秒。

②添加“空翻”退出动画效果，上一动画之后开始播放，动画持续时间为2秒，延迟时间为1秒，声音效果为“风铃”，字母之间延迟百分比为5%。

（19）插入音频：在第一张幻灯片中插入音频文件“music.mp3”，设置音频播放方式为“跨幻灯片播放”，放映时隐藏，与上一动画同时播放。

（20）设置编号：在每一张幻灯片的左上角位置放置幻灯片编号，编号颜色为白色，字体为“华文隶书”，字号18。

（21）添加备注：

①为第3张幻灯片“学校概况”添加备注，备注内容为“文字素材.txt”中的“（备注学校概况）”部分。

②为第4张幻灯片“人才培养目标”添加备注，备注内容为“文字素材.txt”中的“（备注人才培养）”部分。

③在备注母版中设置幻灯片的备注页文本颜色为“蓝色”，字体为楷体，字号16。

（22）进入“讲义母版”视图模式，设置页眉文字为“广外风采”，页眉填充色为“橙色，强调文字颜色6，淡色60%”。

（23）新增名为“部分放映”的自定义幻灯片放映，播放的幻灯片为第1张至第10张，并设置在放映时按该方式播放幻灯片。

第1张到第10张幻灯片如图5-63至图5-72所示，第11张至第13张幻灯片如图5-73所示。

图5-63　第1张幻灯片

图5-64　第2张幻灯片

图5-65　第3张幻灯片

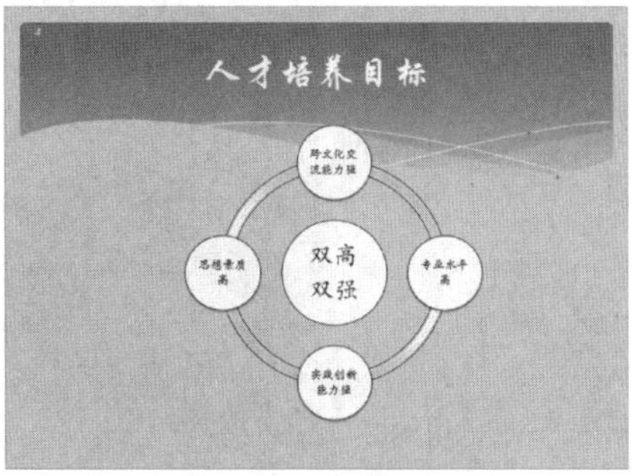

图5-66　第4张幻灯片

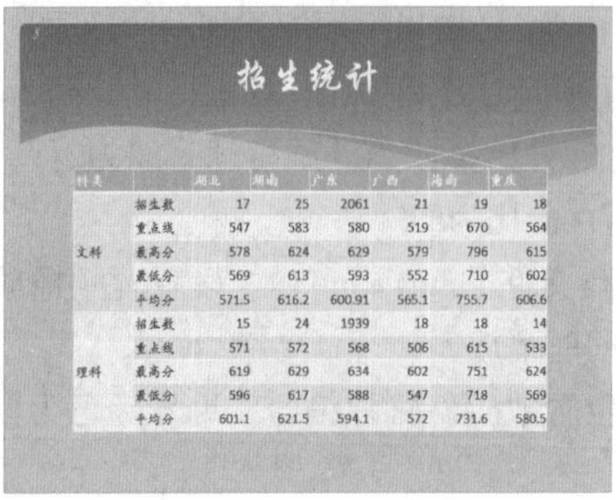

图5-67　第5张幻灯片

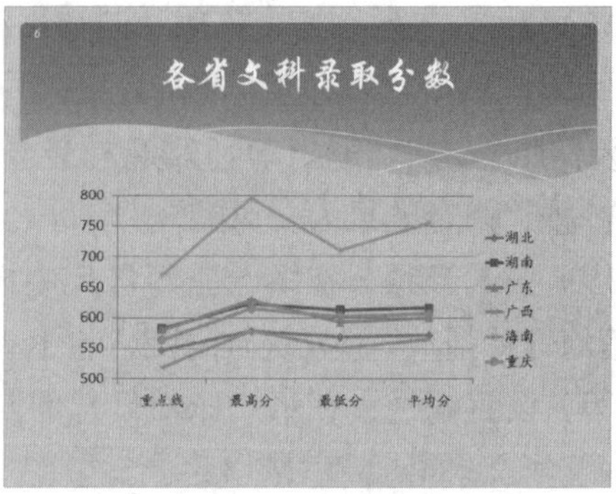

图5-68　第6张幻灯片

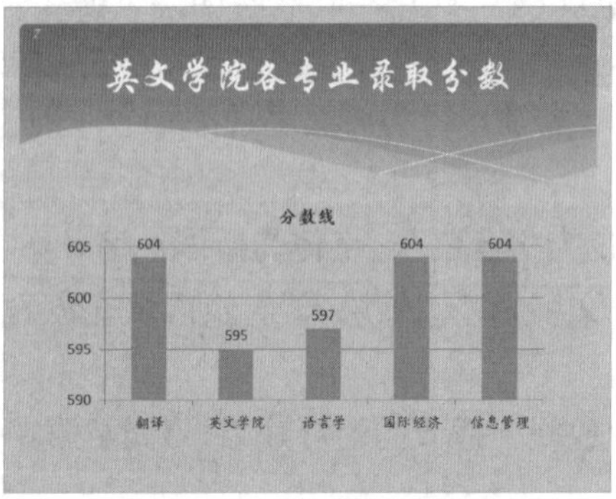

图5-69　第7张幻灯片

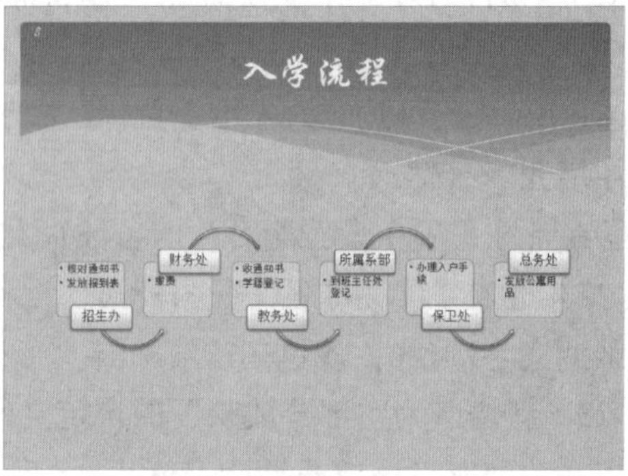

图5-70　第8张幻灯片

图5-71　第9张幻灯片

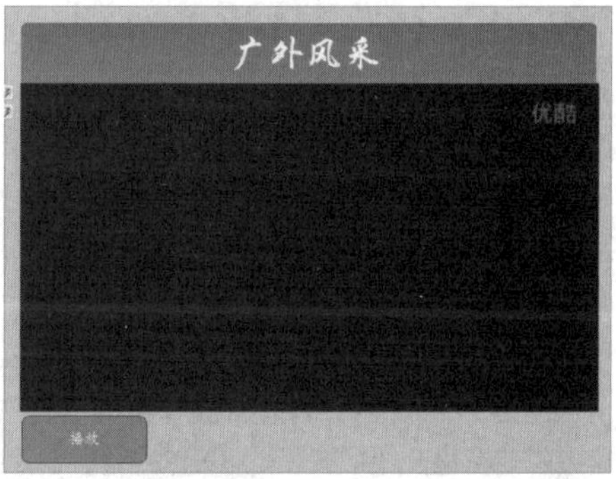

图5-72　第10张幻灯片

图5-73　第11张至第13张幻灯片

实验步骤

具体操作步骤如下：

（1）新建13张幻灯片

①新建一个空的演示文稿.pptx文件，此时，系统默认新建一个标题幻灯片，如图5-74所示。按【Ctrl】+【S】键，并保存该演示文稿的名称为“美丽广外.pptx”。

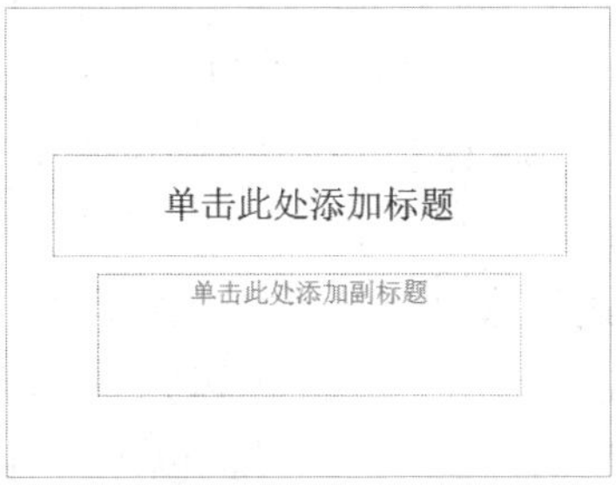

图5-74　标题幻灯片

②新建第2张幻灯片：单击“开始”选项卡→“幻灯片”组→“新建幻灯片”按钮下的下拉三角按钮，在弹出的列表中选择“图片与标题”，如图5-75所示，新建一个版式为“图片与标题”的幻灯片。

③采用同样的方法新建第3张（版式为“仅标题”）和第4张幻灯片（版式为“标题和内容”）。

④新建其余幻灯片：鼠标选择窗口左侧幻灯片浏览窗格中的第4张幻灯片，如图5-76所示，按【Enter】键新建一张幻灯片（第5张），该幻灯片会继承上一张的版式。采用这种方法新建第6张到第13张幻灯片。

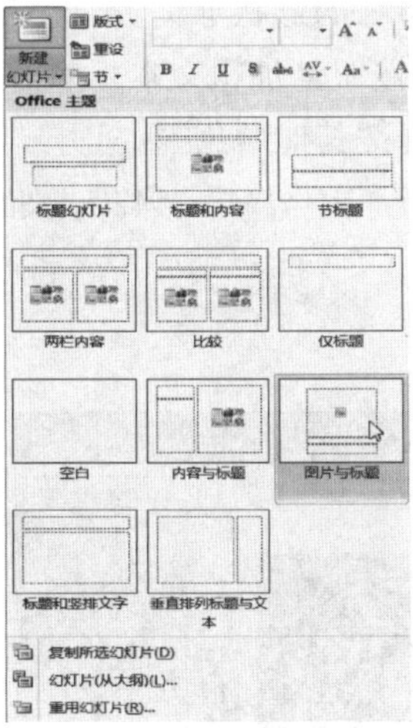

图5-75　新建幻灯

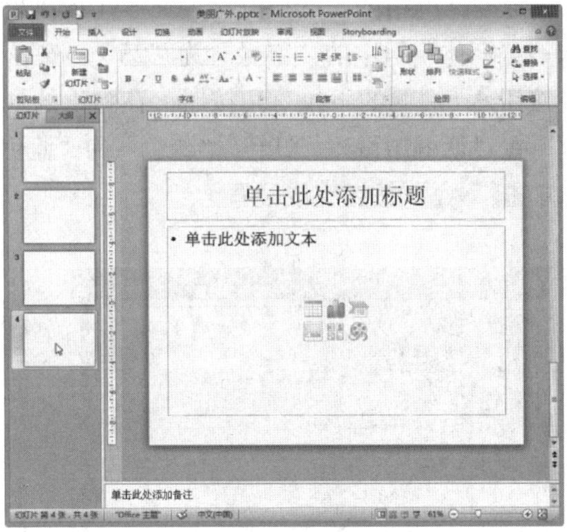

图5-76　新建幻灯片

（2）设置所有幻灯片的主题

①设置幻灯片的主题样式：选择任意一张幻灯片，在“设计”选项卡→“主题”组中选择“波形”样式选项，如图5-77所示，此时，所有幻灯片皆应用“波形”主题样式。

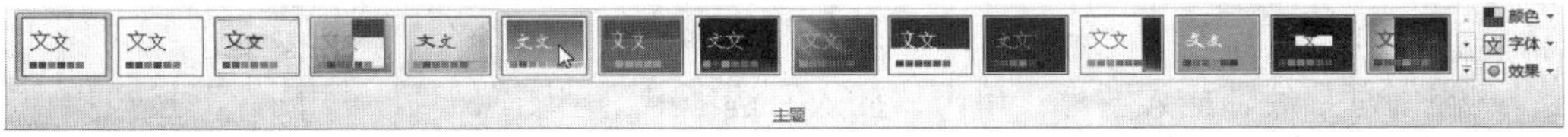

图5-77　“主题”组

②设置幻灯片主题字体：选择任意一张幻灯片，单击“设计”选项卡→“主题”组→“字体”按钮，在弹出的选项中选择“新建主题字体”，打开“新建主题字体”对话框，设置中文标题字体为“华文行楷”，中文正文字体为“华文楷体”，如图5-78所示。单击 保存(S) 按钮完成设置。

（3）设置所有幻灯片的背景颜色

在任意一张幻灯片的空白处单击鼠标右键，在弹出的快捷菜单中选择“设置背景格式”选项，打开“设置背景格式”对话框，单击“填充”→纯色填充→“颜色”按钮，在弹出的列表中选择“蓝色，强调文字颜色1，淡色60%”，如图5-79所示。单击 全部应用(L) 按钮，为所有换灯片应用该背景色，再单击 关闭 按钮完成设置。

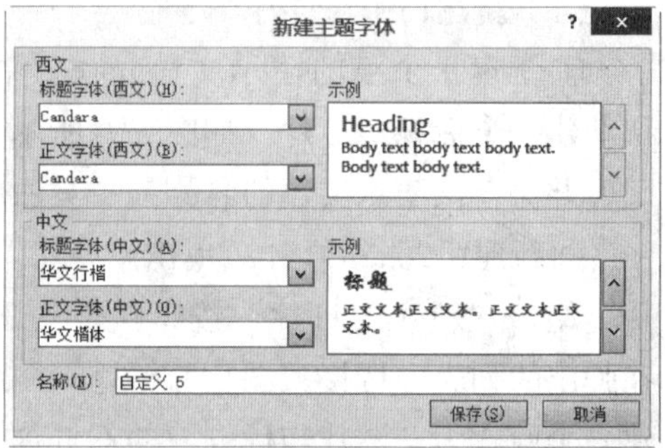

图5-78 “新建主题字体”对话框

（4）参照图5-63至图5-72所示，为每张幻灯片输入标题内容

（5）设置第1张换灯片

①设置主标题格式：打开第1张幻灯片，选择主标题“美丽广外”，在“开始”选项卡→“字体”组中设置“字号”为“60”。

②设置副标题格式：选择副标题文本（或副标题文本所在的形状框），设置“开始”选项卡→“字体”组中的“字号”为“25”；按下“加粗”按钮 **B** 加粗文本；单击“字体颜色”按钮右侧的下拉三角按钮，在弹出的列表中选择“其他颜色”，打开“颜色”对话框，在对话框中设置“红色”“绿色”和“蓝色”分别为“10”“74”“142”，如图5-80所示，单击 确定 按钮完成设置。

图5-79 “设置背景格式”对话框

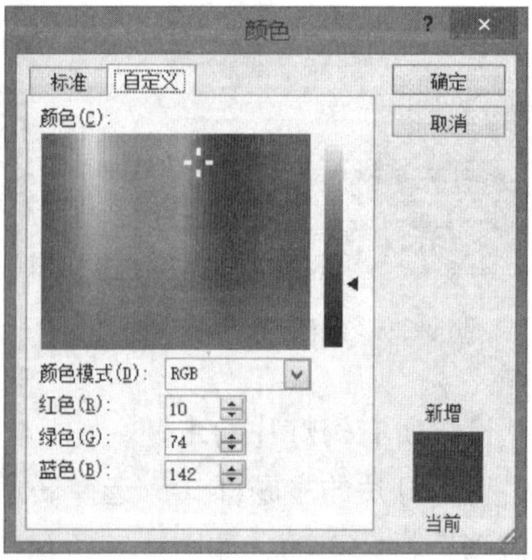

图5-80 “颜色”对话框

③在幻灯片底部插入图片：单击“插入”选项卡→“图像”组→“图片”按钮，在相应文件夹中选择“广外图书馆1.jpg”，插入该图片，拖动图片到幻灯片的底部位置。

（6）设置第2张幻灯片

①输入文本内容：打开第2张幻灯片，参考图5-64所示，在正文形状框内输入文字（非标题形状框），并把该形状框拖动到幻灯片的左边（标题形状框可以删除）。

②添加项目符号：选择所有文本，单击“开始”选项卡→“段落”组→“项目符号”图标☰右侧的下拉三角按钮▾，在弹出的列表中选择箭头项目符号，如图5-81所示。再次打开项目符号列表，选择其中的“项目符号和编号”选项，打开“项目符号和编号”对话框，设置其中的“颜色”为黑色，如图5-82所示，单击 确定 按钮完成项目符号颜色的设置。

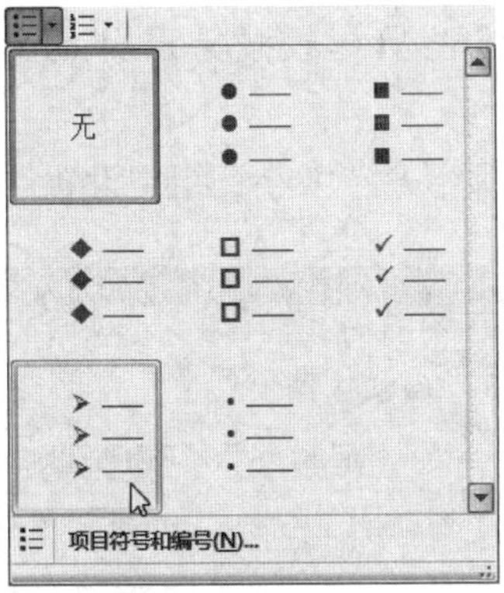

图5-81　项目符号列表

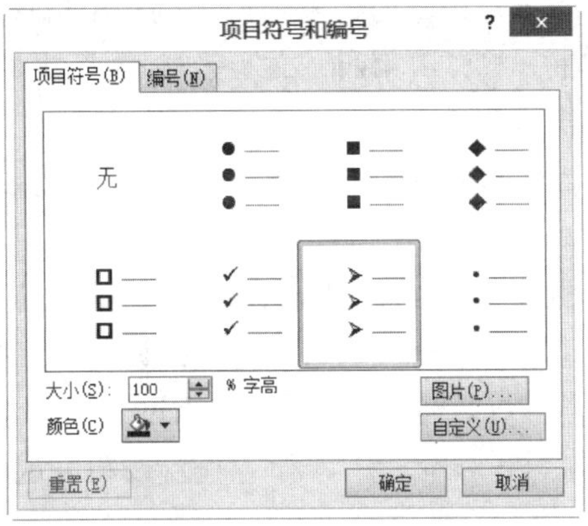

图5-82　“项目符号和编号”对话框

③设置文本格式：选择所有文本，在“开始”选项卡→“字体”组中设置“字号”为“40”；单击“开始”选项卡→“段落”组右下角的按钮，打开“段落”对话框，在其中设置“段前”和“段后”间距均为“0”磅，如图5-83所示。单击 确定 按钮完成段落设置。

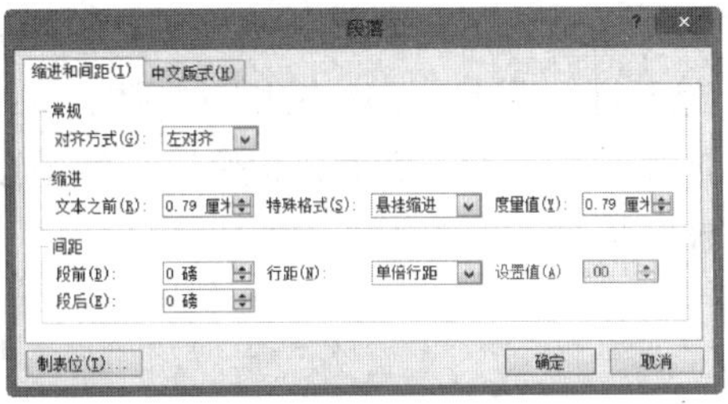

图5-83　“段落”对话框

④设置超级链接：选择文字“学校概况”，单击“插入”选项卡→“链接”组→“超链接”按钮，打开“插入超链接”对话框，在左侧“连接到：”列表中选择“文本档中的位置（A）”，在对话框中部“请选择文档中的位置（C）：”列表框中选择相应的幻灯片“学校概况”，如图5-84所示，单击 确定 按钮完成超链接设置。用同样的方法为其他文字设置超链接（“人才培养”连接到第4张幻灯片“人才培养目标”）。

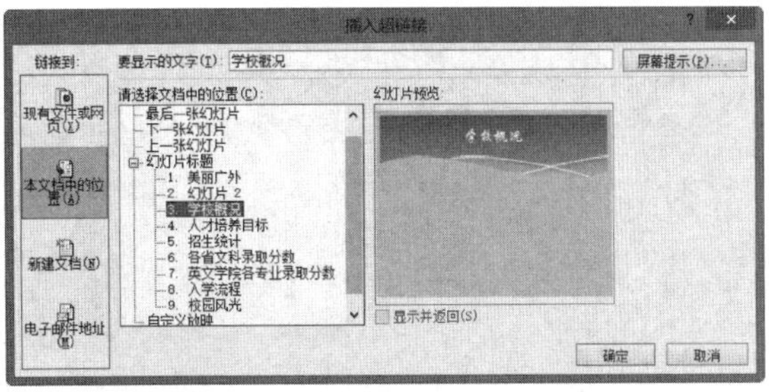

图5-84　“插入超链接”对话

⑤插入图片：删除“单击图标添加图片”形状框，再单击“插入”选项卡→“图像”组→“图片”按钮，在弹

出的“插入图片”对话框中选择“广外图书馆2.png”，适当更改图片大小并把图片拖到幻灯片的右侧位置。

说明：“图片与标题”版式的幻灯片本身已有“单击图标添加图片”形状框，单击该形状框可插入图片，但由于应用了“波形”主题以后，利用该方式插入的图片会添加一些“映像”等图片效果，这些效果是我们不需要的，因此，删除该形状框再使用常规方法插入图片会更简单。

（7）设置第3张幻灯片

①插入横排文本框并编辑文本：打开第3张幻灯片，单击“插入”选项卡→“文本”组→“文本框”按钮，在弹出的列表中选择“横排文本框”，在幻灯片中拖动鼠标建立横排文本框。打开“第四章文字素材.doc”文档，把其中“(学校概况)”下的文字复制粘贴到文本框内。

②设置文本框格式：选择文本框，在“格式”选项卡→“大小”组中设置“宽度”为“20厘米”。

③设置文字段落：选择文本框，单击“开始”选项卡→“段落”组右下角的按钮，在打开的“段落”对话框中设置“首行缩进”为“1.27厘米”，如图5-85所示，单击 确定 按钮完成段落设置。

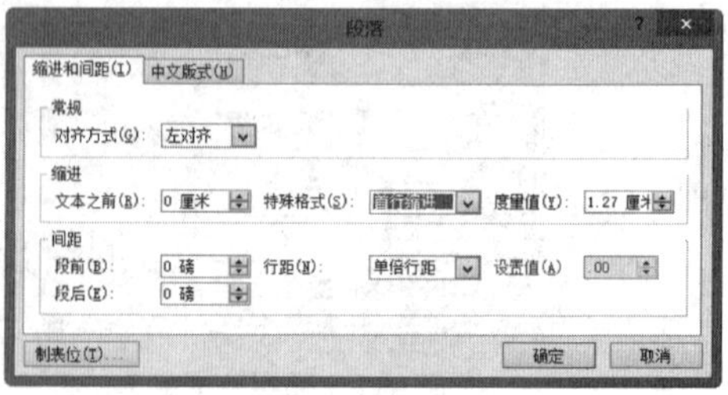

图5-85 “段落”对话框

④插入图片：单击“插入”选项卡→“图像”组→“图片”按钮，在打开的“插入图片”对话框选择图片“广外图书馆3.jpg”，按 确定 按钮完成图片插入。

⑤设置图片效果：选择图片，单击“格式”选项卡→“图片样式”组右下角的按钮，打开“设置图片格式”对话框，在“图片更正”栏中设置“亮度”为“35%”，如图5-86所示；在“发光和柔化边缘”一栏中设置“柔化边缘”→“大小”为“50”磅，如图5-87所示，按 确定 按钮完成设置。

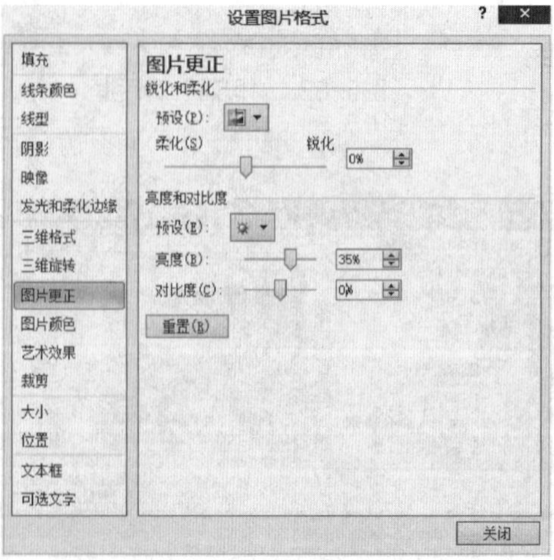

图5-86 设置亮度

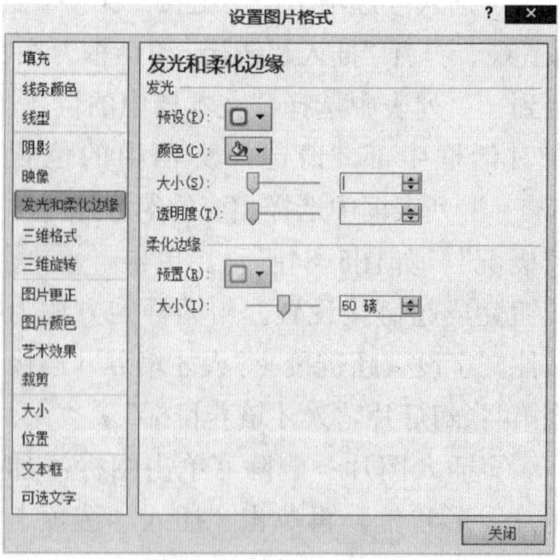

图5-87 柔化边缘

⑥调整图片前后位置：在图片上单击鼠标右键，在弹出的快捷菜单中选择“置于底层”→“置于底层”，把图片置于文本框的下方，如图5-88所示。参考图5-65所示，适当更改图片大小并把图片拖动到合适位置。

（8）设置第4张幻灯片

①插入SmartArt图形：打开第4张幻灯片，单击幻灯片内容形状框内的“插入SmartArt图形”按钮（或单击“插入”选项卡→“插图”组中的“插入SmartArt图形”按钮），打开“选择SmartArt图形”对话框，在对话框的“循环”一栏中选择“射线循环”选项，如图5-89所示，单击 确定 按钮插入该图形。

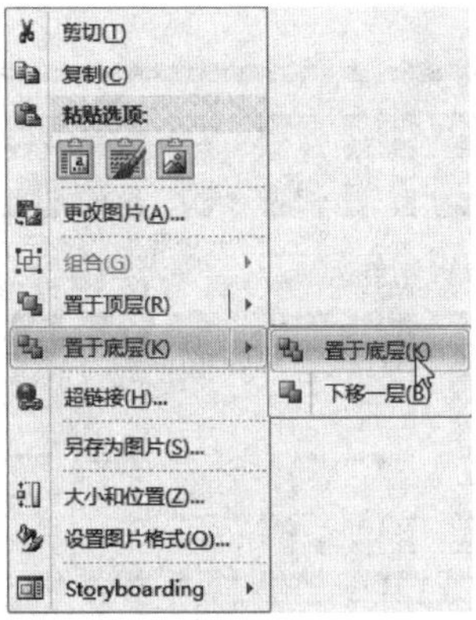

图5-88 快捷菜单

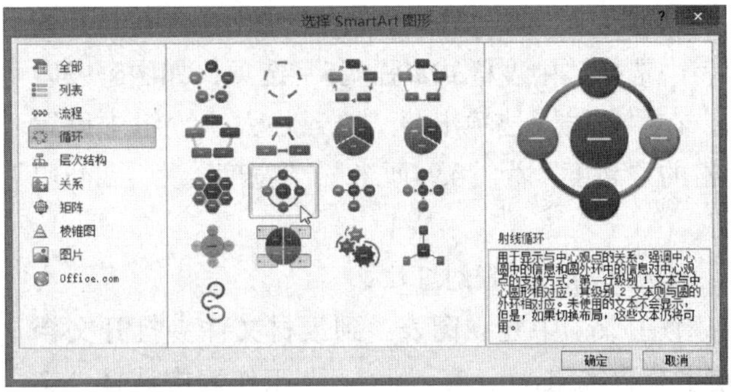

图5-89 “选择SmartArt图形”对话框

②设置图形样式：选择图形所在的形状框，单击“设计”选项卡→“SmartArt样式”组→“更改颜色”按钮，在弹出的列表中选择“彩色轮廓，强调文字颜色3”，如图5-90所示。单击“设计”选项卡→“SmartArt样式”组右下侧“其他”按钮，在打开的列表中选择“卡通”选项，如图5-91所示。

③在图形内输入文字：在每个图形内单击鼠标，即可在图形内输入文字，文字内容参考文图5-66。适当拖动图形所在的形状框的四个边角更改图形大小。

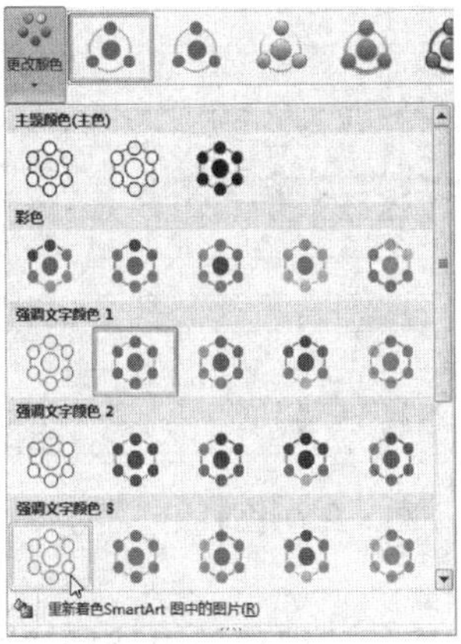

图5-90 更改颜色

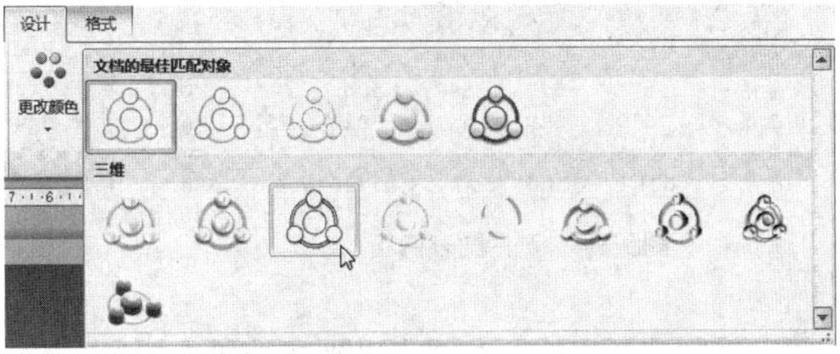

图5-91 选择样式

（9）设置第5张幻灯片

①插入表格：打开第5张幻灯片，单击幻灯片内容形状框内的“插入表格”按钮，打开“插入表格”对话框，在其中输入行列数，如图5-92所示（为了减少工作量，注意行、列数最好比最终的行列数要少）。按 确定 按钮完成表格插入。

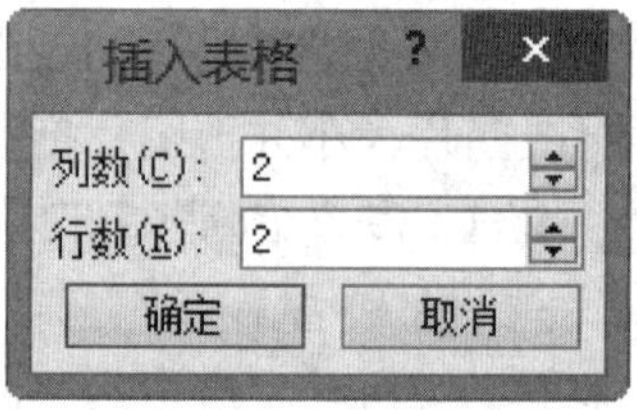

图5-92 “插入表格”对话框

②复制表格内容：到素材文件夹打开文档“招生分数线.xlsx”，选择“sheet1”工作表的内容单元格，将其复制、粘贴到第5张幻灯片表格的第1行第1列单元格中。

③更改表格属性：选择表格，单击“设计”选项卡→“表格样式”组的“其他”按钮，在打开的列表中选择“中度样式2 强调5”选项，如图5-93所示。在“布局”选项卡→“单元格大小”组中设置表格的“高度”为“0.94厘米”，“宽度”为“2.48厘米”。

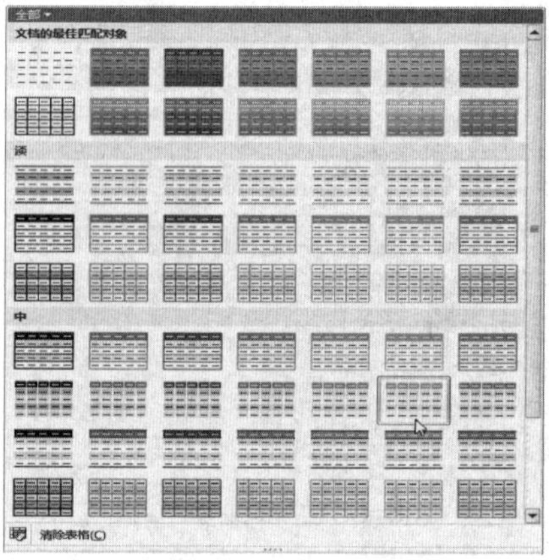

图5-93 表格样式

（10）设置第6张幻灯片

①在Excel中建立图表：到素材文件夹打开文档“招生分数线.xlsx”，在“sheet1”工作表中选择“文科”部分的单元格，如图5-94所示（蓝色单元格部分），单击“插入”选项卡→“图表”组→“折线图”按钮→“带数据标记的折线图”选项，建立折线图表。选择该图表，单击“设计”选项卡→“数据”组→“切换行/列”按钮，得到图表如图5-95所示。

②复制图表：把在Excel中建立的图表复制、粘贴到第6张幻灯片中。删除本张幻灯片原有的内容形状框。

③设置图表样式：选择图表，单击“设计”选项卡→“图表样式”组中的“其他”按钮，在打开的列表中选择“样式10”。

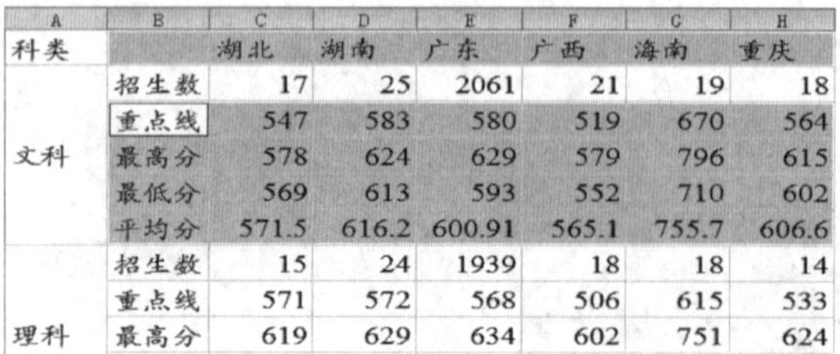

A	B	C	D	E	F	G	H
科类		湖北	湖南	广东	广西	海南	重庆
文科	招生数	17	25	2061	21	19	18
	重点线	547	583	580	519	670	564
	最高分	578	624	629	579	796	615
	最低分	569	613	593	552	710	602
	平均分	571.5	616.2	600.91	565.1	755.7	606.6
理科	招生数	15	24	1939	18	18	14
	重点线	571	572	568	506	615	533
	最高分	619	629	634	602	751	624
	最低分	596	617	588	547	718	569
	平均分	601.1	621.5	594.1	572	731.6	580.5

图5-94 选择图表内容

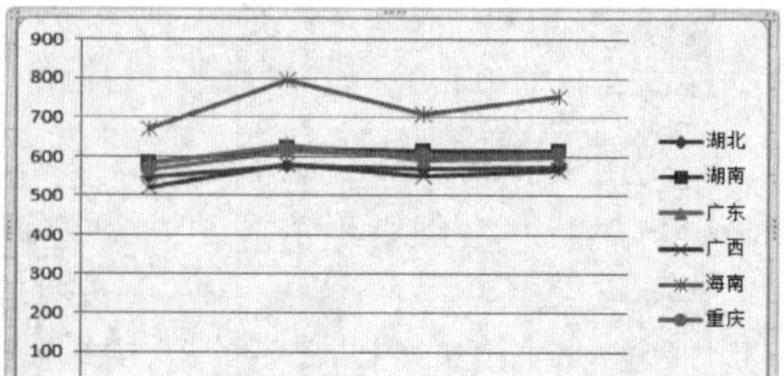

图5-95 图表

④设置图表坐标值：在图表纵坐标处单击鼠标右键，在弹出的快捷菜单中选择“设置坐标轴格式”，打开“设置坐标轴格式”对话框，在“坐标轴选项”中设置“最小值”为“固

定”“500”，“最大值”为“固定”“800”，如图5-96所示。适当更改图表大小并拖动到合适位置。

（11）设置第7张幻灯片

①插入图表：打开第7张幻灯片，单击幻灯片内容形状框内的“插入图表”按钮，在“插入图表”对话框中选择“柱形图”→“簇状柱形图”，如图5-97所示，此时，会打开一个新的Excel表格，编辑表格中的内容，最终表格如图5-98所示。

图5-96　“设置坐标轴格式”对话框

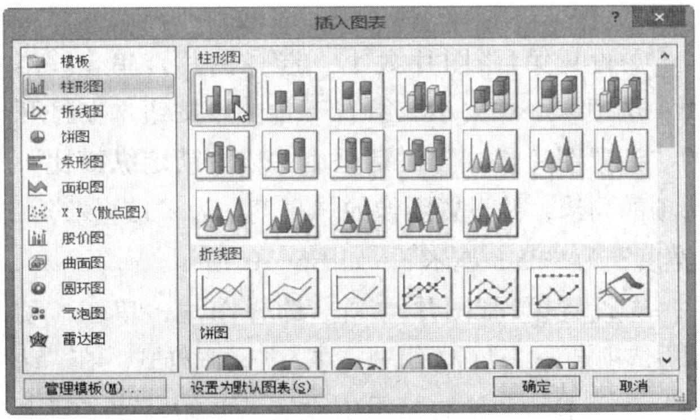

图5-97　“插入图表”对话框

②编辑图表：右键单击图表的柱形，在弹出的快捷菜单中选择“添加数据标签”，为图表添加数据标签。删除图表右侧的图例。最终效果参考图5-69。

	A	B
1		分数线
2	翻译	604
3	英文学院	595
4	语言学	597
5	国际经济	604
6	信息管理	604
7		

图5-98　表格内容

（12）设置第8张幻灯片

①插入图表：打开第8张幻灯片，单击幻灯片内容形状框内的“插入SmartArt图形”按钮，在打开的“插入SmartArt图形”对话框中选择“流程”→“交替流”选项，如图5-99所示。

②在图形内输入内容：单击SmartArt图形形状框左侧的向左、向右三角形按钮，打开文本窗格，在其中输入内容，如图5-100所示（单击“设计”选项卡→“创建图形”组的“添加形状”按钮可增加图形；单击“添加项目符号”按钮可为图形添加项目符号；单击“升级”、“降级”按钮可使得内容变换等级）。

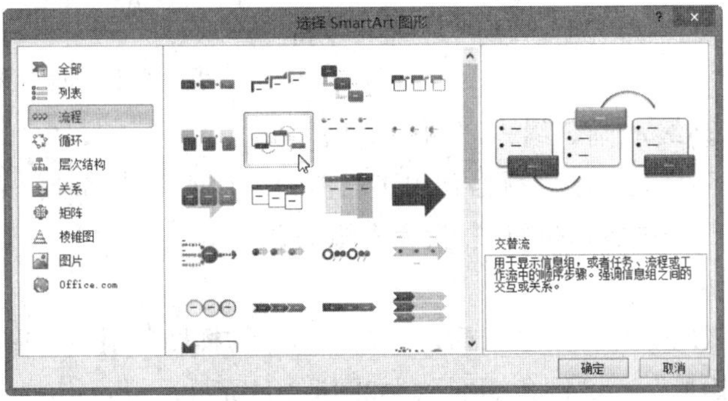

图5-99　选择SmartArt图形

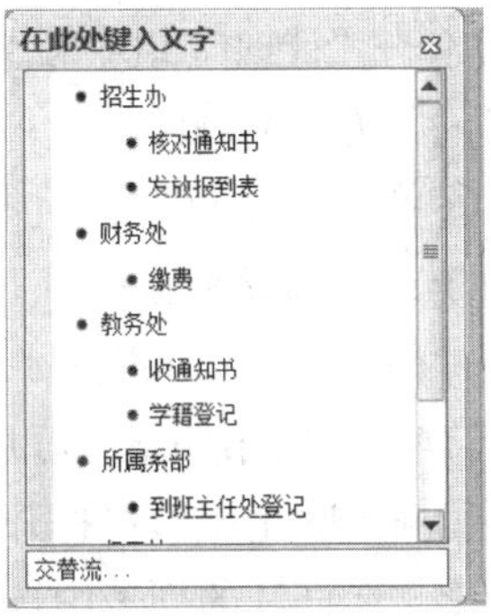

图5-100　文本窗格

③设置图形样式：选择SmartArt图形，在“设计”选项卡→“SmartArt样式”组→“更改颜色”中设置图形颜色为“彩色轮廓，强调文字颜色1”；单击“设计”选项卡→“SmartArt样式”组中的“其他”按钮，在弹出的列表中选择“中等效果”样式。最终效果参考图5-70所示。

（13）设置第9张幻灯片

①插入第1张图片：单击“插入”选项卡→“图像”组→“图片”按钮，插入图像“校园风光1.jpg”。

②设置第1张图片大小：选择图片，单击“格式”选项卡→“大小”组右下角的按钮，在打开的“设置图片格式”对话框中去除“锁定纵横比”选项的勾选，并设置图像的“高度”为“15厘米”，“宽度”为“25.3 厘米”，如图5-101所示。

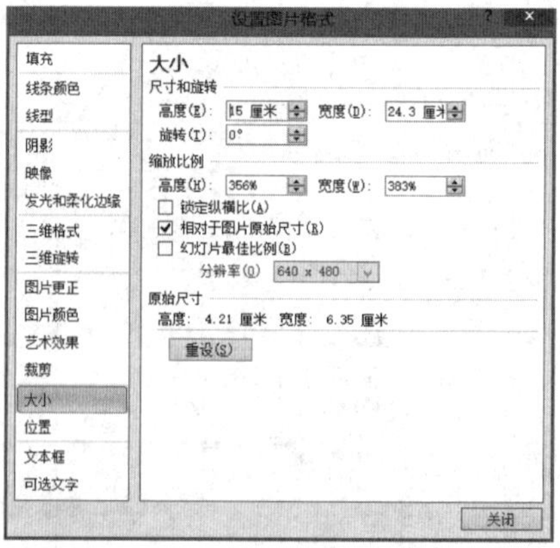

图5-101 “设置图片格式”对话框

③设置第1张图片动画：选择图片，单击“动画”选项卡→“动画”组→“浮入”动画样式，在“动画”选项卡→“计时”组中设置“开始”为“与上一动画同时”，“持续时间”为“02.00”，如图5-102所示。

图5-102 “动画”选项卡

④插入其他图片：重复第1步骤的操作，依次插入“校园风光2.jpg”“校园风光3.jpg”，设置这两张图片的大小与上一张图片一致。设置图片的动画效果为“淡出”，“开始”为“上一动画之后”，“持续时间”和“延迟”均为“02.00”。把这两张图片拖动到与上一张图片同一位置。

⑤插入“蜜蜂.gif”：插入图片“蜜蜂.gif”，把该图片拖动到幻灯片左上部（在幻灯片之外），单击“动画”选项卡→“动画”组动画样式中的“其他”按钮，在打开的列表中选择“动作路径”→“自定义路径”，在幻灯片中随意绘制路径，并在“动画”选项卡→“计时”组中设置“开始”为“上一动画之后”，“持续时间”为“05.00”。

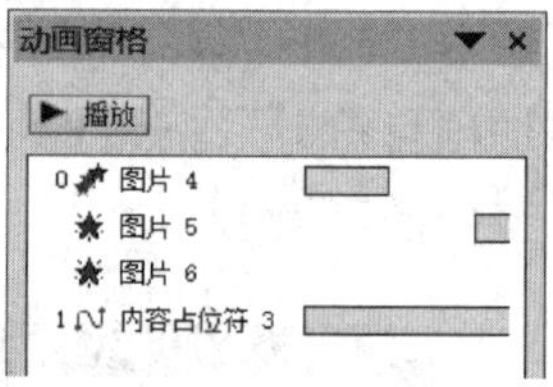

图5-103 动画窗格

⑥单击“动画”选项卡→“高级动画”组→“动画窗格”按钮，动画窗格会在窗口的右侧打开，动画窗格列出了当前幻灯片所有的动画。第9张幻灯片的动画窗格如图5-103所示（“内容占位符3”代表蜜蜂动画）。

（14）设置第10张幻灯片

①插入圆角矩形：打开第10张幻灯片，单击“插入”选项卡→“插图”组→“形状”按钮，在打开的列表中选择“矩形”→“圆角矩形”，如图5-104所示。

②设置形状参数：选择圆角矩形，在“格式”选项卡→“大小”组中设置“高度”为“1.8厘米”，“宽度”为“5厘米”，右键单击圆角矩形，在弹出的快捷菜单中选择“编辑文字”，在圆角矩形的光标处输入文字“播放”。把圆角矩形拖动到幻灯片左下角处。

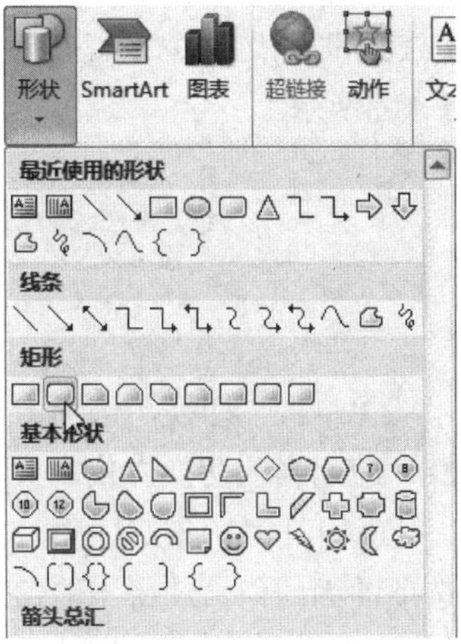

图5-104　插入圆角矩形

③插入视频：单击“插入”选项卡→“媒体”组→“视频”按钮，在相应的路径中选择视频文件“广外风采.wmv”。参照图5-72所示拖动视频到适当位置并适当更改视频大小。

④设置视频隐藏：选择视频，勾选“播放”选项卡→“视频选项”组下的“未播放时隐藏”选项。

⑤设置视频播放触发：选择视频，选择“动画”选项卡→“动画”组中的“播放”按钮，设置当前视频的播放方式，如图5-105所示，单击“动画”选项卡→“高级动画”组→“触发”按钮，在弹出的列表中选择“单击”→“圆角矩形4”（数字“4”是系统自动命名，可忽略），如图5-106所示（所列出的选项都是本张幻灯片已有的对象）。

图5-105　“动画”组

⑥设置视频暂停触发：选择视频，单击“动画”选项卡→“高级动画”组→“添加动画”按钮，在打开的选项中选择“暂停”按钮，为视频添加“暂停”播放动画，如图5-107所示。再单击“动画”选项卡→“高级动画”组→“触发”按钮，在弹出的列表中选择“单击”→“广外风采.wmv”，设置播放时单击该视频可暂停播放。

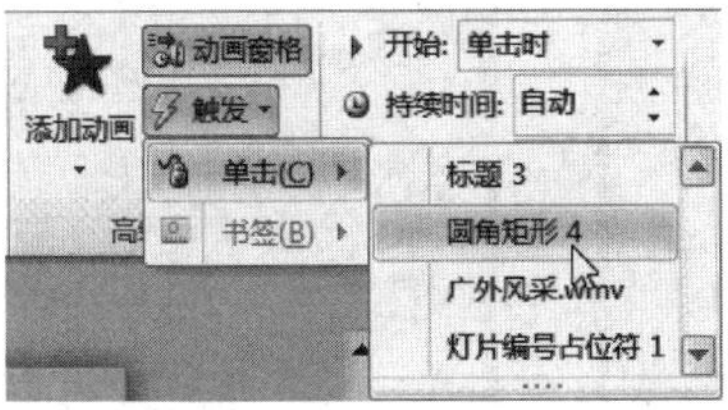

图5-106　触发选择

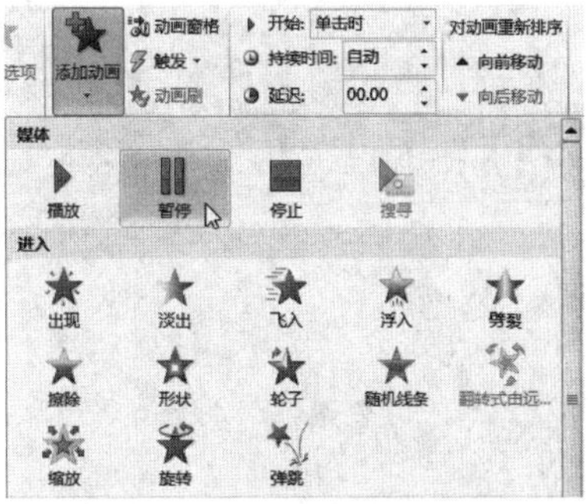

图5-107　添加“暂停”动画

（15）第11张至第13张幻灯片不需要任何设置

（16）设置幻灯片的切换方式

①单击“切换”选项卡→“切换到此幻灯片”组中的“其他”按钮，在打开的列表

中选择“华丽型”→“涟漪”，单击“切换”选项卡→“切换到此幻灯片”组中“效果选项”按钮，在打开的列表中选择“从右下部”。勾选“切换”选项卡→“计时”组中的“单击鼠标时”选项，设置并勾选“设置自动换片时间”为“00:02.00”。“切换”选项卡如图5-108所示。

图5-108 “切换”选项卡

②单击“切换”选项卡→“计时”组→“换片方式”下的按钮全部应用，为所用幻灯片应用当前切换方式。

③打开第10张幻灯片，去除“切换”选项卡→“计时”组中的“设置自动换片时间”选项前面的勾，使得当前幻灯片只能通过鼠标单击的方式换片。

（17）设置所有幻灯片的标题动画

1）方法一：

①切换到母版视图：单击“视图”选项卡→“母版视图”组→“幻灯片母版”按钮，切换至母版视图。

②设置标题动画：在左侧母版窗格中选择最顶部的母版（设置该母版则所有其他版式的母版也会发生变化），在视图窗格中选择标题，单击“动画”选项卡→“动画”组中的“其他”按钮，在弹出的选项中选择“强调”→“字体颜色”动画样式。在“动画”选项卡→“动画组”中的“效果选项”中设置字体变化颜色为“黄色”，程序窗口如图5-109所示；打开动画窗格，在动画窗格已有的动画选项中单击鼠标右键，在弹出的快捷菜单中选择“效果选项”，在打开“字体选项”对话框中设置“动画文本”为“按字/词”，如图5-110所示。

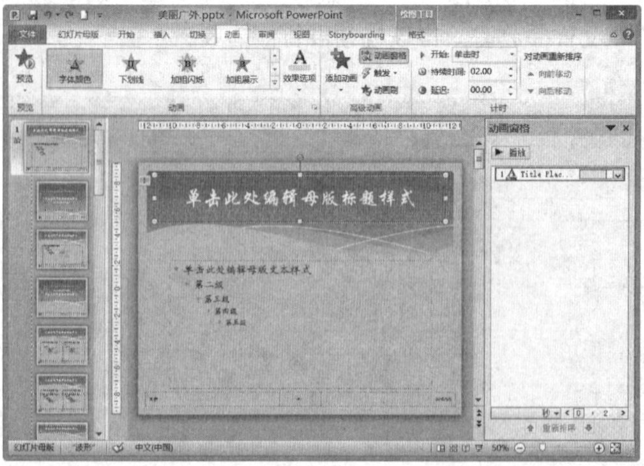

图5-109 程序窗口

图5-110 “字体颜色”对话框

③切换回普通视图：单击“视图”选项卡→“演示文稿视图”组→“普通视图”按钮，切换至普通视图。

2）方法二：

在普通视图中设置好任意一个幻灯片标题的动画以后，双击“动画”选项卡→“高级动画”组→“动画刷”按钮，用动画刷把其他幻灯片的标题刷一遍，达到复制动画的作用。这种方法有点烦琐，特别是当幻灯片页数比较多的时候。

（18）为第1张幻灯片的副标题添加动画效果

①添加“挥鞭式”进入动画效果：打开第1张幻灯片，选择副标题“明德尚行学贯中西”，单击“动画”选项卡→“动画”组动画样式中的“其他”按钮，在弹出的列表中选择“更多进入效果”选项，在打开的“更改进入效果”对话框中选择“华丽型”→“挥鞭式”，如图5-111所示。

②设置动画细节：选择副标题，在“动画”选项卡→“计时”组中设置“开始”为“与上一动画同时”，“持续时间”为“01.00”。

③添加“空翻”退出动画效果：单击“动画”选项卡→“高级动画”组→“添加动画”按钮，在弹出的列表中选择“更多退出效果”选项，在打开的“更多退出效果”对话框中选择“华丽型”→“空翻”，如图5-112所示。

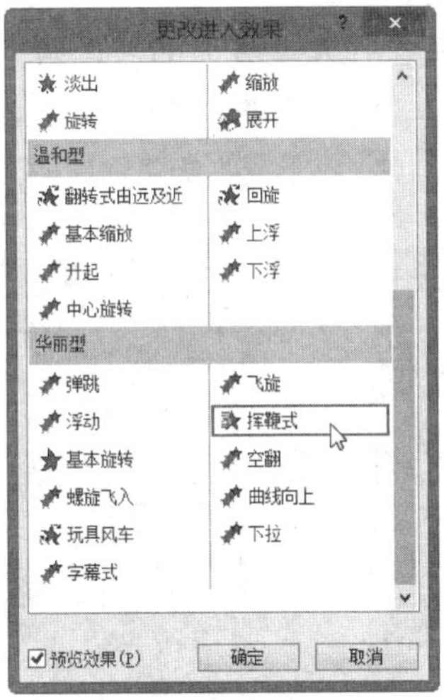

图5-111 “更改进入效果”对话框

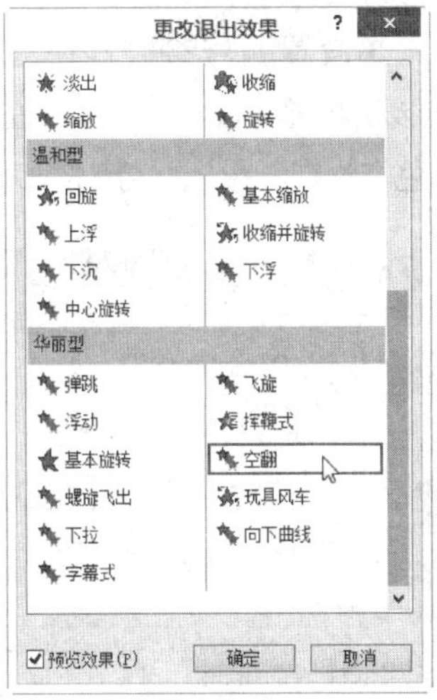

图5-112 “更改退出效果”对话框

④设置动画细节：单击“动画组”选项卡→“高级动画”组→“动画窗格”按钮，打开动画窗格，在其中选择第3个动画（动画图标为红色“空翻”图标的选项），如图5-113所示，在“动画”选项卡→“计时”组中设置“开始”为“上一动画之后”，“持续时间”为“02.00”，“延迟”为“01.00”。

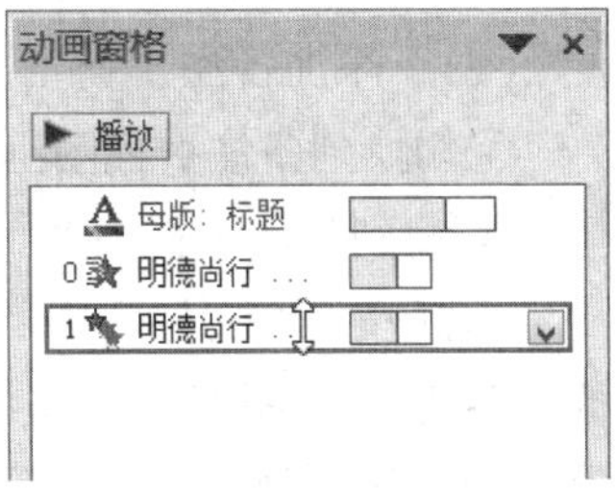

图5-113 动画窗格

⑤添加效果选项：右键单击动画窗格中的第三个动画（红色“空翻”图标），在弹出的快捷菜单中选择“效果选项”，打开“空翻”对话框，在其中设置“声音”为“风铃”，“字母之间延迟百分比”为“5”，如图5-114所示。

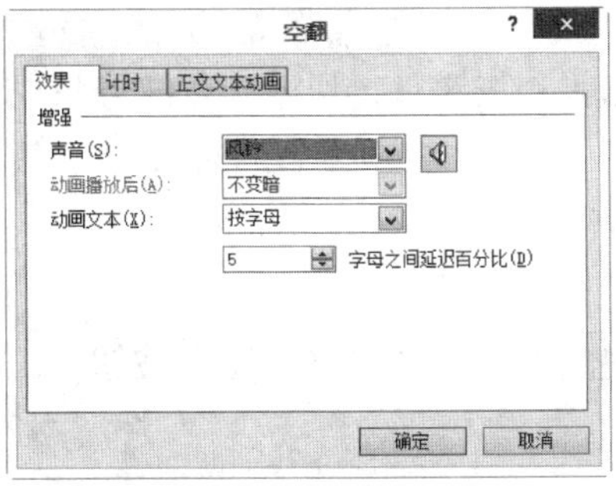

图5-114 “空翻”对话框

（19）插入音频

①插入音频文件：打开第1张幻灯片，单击“插入”选项卡→“媒体”组→“音频”按钮，插入

“music.mp3”音频文件。

②设置音频参数：选择音频，在“格式”选项卡→“音频选项”组中设置“开始”为“跨幻灯片播放”，勾选“放映时隐藏”选项。

③更改播放开始方式：选择音频，设置“动画”选项卡→“计时”组中的“开始”为“与上一动画同时”。

（20）设置编号

①显示幻灯片编号：单击“插入”选项卡→“文本”组→“幻灯片编号”按钮，打开“页眉和页脚”对话框，在其中勾选“幻灯片编号”选项，如图5-115所示，单击全部应用(L)按钮应用到所有幻灯片。

②切换视图：单击“视图”选项卡→“母版视图”组→“幻灯片母版”按钮，切换至幻灯片母版视图。

③设置编号参数：在左侧母版窗格中选择最顶部的母版，在编辑窗口中把编号所在的形状框拖动到幻灯片的左上角，在“开始”选项卡→“字体”组中设置编号的“字体颜色”为“白色”，“字体”为“华文隶书”，“字号”为“18”，幻灯片母版如图5-116所示。

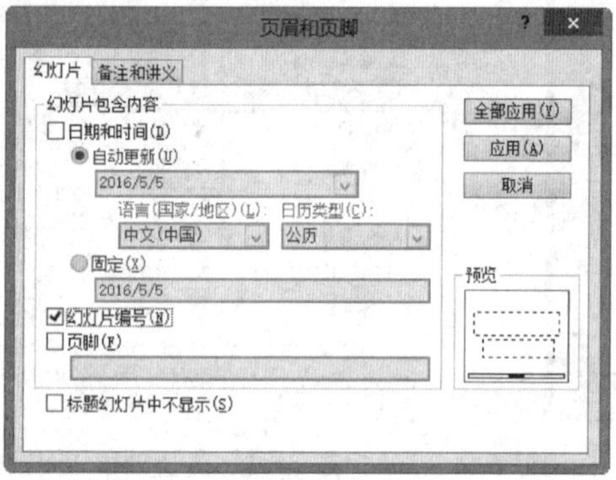

图5-115 “页眉和页脚”对话框

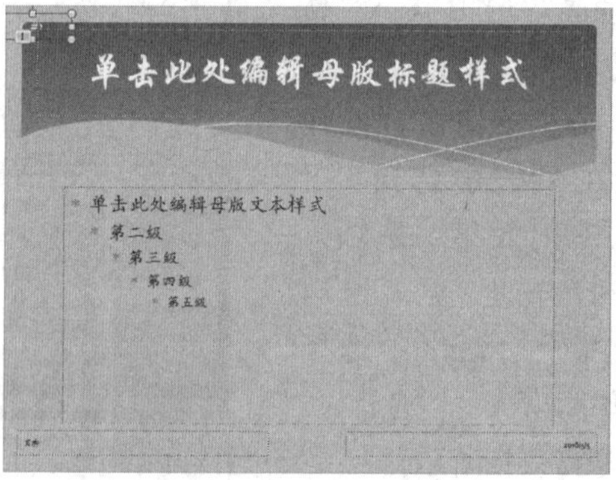

图5-116 幻灯片母版

（21）添加备注

①切换到备注页视图：单击“视图”选项卡→“演示文稿视图”组→“备注页”按钮，切换到备注页视图。

②打开素材文件夹中的文档“第四章文字素材.docx”，把其中“（备注 学校概况）”的内容复制、粘贴到第3张备注页的形状框内。同样，把文字素材中“（备注 人才培养）”部分的文字复制、粘贴到第4张备注页的形状框内。

③单击“视图”选项卡→“母版视图”组→“备注母版”按钮，切换到备注母版视图，选择备注母版的内容形状框，在“开始”选项卡→“字体”组中设置备注文本的颜色为“蓝色”，“字体”为“楷体”，“字号”为“16”，备注母版如图5-117所示。

（22）设置“讲义母版”

①切换到讲义视图：单击“视图”选项卡→“母版视图”组→“讲义母版”按钮，切换到讲义母版视图。

②在“页眉”处输入文字“广外风采”；选择“页眉”所在的形状框，单击“格式”

选项卡→“形状样式”组→“形状填充”按钮右侧的下拉三角按钮，在打开的列表中选择“橙色，强调文字颜色6，淡色60%”，讲义母版如图5-118所示。

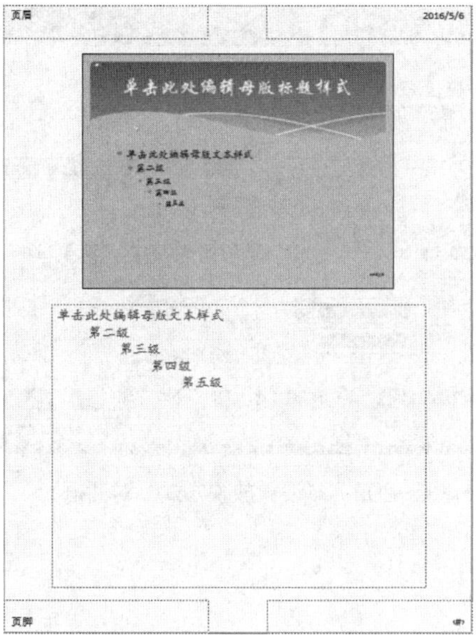

图5-117 备注母版

图5-118 讲义母版

③切换回普通视图：单击“视图”选项卡→“演示文稿视图”组→“普通视图”按钮，切换至普通视图。

（23）设置放映方式

①单击“幻灯片放映”选项卡→“开始放映幻灯片”组→“自定义放映”按钮→“自定义放映”选项，打开“自定义放映”对话框，如图5-119所示。在其中单击“新建(N)...”按钮，打开“定义自定义放映”对话框，在其中的“幻灯片放映名称”文本框中输入“部分放映”，选择左侧“在演示文稿中的幻灯片”的第1张至第10张（可按住【Shift】键加选），按 添加(A) >> 按钮添加到右侧的“在自定义放映中的幻灯片”列表框中，如图5-200所示。按 确定 按钮返回上一级，此时，“自定义放映”对话框多了一个名为“部分放映”的选项，如图5-201所示。单击 放映(S) 按钮直接播放自定义的幻灯片，单击 关闭 按钮关闭对话框。

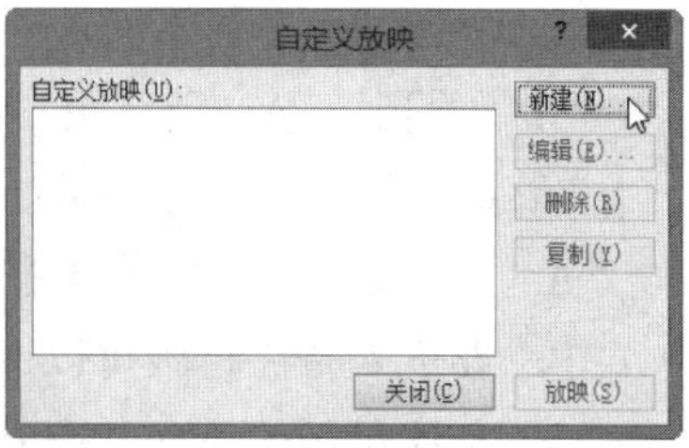

图5-119 “自定义放映”对话框

②单击“幻灯片放映”选项卡→“设置”组→“设置幻灯片放映”按钮，打开“设置放映方式”对话框，选择“放映幻灯片”→“自定义放映”为之前设置的“部分放映”，如图5-202所示，按 确定 按钮完成

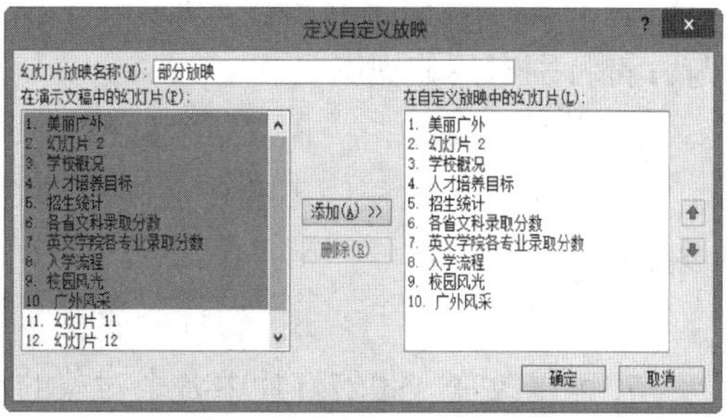

图5-200 “定义自定义放映”对话框

设置。至此，每次按“幻灯片放映”选项卡→“开始放映幻灯片”组→“从头开始”按钮按钮，都会从头开始播放自定义的“部分放映”的幻灯片。

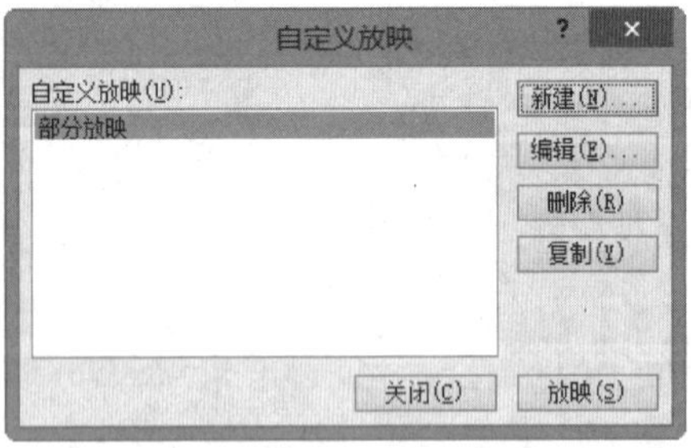

图5-201 “自定义放映”对话框

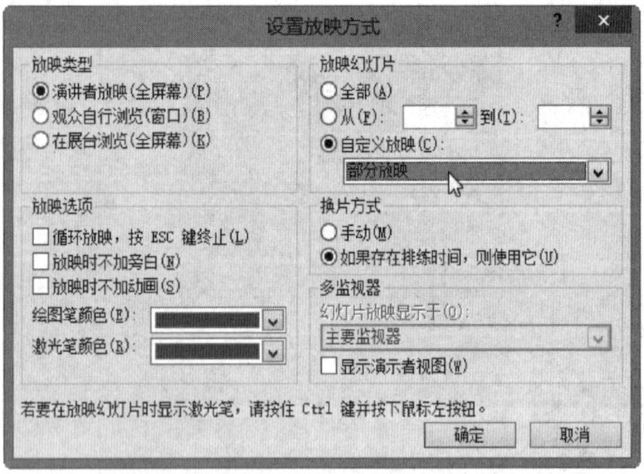

图5-202 “设置放映方式”对话框

习题（选择题）

1. PowerPoint 2010文档的默认扩展名是（　）。

A. .potx　A. .pptx　C. .pptm　D. .ppt

2. PowerPoint中，下面（　）不是合法的“打印内容”选项。

A. 幻灯片　A. 备注页　C. 讲义 D. 幻灯片浏览

3. PowerPoint中，有关备注母版的说法错误的是（　）。

A. 备注的最主要功能是进一步提示某张幻灯片的内容

B. 要进入备注母版可以选择视图菜单的母版命令，再选择“备注母版”

C. 备注母版的页面共有5个设置：页眉区、页脚区、日期区、幻灯片缩图和数字区

D. 备注母版的下方是备注文本区，可以像在幻灯片母版中那样设置其格式

4. PowerPoint中，在浏览视图下，按住Ctrl并拖动某幻灯片，可以完成（　）操作。

A. 移动幻灯片　B. 复制幻灯片　C. 删除幻灯片　D. 选定幻灯片

5. 对幻灯片的重新排序、幻灯片间定时和过渡、加入和删除幻灯片以及整体构思幻灯片都特别有用的视图是（　）。

A. 幻灯片视图　B. 大纲视图　C. 幻灯片浏览视图　D. 普通视图

6. 对于演示文稿中不准备放映的幻灯片可以用（　）选项卡中的“隐藏幻灯片”命令隐藏。

A. 切换　B. 幻灯片放映　C. 视图　D. 动画

7. 可以改变一张幻灯片中各个对象的放映顺序的是（　）。

A. 采用“预设动画”设置　B. 采用“自定义动画”设置

C. 采用“片间动画”设置　　　D. 采用“动作”设置

8. 幻灯片的切换方式是指（　）。

A.在编辑新幻灯片时的过渡形式

B.在编辑幻灯片时切换不同视图

C.在编辑幻灯片时切换不同的设计模板

D.在幻灯片放映时两张幻灯片间过渡形式

9. 在PowerPoint中，安排幻灯片对象的布局可选择（　）来设置。

A.应用设计模板　　B.幻灯片版式　　C.背景　　D.配色方案

10.“幻灯片切换”对话框中换页方式有自动换页和手动换页，以下叙述中正确的是（　）。

A.同时选择“单击鼠标换页”和“每隔_秒”两种换页方式，但“单击鼠标换”方式不起作用

B.可以同时选择“单击鼠标换页”和“每隔__秒”两种换页方式

C.只允许在“单击鼠标换页”和“每隔__秒”"两种换页方式中选择一种

D.同时选择“单击鼠标换页”和“每__隔秒”两种换页方式，但“每__隔秒”方式不起作用

第6章

VBA程序设计

6.1 VBE编程界面

ACCESS的编程界面称为VBE（Visual Basic Editor），它以VB编程环境的布局为基础，提供一种集成的开发环境。

在ACCESS界面下，选择“数据库工具”选项卡，单击“Visual Basic”可以打开VBE的编程环境，如图6-1所示；如果要对某个基本控件的某个事件（如单击、双击等）编写代码，则可以在设计视图下选择该控件，打开控件属性表如图6-2所示，在该属性表中选择“事件”选项卡，在该选项卡中选择对应的事件，单击该事件右侧的“…”按钮，打开“选择生成器”对话框，如图6-3所示，选中对话框中的“代码生成器”后按确定按钮也可进入VBE编程界面。打开的VBE编程界面如图6-4所示。

图6-1　通过“数据库工具”选项卡打开VBE编程界面

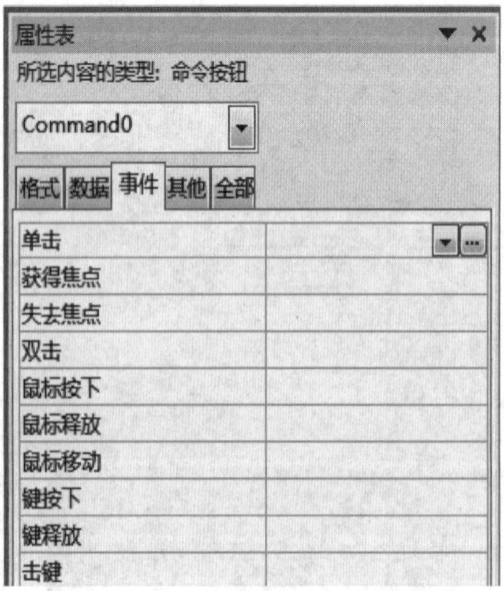

图6-2　控件属性表

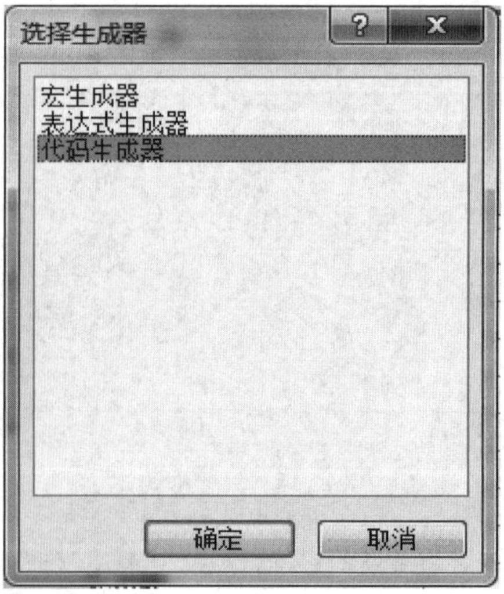

图6-3　“选择生成器”对话框

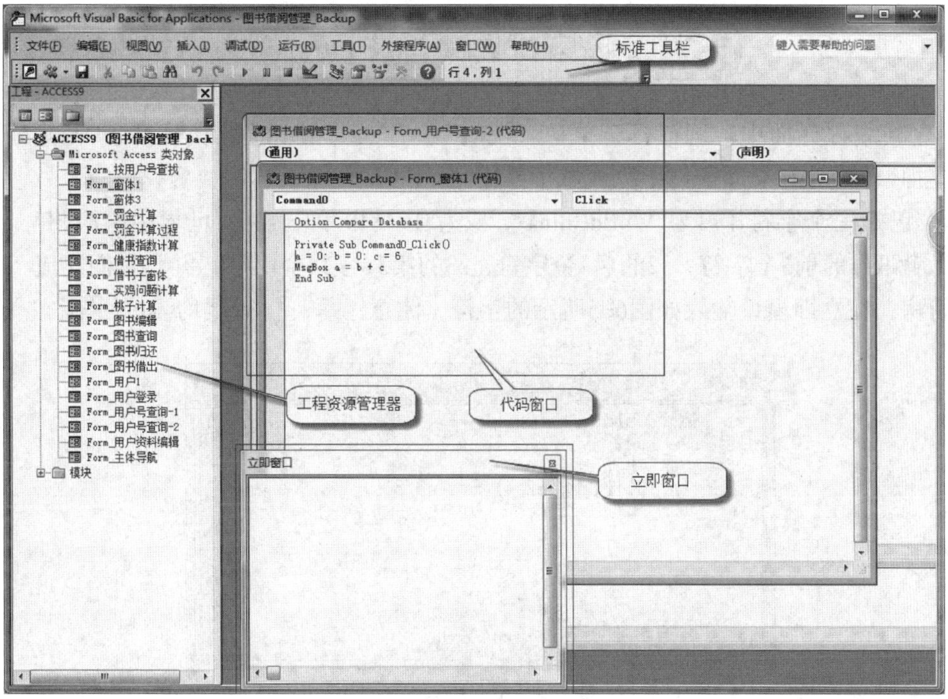

图6-4　VBE编程界面

默认情况下，VBA的编程界面主要包括标准工具栏、工程资源管理器、代码窗口、立即窗口等，如要打开其他窗口，则可以选择菜单“视图”，在打开的下级菜单中进行相应选择。

标准工具栏包含创建模块以及调试时常用的一些命令按钮，其主要按钮功能如下：

视图切换按钮：单击此按钮切换到ACCESS数据库窗口。

插入模块按钮：单击此按钮右侧下拉列表，可插入各类新模块。

运行子过程/用户窗体按钮：单击此按钮可以运行选中的模块中的程序。

中断按钮：单击此按钮可以中断正在运行中的程序。

重新设置按钮：单击此按钮可以结束正在运行中的程序。

设计模式按钮：单击此按钮可以在设计模式和非设计模式之间进行切换。

工程资源管理器按钮：单击此按钮可以打开工程资源管理器窗格。

属性按钮：单击此按钮可以打开相应空间的属性窗格。

工程资源管理器中列出了应用程序所有的模块文件。双击工程资源管理器窗格上的某一个模块或者类，可以打开相应的代码窗口。

代码窗口则显示所选择模块或者类的相应代码，在此窗口中可以输入代码或者对代码进行编辑。

立即窗口，顾名思义可以立即显示某些程序或者函数的相应结果，该窗口立即显示一些表达式、简单的函数或者方法的结果以及实时程序测试。如果要进行表达式的计算，可以在立即窗口中输入“?”或者“print”命令，在其后接着输入相应的表达式或者函数等，输入完成按回车符可以查看表达式运行的结果。

6.2 立即窗口操作实例

在VBE编程界面中，选择打开菜单“视图”→“立即窗口”，或者按Ctrl+G就可以打开“立即窗口”。在立即窗口中完成以下操作：

1）已知三个字符串s1为"WorldChina"，s2为"19481949"，s3为"世界中国广州"，现要用函数截取s1的前5个字符，s2的后4个字符，s3的第3、第4个汉字，并将它们连成一个新的字符串。在立即窗口输入如图6-5所示的字符（注意：每一行行尾均需按回车符！）。

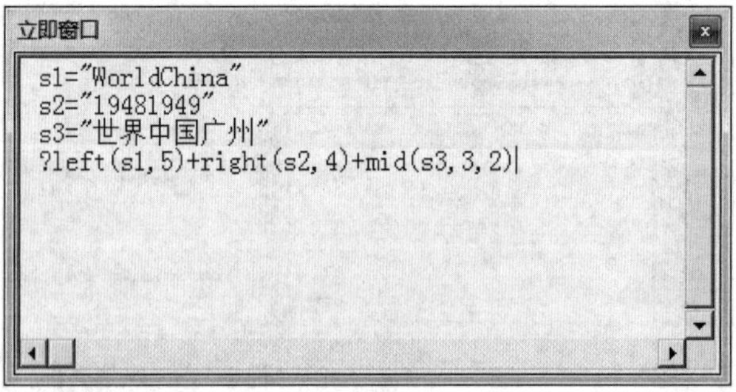

图6-5 立即窗口示例1

2）求你出生了多少天。假设你的出生年月为1995-1-1，则立即窗口输入如下：

?date（ ）-#1995-1-1#

3）Msgbox语句的使用。在立即窗口输入如图6-6所示，每一行后均加回车符。

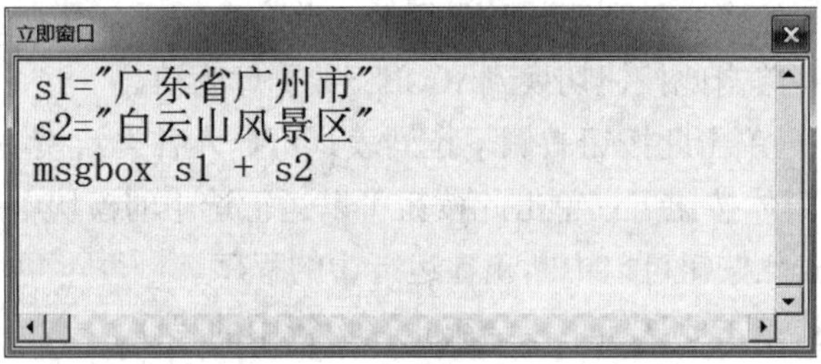

图6-6 Msgbox的应用

4）计算香港回归了多少天。

图6-7 立即窗口示例

思考：请问上图程序错在哪里？如何改正？

6.3　ACCESS窗体编程设计

在进入本节实验之前，请尝试利用ACCESS窗体完成以下简单的“Hello world”程序。在设计视图中创建窗体，操作步骤：创建→窗体设计，创建好窗体后，点击“窗体设计工具”选项卡的“设计”栏，如图6-8所示。

在选项卡中点击“命令按钮”，然后在窗体中拖动，添加“命令按钮”，标题改为“打招呼”，如图6-9所示。

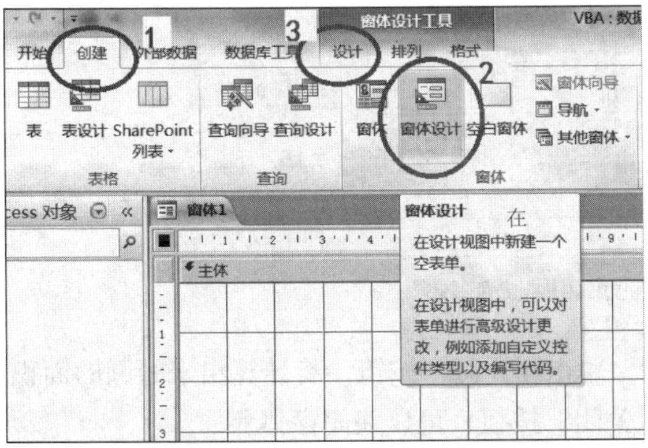

图6-8　创建简单窗体

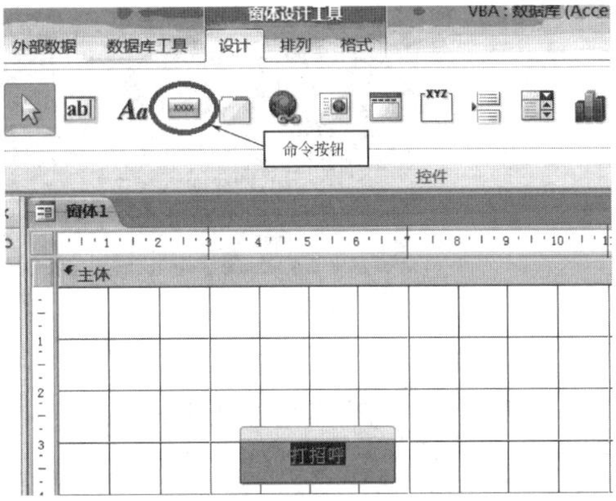

图6-9　创建命令按钮

对其单击右键→属性→事件→单击→[…]→代码生成器。如图6-10所示，在Sub Command0_Click ( ) 与End Sub之间输入代码：msgbox “Hello Word!”。

返回设计视图，单击[视图]，进入“窗体视图”，试运行程序，单击“确定”按钮，查看运行结果，如图6-11所示。

```
Option Compare Database

Private Sub Command0_Click()

MsgBox "Hello World!"

End Sub
```

图6-10　“Hello world”程序代码

图6-11　“Hello world”程序运行界面

6.4 程序顺序结构示例

顺序结构是按程序中命令编写的先后顺序依次执行的结构，即程序代码从左至右、自顶而下。顺序运行，其是最简单、最基本的一种结构。顺序结构的语句主要有赋值语句、输入语句、输出语句等。

1）创建一个窗体名为“计算圆面积和周长”，功能是能接受用户输入一个圆的半径，根据用户输入的半径进行计算圆的面积和周长，窗体设计视图如图6-12左图。窗体运行如图6-12右图所示。

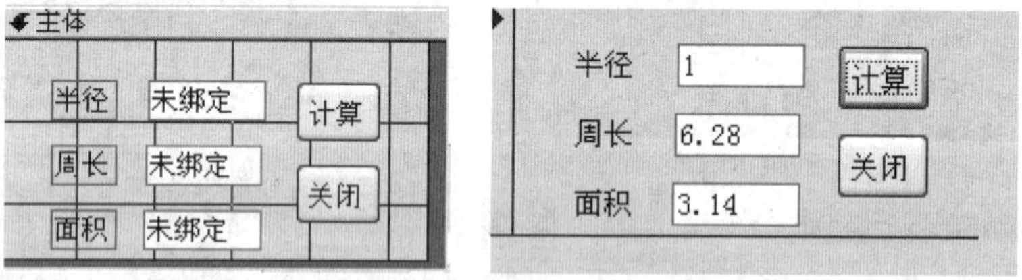

图6-12 计算圆面积和周长的窗体

设计要求：在第一个文本框输入半径后，单击“计算”按钮，将计算出来的圆的面积和周长分别显示在相应的文本框中，单击“关闭”按钮，可以关闭窗体。

设计过程：在设计好图6-12左图的窗体后，创建事件过程，单击选定“计算”按钮，单击鼠标右键，执行快捷菜单中“属性”项，在属性窗口中选择“事件”页面，在“单击”项后选择“事件过程”，单击“…”，进入VBA界面，系统自动生成如下代码：

```
Private Sub Command1_Click ( )
End Sub
```

编写代码，在两行代码中间输入如下命令序列

```
zc.Value = 3.14 * bj.Value * 2
mj.Value = 3.14 * bj.Value ^2
```

2）在窗体中编程：求自由落体运动：$h=\frac{1}{2}gt^2$，g=9.8。写出程序，实现输入时间t，求其运行高度h的值。

3）在文本框中输入一些小写字母，要求在另一文本框中输出这些字母对应的大写字母，如图6-13所示。

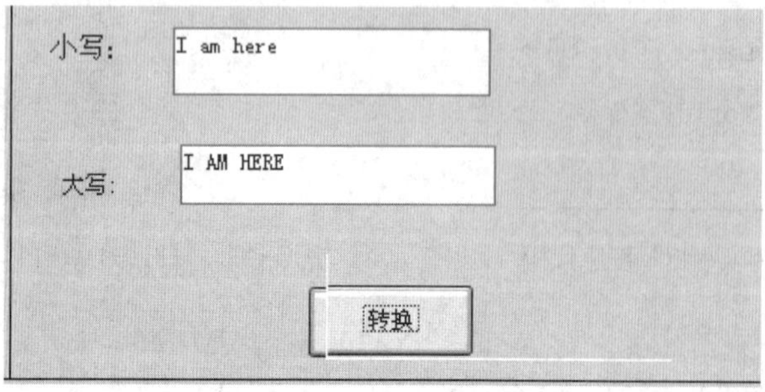

图6-13 字符转换

6.5　程序选择结构示例

在实际编写程序的过程中，经常遇到一些需要判断不同情况执行不同语句的情况，这就需要用到选择结构控制程序走向。在VBA中，通常用IF语句来实现这些选择结构。

1）设计一个如图6-14所示的踩地雷的小游戏，在程序中设计好一个个位数n，要求参与者轮流在程序界面输入一下0到99的数，如果这个数的个位或十位数中包含n，则算输。例如，假设n是6，如果输入的数是26，36，61等，则判输。程序如图6-15所示。

图6-14　踩地雷小游戏界面

```
Command4                    Click
Private Sub Command4_Click()

n = 6

If Text2.Value Mod 10 = n Or Text2.Value \ 10 = n Then

MsgBox "You lose!"

End If

Text2.Value = 0
End Sub
```

图6-15　踩地雷程序

分别试试把n=6改为n=7或n=3。

2）电信固定电话的收费是：3分钟以内收0.2元钱，3分钟以上则超出3分钟部分按0.11元每分钟。请编写程序，在文本框中输入打电话的分钟数，在另一个文本框中输出相应的费用。

3）广州市区的的士计费是前3公里内收7元，如超过3公里则超出部分按每公里收2.6元。另外每次乘坐均收一元的燃油附加费。请编写程序，在文本框中输入乘坐的士的公里数，在另一个文本框中输出相应的费用。

4）在一文本框中输入一个成绩，若在90分以上，用msgbox输出优秀；若在80到89之间，输出良好；在70到79之间，输出中；在60到99之间，输出及格；若低于60分，输出不及格。（用select case）

5）在一文本框中输入一个年份，判断它是否闰年。

6.6 程序循环结构示例

1）创建一个窗体，计算“1＋2＋3…＋100”的和。设计思路：设1到100的累加和放在变量s中，那么让程序重复累加执行：s=s+i，让加数项从1逐步增加到100。这在计算机程序很容易实现。算法的流程框图如图6-16所示。

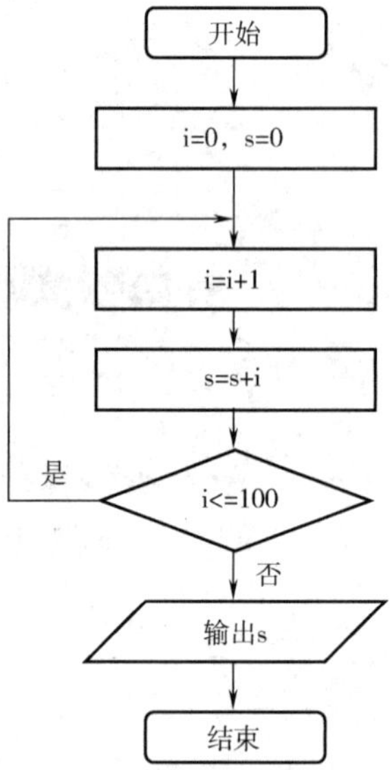

图6-16　计算1＋2＋3…＋100的算法流程图

2）求1+1/2+1/3+1/5+1/8+1/13+……的前20项的和。

3）利用input函数，输入10个数字，求它们的总和及平均值。

4）输入任意一个大于2的整数，请判断它是否为素数。

第7章

计算思维实践

7.1 冒泡排序

冒泡排序的基本原理是对存放原始数据的数组，按从前往后的方向进行多次扫描，每次扫描称为一趟。当发现相邻两个数据的次序与排序要求的大小次序不符合时，即将这两个数据进行互换。这样，较小的数据就会逐个向前移动，好像气泡向上浮起一样。下面将在ACCESS窗口中实现冒泡排序。

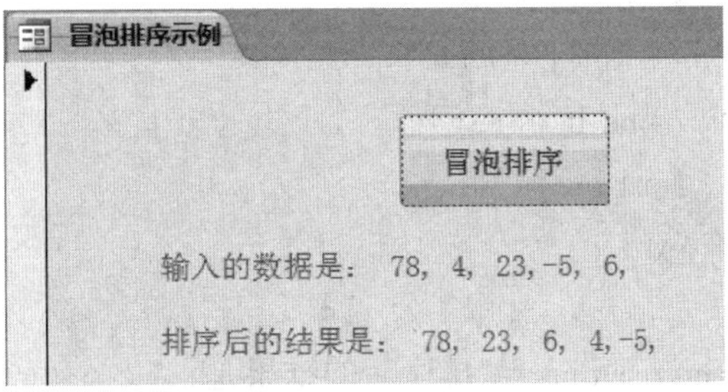

图7-1　冒泡排序结果图

程序运行时首先在数据输入窗口中输入确定排序数据个数的数值，然后输入要排序的数据序列。数据输入完成通过冒泡排序算法得到排序的结果，如图7-1所示（本例中实现的是降序排序）。

新建一个ACCESS窗口。

在窗口中，插入一个命令按钮和2个标签控件，属性设置如表7-1所示。

表7-1　冒泡排序的属性设置

控件类型	名称	标题
命令按钮	cmd_sort	冒泡排序
标签	lb_input	输入的数据是:
标签	lb_output	排序后的结果是:

命令按钮cmd_sort的单击事件代码如下:

```
Private Sub cmd_sort_Click（）
Dim N As Integer, Ar（）As Integer, i As Integer, j As Integer, T As Integer
N = Val（InputBox（"输入数字的个数"））- 1
```

```
ReDim Ar ( N )
For i = 0 To N
  Ar ( i ) = Val ( InputBox ( "输入第" & i + 1 & "个数字：" ) )
Next i
msg_input = "输入的数据是："
For i = 0 To N
  msg_input = msg_input + Str ( Ar ( i ) ) + ","
Next i
lb_input.Caption = msg_input

For i = N To 1 Step -1
  For j = 0 To i - 1
    If Ar ( j ) < Ar ( j + 1 ) Then
      T = Ar ( j )
      Ar ( j ) = Ar ( j + 1 )
      Ar ( j + 1 ) = T
    End If
  Next j
Next i

msg_output = "排序后的结果是："
For i = 0 To N
  msg_output = msg_output + Str ( Ar ( i ) ) + ","
Next i

lb_output.Caption = msg_output
End Sub
```

7.2 栈的应用

符号的匹配问题。在计算机程序语言或者文本处理中往往需要判断一些符号是否是成对出现的，比如<>，{}，[]，( ) 等，实现的方式有许多种，但采用栈的实现会相对更加简单。基本的实现思路如下：假设在读入一串字符串以后，如果遇到对称符号的左边部分，则将其压入栈中，当遇到对称符号的右边部分，则弹出栈中的一个对象，实现比对，如果是对称的，则说明当前的符号是匹配的，如果不对称，则说明当前字符串是不匹配的，当字符串读完以后，如果所有的符号都是匹配的，栈中此时应该为空，通过判断栈中是否为空，说明字符串是否是符号匹配的。

本例中，只判断括号“( )”是否匹配。程序运行如图7-2所示。

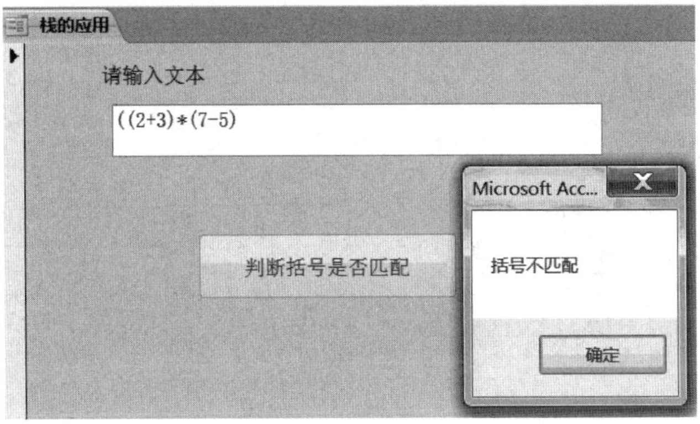

图7-2　栈应用

在窗口中，插入一个命令按钮和2个标签控件，属性设置如表7-2所示。

表7-2　　栈应用属性设置

控件类型	名称	标题
命令按钮	cmd_stack	判断括号是否匹配
标签	Label1	请输入文本
文本框	Txt_bracket	

程序代码如下：

```
Dim stack ( 1000 ) As String, stackpointer As Integer

Private Sub cmd_stack_Click ( )

str_b = txt_bracket.Value
n = Len ( str_b )

For i = 1 To n
If ( Mid ( str_b, i, 1 ) = " ( " ) Then
  push ( " ( " )
  ElseIf ( Mid ( str_b, i, 1 ) = " ) " ) Then
    flag = pop ( " ( " )
```

```
        If ( flag = False ) Then
            MsgBox "括号不匹配"
            Exit For
        End If
    End If
    Next

    If ( stackpointer <> 0 ) Then
      MsgBox "括号不匹配"
    End If
    stackpointer = 0
    End Sub

    '入栈
    Function push ( character As String ) As Boolean  '返回false表示堆栈溢出
    If stackpointer > 1000 Then
    push = False
    Exit Function
    End If
    stack ( stackpointer ) = character
    stackpointer = stackpointer + 1
    push = True
    End Function

    '出栈
    Function pop ( character As String ) As Boolean '返回false表示已到栈底
    If stackpointer = 0 Then
        pop = False
        Exit Function
     End If
      character = stack ( stackpointer )
      stackpointer = stackpointer - 1
      pop = True
    End Function
```

以上代码里面stack（ ）为要维护的堆栈数组，stackpointer为当前栈顶

7.3 百鸡问题求解

我国古代数学家张丘建在“算经”里提出一个数学史上有名的百鸡问题。题目为：鸡翁一，值钱五；鸡母一，值钱三；鸡雏三，值钱一；百钱买百鸡，问鸡翁、母、雏各几何？

算法思想：

设 x，y，z分别代表公鸡、母鸡、小鸡的只数。首先确定 x，y，z的取值范围：

①若100个钱全买公鸡，则最多可买20只，即x的取值范围是0~20。

②若100个钱全买母鸡，则最多可买33只，即y的取值范围是0~33。

③当x，y在各自的取值范围内确定某个值后，则小鸡的只数，z=100-x-y也确定了。

④让x从0变化到20，当x取某值时再让y从0变化到33，当 y取某个值时，z的值也定了如果 x*5+y*3+z/3=100 成立 则x,y,z当前的值就是答案。

设计程序代码如下：

```
Private Sub Command1_Click ( )
For x = 0 To 20
  For y = 0 To 33
  z = 100 - x - y
  If x * 5 + y * 3 + z / 3 = 100 Then
    Msgbox "公鸡、母鸡、小鸡分别为" & x & " " & y & " " & z & "只"
  Next y
Next x
End Sub
```

7.4 动态规划

一个楼梯有n级，每次可以走1级或2级，请问走完楼梯一共有多少种走法？

首先创建一个模块，命名为：动态规划函数。在模块中定义函数steps。具体代码如下：

```
Public Function steps ( n As Integer ) As Long

If n = 1 Then
 steps = 1
ElseIf n = 2 Then
 steps = 2
Else
```

```
steps = steps (n - 1) + steps (n - 2)
End If
End Function
```

再创建一个窗体，命名为“动态规划_楼梯走法”。在窗口中，插入一个命令按钮和2个标签控件，属性设置如表7-3所示。

表7-3 窗体控件表

控件类型	名称	标题
命令按钮	cmd_steps	计算
标签	lb_result	行走方法：
标签	lb_msg	一个楼梯有n级，每次可以走1级或2级，求走完楼梯一共有多少种走法

命令按钮cmd_steps的代码为：

```
Private Sub Cmd_steps_Click ( )
Dim n As Integer
n = Text_num.Value
result = steps (n)
Lb_result.Caption = "行走方法：" + Str (result) + " 种"


End Sub
```

代码中，steps函数实际上是递归函数。递归函数直接或间接调用函数本身。一个含直接或间接调用本函数语句的函数被称之为递归函数。它必须满足以下两个条件：一是在每一次调用自己时，必须是（在某种意义上）更接近于解；二是必须有一个终止处理或计算的准则。在本例中可以看到：函数有终止的条件，就是当n为1或2时；函数每一次调用自己，函数参数变量变为自身值减1，即steps（n-1），这样就逐渐接近终止条件。

程序的效果如图7-3所示。

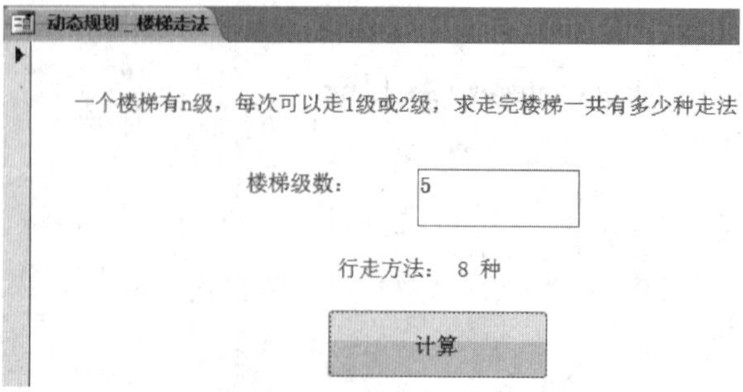

图7-3 楼梯走法的动态规划算法结果图

第8章

ACCESS数据库

Microsoft Access是一个关系型数据库管理系统（Relation DataBase Management System，RDBMS），主要用于小型数据库管理，也可作为小型数据库应用系统的开发工具使用。

Access是Office办公套件中一个重要的组成部分，提供了强大的数据处理能力和通用性，使其成为一个功能强大而且易于使用的桌面关系型数据库管理系统和应用程序生成器。Access功能强大，操作界面友好，具有高效的数据处理能力，并能与其他Office组件高度集成，成为世界上流行的桌面数据库管理系统之一。

8.1 Access系统概述

8.1.1 Access的数据库对象

数据库是关于一个特定主题的信息集合，它通过各种数据库对象来组织这些信息。Access数据库是由表、查询、窗体、报表、宏及模块等数据库对象组成，每个数据库对象可以完成不同的数据库功能。Access 2007以前的版本使用单一的*.mdb文件管理所有的对象。从2007版开始使用新的文件格式，该文件格式支持一些新功能，默认文件扩展名为* .accdb。

（1）表

表是数据库中用来存储数据的对象，是整个数据库系统的基础，也是其他数据库对象的基础。一个Access数据库中可以存储多张表，表之间还可以建立关系，以便把不同表中的数据联系起来。

（2）查询

查询是Access数据库中的一种重要的对象，它是一个虚拟表，不会用来存储数据，而是按照一定的条件或准则从一个或多个表中映射出的虚拟视图。查询为用户更方便地查看、分析和更改数据库中的数据提供一种直观的视图。此外查询还可以作为窗体、报表的数据源。

（3）窗体

窗体为用户查看和编辑数据库中的数据提供了一种友好的交互界面。它的数据源可以是表或查询，在窗体中可以放置控件，用于执行各种操作 ，或者在字段中输入、显示、编辑数据。

（4）报表

报表是数据库中数据输出的形式之一。它不仅可以将数据库中经过分析、处理的结果数据通过打印机输出，还可以对要输出的数据进行分类小计、分组汇总等操作。

（5）宏

宏是数据库中一个特殊的数据库对象，是一个或多个操作命令的集合，其中每个命令实现一个特定的操作。

（6）模块

模块是Access数据库中最复杂也是功能最强大的一种对象，是一种可编程的功能模块。在Access 2010中，使用其内置的Visual Basic For Application来建立和编辑模块对象，一个模块对象一般是一组相关功能的集合。

8.1.2 Access 2010的运行环境

Access 2010是Microsoft Office 2010的一个组件，单击“开始”菜单，选择“所有程序”→“Microsoft Office”→“Microsoft Access 2010”命令，就可以启动Access。

启动Access2010后看到如图8-1所示的用户界面。

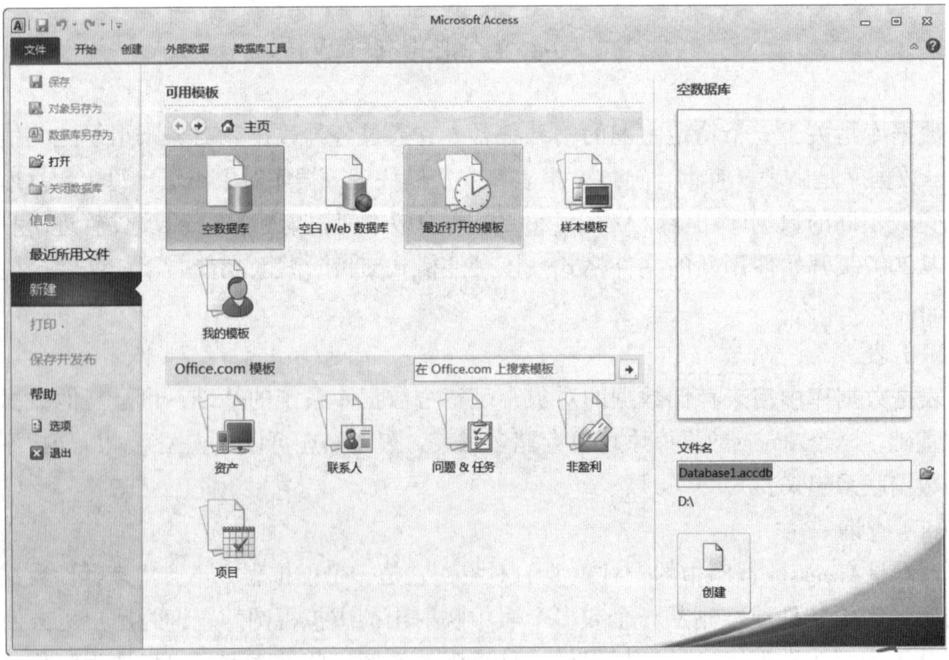

图8-1 Access 2010窗口（Backstage视图）

Access 2010的用户界面主要由三个组件组成：功能区、导航窗格和Backstage视图。

（1）功能区

打开一个数据库时，功能区会显示在Access窗口的顶部。功能区由一系列包含命令按钮的选项卡组成，如图8-2所示。在Access 2010中，主要的命令选项卡包括“文件”“开始”“创建”“外部数据”和“数据库工具”。每个选项卡都包含多组相关命令按钮。

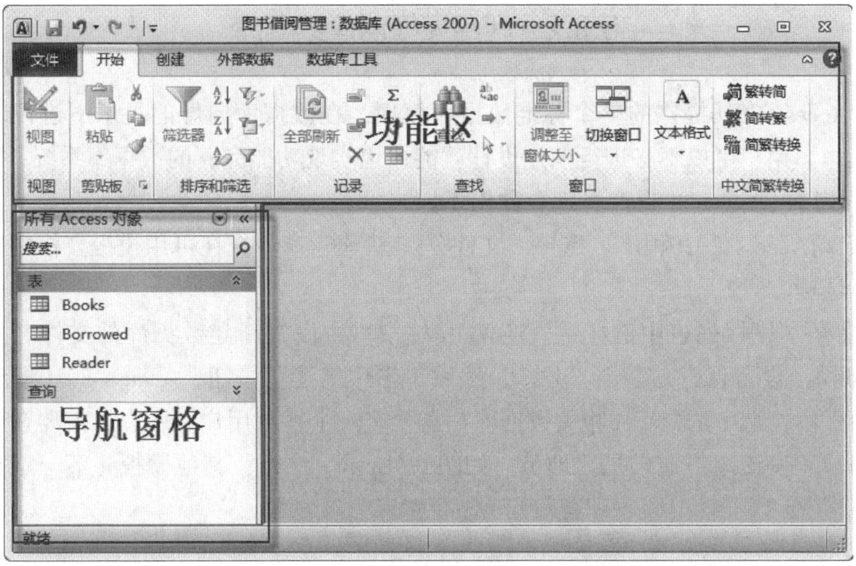

图8-2　数据库的窗口的功能区和导航窗格

（2）导航窗格

导航窗格帮助组织、归类数据库对象，也是打开或更改数据库设计对象的主要方式。导航窗格将数据库对象划分为多个类别，各个类别中又包含多个组。

在导航窗格中，双击对象即可打开数据库对象，如表、查询和窗体等。可以将导航窗格最小化，也可以将其隐藏，但是不可以在导航窗格前面打开数据库对象将其遮挡。

（3）Backstage视图

Backstage视图是功能区“文件”选项卡上显示的命令集合，图8-1所示界面即为Backstage视图。在Backstage视图中，可以创建新数据库、打开已有数据库，以及执行许多文件和数据库维护任务。

8.2　创建数据库

8.2.1　创建空数据库

创建Access数据库的过程和创建一般文档不同，要先指定存储位置再输入数据。

创建名为“学生成绩管理”数据库的方法为：

1）在Backstage视图中，在可用模板窗格中选择“空数据库”，在右侧窗格中设置新建数据库文件名和保存位置。

2）单击“创建”按钮，Access 2010便在指定位置创建一个新的空数据库文件。Access 2010会同时自动打开这一数据库。

8.2.2 利用模板创建数据库

利用Access 2010提供的多个标准数据库模板，在数据库向导的提示下进行一些简单的设置操作，用户可以不必进行前期设计就能快速实现功能完善的数据库系统。

例：使用模板创建“资产管理”数据库。

1）启动Access 2010程序，选择“文件”|“新建”命令，在可用模板窗格中单击“样本模板”选项。

2）在样本模板列表中选择“资产Web数据库”，设置新建数据库的文件名为“资产管理.accdb”，设置保存位置为“D:\”，然后单击“创建”按钮，Access 2010将启动创建过程。由于本例选中的是Web相关数据库，需要有一个登录用户，所以，需要在该数据库中创建用户——该用户通常是管理员，如图8-3所示。注意：其他模板并不一定需要创建用户。

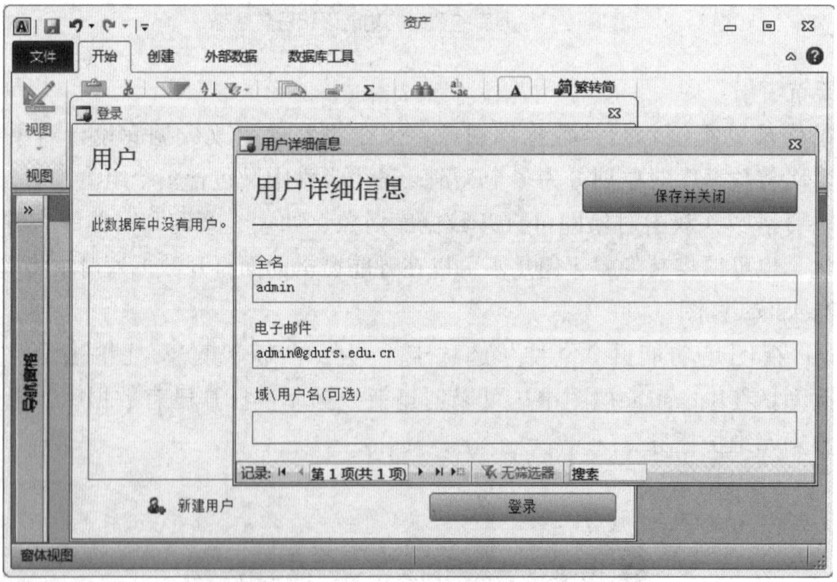

图8-3 创建用户对话框

3）使用管理用户登录后，可以看到Access已生成的各类数据库对象，包括数据表、查询、窗体、报表等。因该数据库已有较完备结构，用户可以直接使用窗体浏览或录入数据。Web数据库还提供了相应的操作导航，方便用户使用，如图8-4所示。

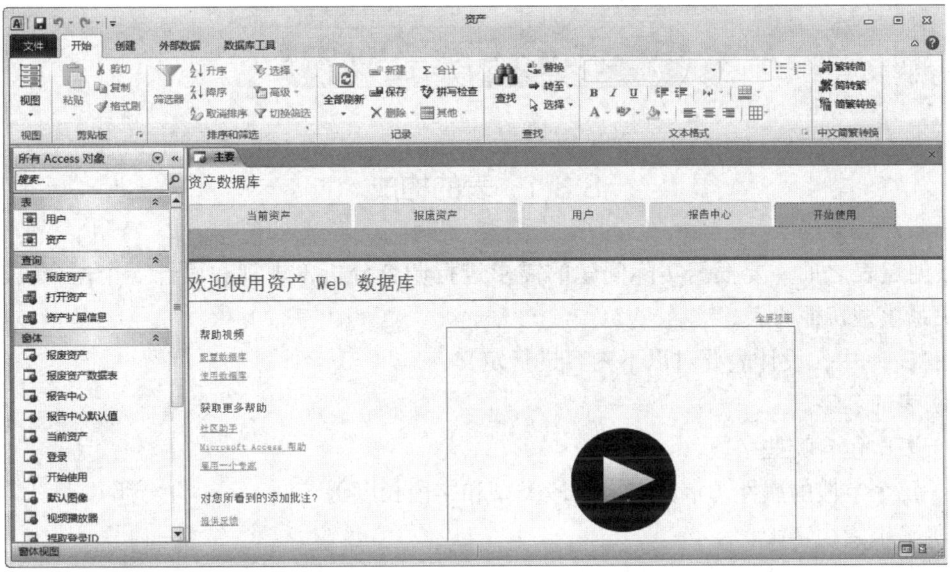

图8-4　资产管理数据库主要窗口

4）向数据库中添加新资产：

①在图8-4的右侧窗格中单击“当前资产”选项卡。

②单击“新建资产”按钮，在“资产详细信息”窗体，输入新增资产的信息，如图8-5所示。

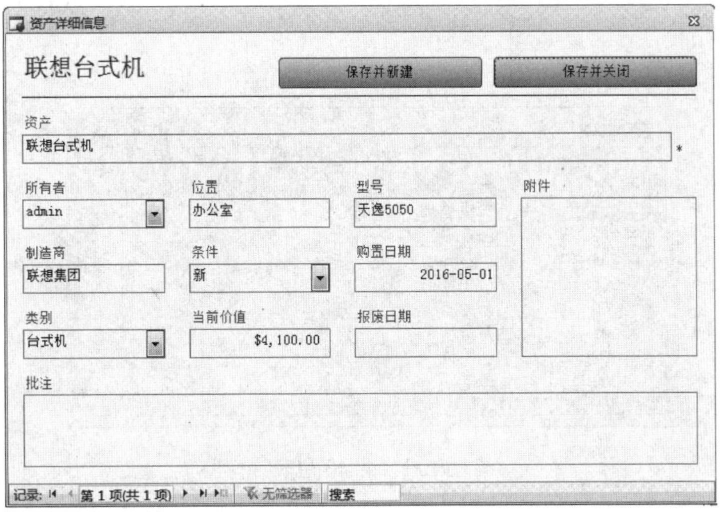

图8-5　新添加资产信息

单击“保存并关闭”按钮，完成新资产添加。

5）查看和编辑已有资产信息：

①单击“当前资产”选项卡，在数据表的“项目”列中，双击要查看或编辑的资产的名称。

②根据需要编辑信息，然后单击“保存并关闭”。

8.3 表操作

8.3.1 表的构成

在创建表之前，要根据实际问题的需求进行调查分析，规划和设计一个适合需求且满足关系模型特征的表。

在Access中，设计表要对以下内容进行定义：

1）表的名字。

2）表中包含哪些字段。

3）每个字段的属性（字段名、字段类型和字段长度）。

4）确定索引字段。

5）向表中输入数据。

通常把定义表名、定义表中字段的属性和索引等视作是对表结构的设计，把对表中数据的输入视作对表中记录的操作。

Access数据库系统中的表必须是满足关系模型的二维表，即由行和列组成。图8-6即为描述课程信息的二维表。行被称为“记录”，列被称为“字段”。每一条记录都描述一个独立而完整的信息，记录与记录之间是并列的关系，没有先后次序。字段用来描述记录的属性，字段与字段之间也是并列的关系。可以唯一标识一条记录的字段或字段组合可以被指定为主键。

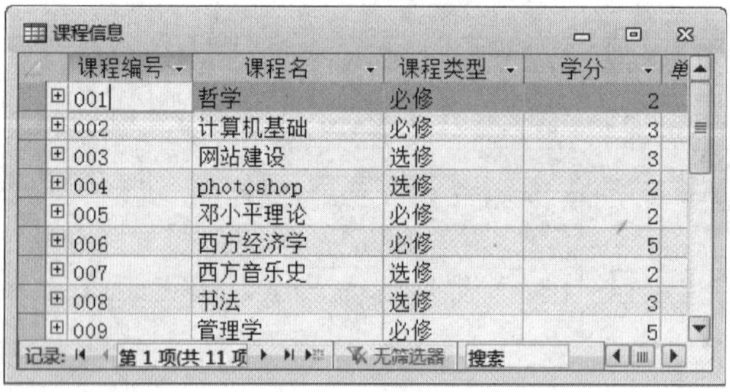

课程编号	课程名	课程类型	学分	单
001	哲学	必修	2	
002	计算机基础	必修	3	
003	网站建设	选修	3	
004	photoshop	选修	2	
005	邓小平理论	必修	2	
006	西方经济学	必修	5	
007	西方音乐史	选修	2	
008	书法	选修	3	
009	管理学	必修	5	

图8-6 课程信息表

表由表结构和表中记录两部分组成。表的结构是指数据表的框架，主要包括表名和字段属性。字段属性即表的组织形式，包括表中各个字段的名称、数据类型、字段大小、格式、输入掩码、有效性规则等。表的记录就是指存放在表中的数据。

数据是反映客观事物（实体）属性的记录，数据类型决定了它的存储和使用方式。字段类型就是指表中每一个字段的数据类型。Access提供了丰富的数据类型支持，具体的数据类型如表8-1所示。

表8-1　Access的数据类型及用途

数据类型	标识	用途	字段大小
文本	Text	存储文字字符及不具有计算能力的数字字符组成的数据	最多为255个字符
备注	Memo	用于存放较长的文本数据，如注释或说明	最多65535个字符
数字	Number	用于数学计算的数值数据	1,2,4,8个字节
日期/时间	Date/Time	用于存储日期、时间或日期和时间的组合	8个字节
货币	Money	存储货币数据或用于计算的数值数据	8个字节
自动编号	AutoNumber	用于存储递增数据和随机数据，用户不用给自动编号字段数据类型输入数据，也不能编辑	4个字节
是/否	Logical	用于记录“是”或“否”逻辑型数据	1个字节
OLE对象	OLE-Object	存放用于链接或嵌入的其他应用程序所创建的对象。其他应用程序所创建的对象可以是电子表格、文档、图片等	最多为1GB
超链接	Hyperlink	存放超链接的字段，超链接可以是一个UNC网络路径，也可以是一个URL地址	最长2048个字符
查阅向导	Lookup Wizard	查阅向导数据类型是一种列表，用户可以从列表中选择一个数据项填入到字段中	

8.3.2　创建表

方法一：使用数据表视图创建表。

使用数据表视图创建表，是一种先输入数据后建立表结构的方法，Access会自动根据表中输入数据的数量和格式建立一个合适的表结构。

例：使用数据表视图为“学生成绩管理”数据库建立一张“课程信息”表。

1）打开“学生成绩管理”数据库，单击“创建”选项卡，在“表格”组单击“表”按钮，打开一张新表的数据表视图，如图8-7所示。

图8-7　数据表视图

2）默认新表中已包含一个字段名为ID、数据类型为自动编号的字段，并被设置为主键字段，可根据需要是否保留。数据表视图的使用非常简单，每一行代表一条记录，每一列代表一个字段。只需按照这种格式直接将数据输入到表格中即可。双击字段的名称可以对其进行修改，然后再向数据表中输入图8-6所示的数据。

3）单击文件菜单中的“保存”按钮或快速访问工具栏上的“保存”按钮，在弹出的“另存为”对话框中输入表名“课程信息”，然后单击【确定】按钮，完成课程信息表的创建。

方法二：使用设计视图创建表。

使用设计视图是建立表结构的方法中最常用的一种，采用其他方法建立的表往往要在设计视图中进行进一步的设置。

例：使用设计视图为“学生成绩管理”数据库建立一张“学生信息”表。

1）在“学生成绩管理”数据库窗口中，单击“创建”选项卡|“表格”组|“表设计”按钮，打开一张新表的设计视图，如图8-8所示。表的设计视图分为上下两部分，上半部分用于设计表中字段的字段名、字段的数据类型和字段的说明，下半部分用于设置当前字段的属性。

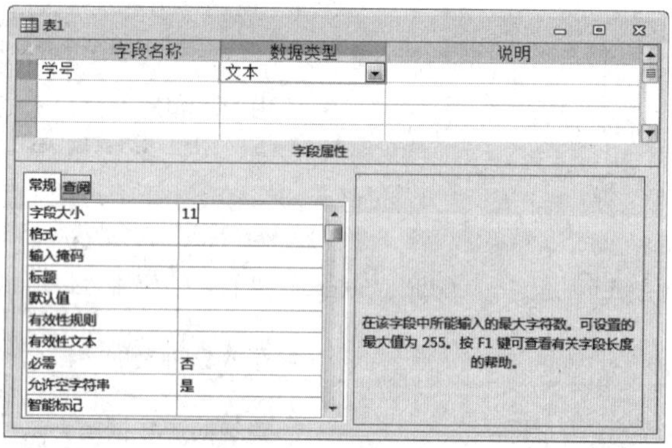

图8-8 表的设计视图

2）根据图8-9内容，在设计视图的上半部分填入“学生信息”表的各个字段，并设置数据类型及字段长度。

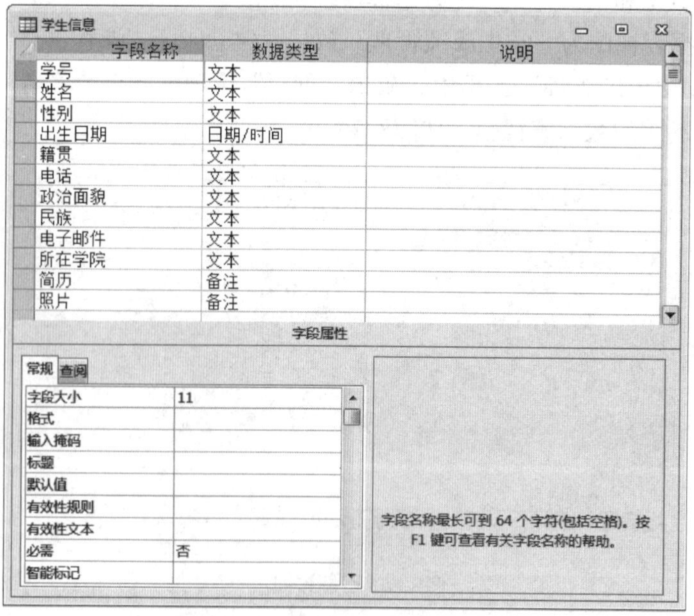

图8-9 “学生信息”表的设计视图

3）字段输入完毕后，单击“文件”|“保存”按钮，打开“另存为”对话框，定义表名为“学生信息”后，单击“确定”按钮，完成学生信息表的创建。

8.3.3　设置字段属性

表结构中的每个字段都有一系列的属性定义，字段属性决定了如何存储和显示字段中的数据。每种类型的字段都有一个特定的属性集。表8-2对常用字段属性作了简单的说明。

表8-2　常用的字段属性

字段属性	说明
字段大小	指定文本类型字段能够存储的字符数，或指定数字类型和自动编号类型的具体数值类型，如整型或长整型
格式	指定数据显示或打印的格式，不影响值的保存
小数位数	指定数字类型或货币类型最多支持的小数位数，只影响显示的小数位数，不影响保存的小数位数
输入法模式	对于主要存储汉字数据的字段，可将其输入法模式设置为“输入法开启”，这样当要在该字段中输入数据时，输入法状态会自动切换到汉字状态
输入掩码	指定输入数据时的格式，以减少差错
标题	指定在数据表视图或窗体中显示该字段时所用的标题
默认值	指定在添加新记录时，如果不输入任何数据，该字段会被自动填充的值
有效性规则	用于限制输入数据的表达式
有效性文本	设置在数据不符合有效性规则时所显示的出错提示信息
必填字段	指定该字段是否必须输入数据
允许空字符串	用于文本类型的字段，设置是否允许输入空字符，即不输入任何字符
智能标记	设置显示智能标记
显示控件	确定字段在窗体中对应的显示控件

如果要修改字段的属性，必须先切换到表的设计视图，再进行设置。

下面介绍常用的字段属性的设置方法。

（1）字段大小

字段大小用于设置字段的存储空间大小，只有当字段数据类型设置为“文本”或“数字”时，这个字段大小属性才是可设置的。

文本类型的字段大小范围为1~255个字符，系统默认为255个字符。数字类型的字段宽度如表8-3所示，系统默认为长整型。

表8-3　数字型字段大小的属性取值

类型	可输入数值范围	标识	小数位数	占用空间
字节	0~255	Byte		1字节
整型	-32768~32767	Integer		2字节
长整型	-2147483648~2147483647	Long		4字节
单精度型	负值：$-3.4\times10^{38}\sim-1.4\times10^{-45}$ 正值：$1.4\times10^{-43}\sim3.4\times10^{38}$	Single	7	4字节

（2）格式

格式属性用来决定数据的打印方式和屏幕显示方式。通过格式属性可设置“自动编号”“数字”“货币”“日期/时间”和“是否”数据类型的显示格式。格式属性只影响如何显示，而不影响在表中值如何存储。

除了系统提供的字段显示格式外，用户还可以自定义所需的显示格式。

数字型字段的自定义格式符号如表8-4所示。

表8-4　数字型字段的部分格式符号

符号	说明
.（英文句号）	小数分隔符
,（英文逗号）	千分分隔符
0	显示一个数字或0
#	显示一个数字，无数字则不显示
$	显示货币符号“$”
%	将数字乘以100，并附加一个百分比符号

（3）默认值

使用默认值属性可以指定在添加新记录时自动输入的值。在一个数据库中，往往会有一些字段的数据相同或含有相同的部分，如学生信息表中的“性别”字段只有“男”“女”两种值，这种情况就可以设置一个默认值，减少输入量。图8-10中设置“性别”字段的默认值为“男”。

（4）输入掩码

输入掩码属性用来设置用户输入数据时的格式，并可对允许输入的字符类型进行控制。在输入数据时，经常会遇到有些数据有相对固定的书写格式。例如，电话号码书写为“（0755）-37355689”。如果使用手动方式重复输入这种固定格式的数据，会非常麻烦。此时，可以定义一个输入掩码，将格式中不变的符号固定成格式的一部分，这样在输入数据时，只需输入变化的值即可。“输入掩码”属性可用于“文本”“数字”“日期/时间”和“货币”字段。

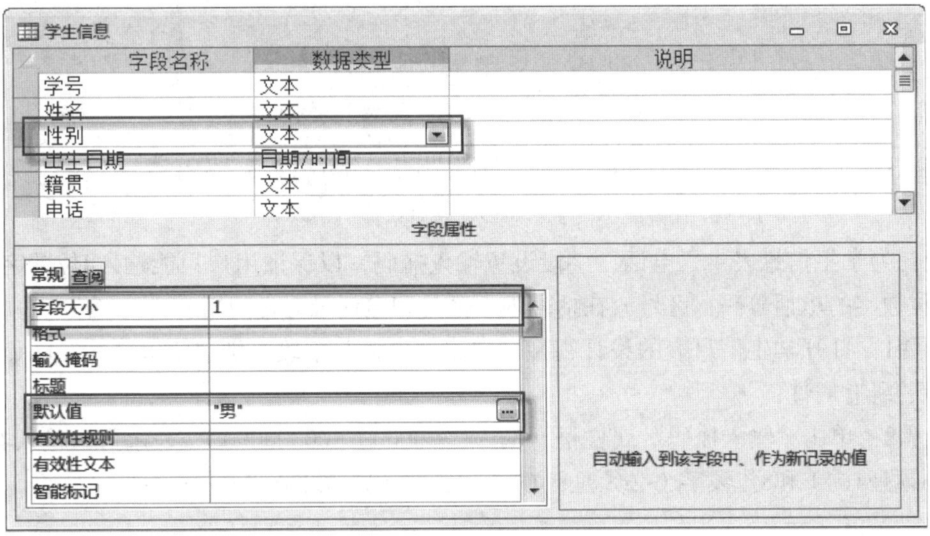

图8-10　性别字段的默认值属性

输入掩码属性由字面字符（如空格、点、点画线和括号等）和决定输入数值类型的特殊字符组成。输入掩码用到的字符及含义如表8-5所示。

表8-5　输入掩码属性及所使用格式字符的含义

字符	说明
0	必须输入数字（0~9）
9	可以选择输入数字或空格
#	可以选择输入数字、空格、加号或减号，如果没有输入则会存储为空格
L	必须输入字母（A~Z）
?	可以选择输入字母（A~Z），如果没有输入则不存储任何内容
A	必须输入字母或数字
a	可以选择输入字母或数字，如果没有输入则不存储任何内容
&	必须输入一个任意字符或一个空格
C	可以选择输入一个任意字符或空格，如果没有输入则不存储任何内容
. : ; - /	小数点占位符及千位、日期与时间的分隔符
>	将所有字符转换为小写

续表

字符	说明
<	将所有字符转换为大写
!	使输入掩码从右到左显示
\	使其后的字符显示为原义字符，例如\A显示为A
密码	文本框中输入任意字符都按原字符保存，单显示为星号（*）

例：为学生信息表中“电话”字段设置输入掩码，以保证用户只能输入4位数字的区号和8位数字的电话号码，区号放在括号内，区号和电话号码之间用“-”分割。

步骤1：打开学生信息表的设计视图，单击“电话”字段，则“字段属性”区显示出该字段的所有属性。

步骤2：单击“输入掩码”属性框，输入“(0000)-00000000”，表示可以输入4位区号（必须是4位）和8位数字（必须是8位）的电话号码，如图8-11所示。

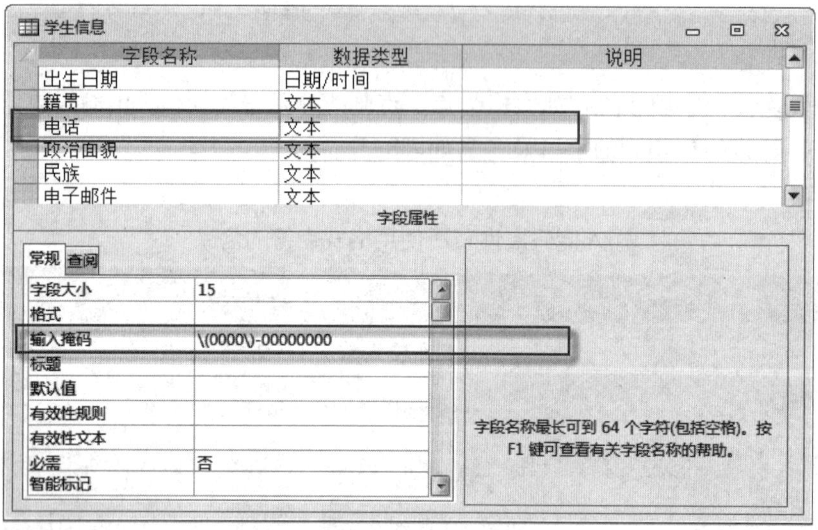

图8-11 “电话”字段的“输入掩码”属性

（5）字段的有效性规则和有效性文本

有效性规则是指一个表达式，是对表中字段值的约束条件。向表中输入数据时，若输入的数据不符合字段的有效性规则，系统将显示提示信息，并强迫停留在该字段所在位置，直到数据符合字段有效性规则为止。利用该属性可以防止非法数据输入到表中。

有效性文本的设定内容是当输入值不满足“有效性规则”时，系统提示的信息。“有效性规则”和“有效性文本”通常是结合起来使用的。

表达式中常用的运算符号及其功能如表8-6所示。

表8-6　　表达式中可用运算符及其功能

类型	运算符	说明
算术	+	加
	–	减
	*	乘
	/	除
	\	整除
	mod	取余
	^	幂运算
关系	<	小于
	<=	小于等于
	>	大于
	>=	大于等于
	=	等于
	<>	不等于
逻辑	And	与
	Or	或
	Not	非
字符	&	字符串连接
特殊	Between X and Y	值在X 和Y 之间时为“真”
	In（X,Y,Z）	值取集合中任意一个
	like	比较字符串是否相同
	Is	指定一个值是Null或Not Null

例：设置学习成绩表中“成绩”字段的只允许输入0~100的数值，出错的提示信息为“成绩只能是0~100的值！”。

步骤1：打开“学习成绩”表的设计视图，选择“成绩”字段，则“字段属性”区显示出该字段的所有属性。

步骤2：如图8-12所示，在“有效性规则”框中输入“>= 0　and　<=100”，在“有效性文本”框中输入“成绩只能是0~100的值！”。

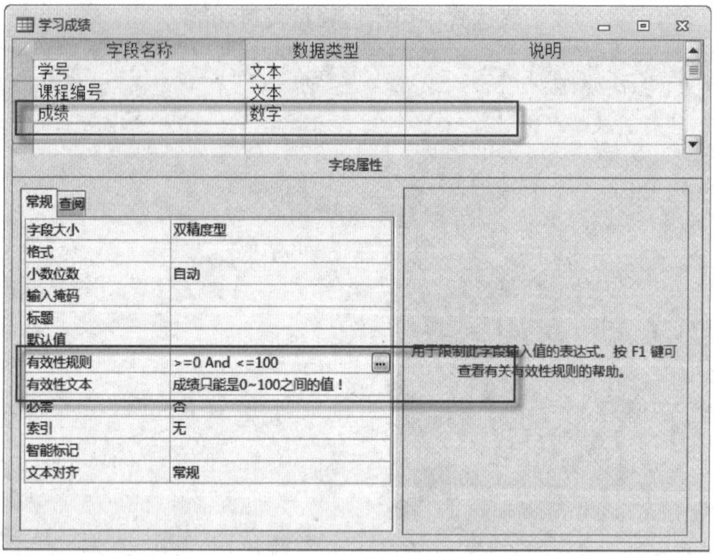

图8-12　设置有效性规则和有效性文本

常用的有效性规则和有效性文本示例如表8-7所示。

表8-7　　常用的有效性规则和有效性文本示例

有效性规则	有效性文本
<> 0	必须是非0值
> 0 or Is Null	必须为空值或大于0
>=#2010-01-01#	必须是2010年以后的日期
>= #2000-01-01# and <= #2000-12-31#	必须是2000年内的日期
Between 0 and 100	必须是介于0~100的值
In(“党员”，“团员”，“群众”)	必须是党员、团员、群众之一
Like “李*”	必须是以李开头
Like “李??”	必须是以李开头的3个字符

（6）标题

设置标题属性值将取代字段名称在显示表中数据时的位置。即在显示表中数据时，表中列的栏目名称将显示“标题”属性值，而不显示“字段名称”值。

（7）必须

指定该字段是否必须输入数据。当取值为“否”时，可以不输入数据，即允许该字段有空值。

8.3.4　查阅属性

如果表中某个字段的值是来自另一个表中的数据或者可以从几个固定的值中选择，那么可以使用查阅向导建立一个查阅列表，这样在向该字段中输入数据时，系统会自动弹出一个列表，可以直接在该列表中选择值填入字段。

例：为学生信息表的“性别”字段建立查阅列表。

步骤1：打开学生信息表的设计视图，选中“性别”字段，并在其“数据类型”选项列表中选择“查阅向导...”，打开查阅向导对话框。

步骤2：查阅向导的第1步提供了两个选项，这里选择“自行键入所需的值”，如图8-13所示。

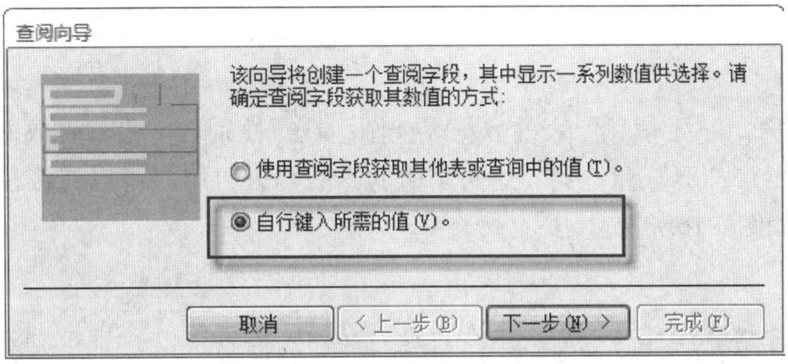

图8-13　查阅向导（1）

步骤3：单击“下一步”按钮，打开向导的下一步，如图8-14所示。这里输入两行数据，分别是“男”和“女”。

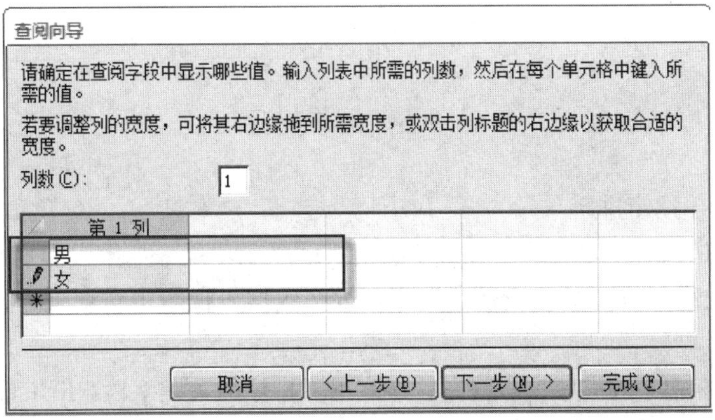

图8-14　查阅向导（2）

步骤4：单击“下一步”按钮，如图8-15所示，为查阅列表指定标签。这里用默认字段名“性别”作为其标签，然后单击“完成”按钮完成查阅列表的建立。

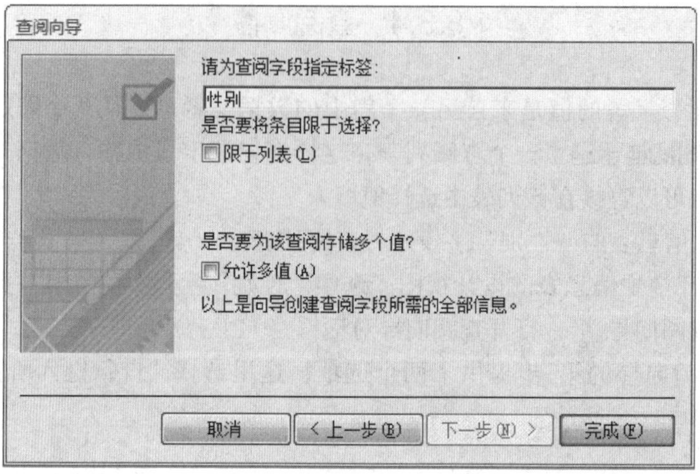

图8-15 查阅向导(3)

步骤5：打开“学生信息”表的数据表视图，在“性别”字段输入数据时，系统会自动弹出一个包含了“男”和“女”这两个值的查阅列表，用户可以直接在这个查阅列表中进行选择，如图8-16所示。

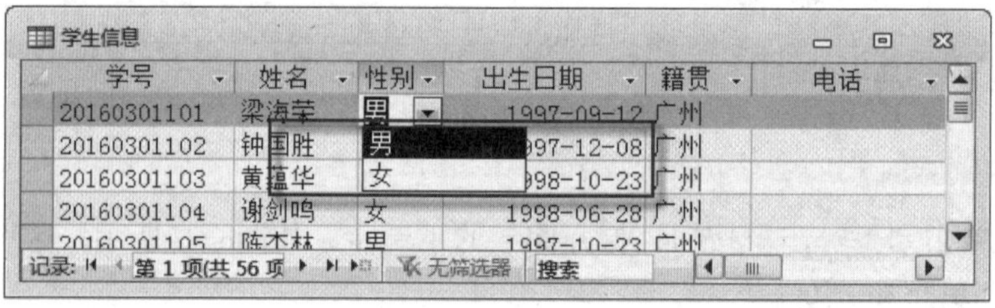

图8-16 查阅列表效果

8.3.5 记录排序

(1)使用排序按钮排序

Access默认是以表中定义的主关键字的值排序显示记录。如果没有定义主关键字，则按记录在表中的物理位置显示记录。用户可以在数据表视图中对记录进行排序以改变记录的显示顺序。

打开“学生信息”表的数据表视图，选定用于排序的关键字段“出生日期”，单击“开始”选项卡|“排序和筛选”组|“降序”按钮，即可将表中记录按“出生日期”降序排列，如图8-17所示。单击“文件”选项卡|“保存”按钮就将排序后结果保存；单击“开始”选项卡|“排序和筛选”组|“取消排序”按钮，可恢复原来的显示顺序。

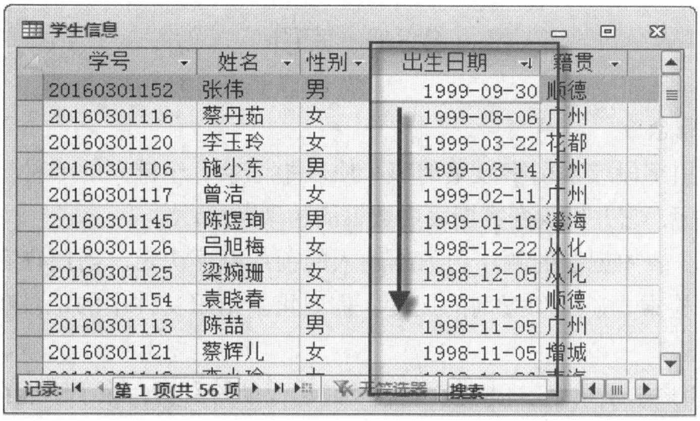

图8-17　按“出生日期”降序排序后的结果

注意：备注、超链接和OLE对象型数据不能排序。

（2）高级排序

如果排序时有多个关键字段，并且希望多个字段按不同的次序排序，就必须使用“高级筛选/排序”功能才能实现。

例：在“学生信息”表中，先按照“所在学院”升序排列，“所在学院”值相同的记录再按“出生日期”降序排列。

步骤1：打开“学生信息”表的数据表视图，单击“开始”选项卡|“排序和筛选”组|“高级”→“高级筛选/排序”按钮，打开筛选窗口。

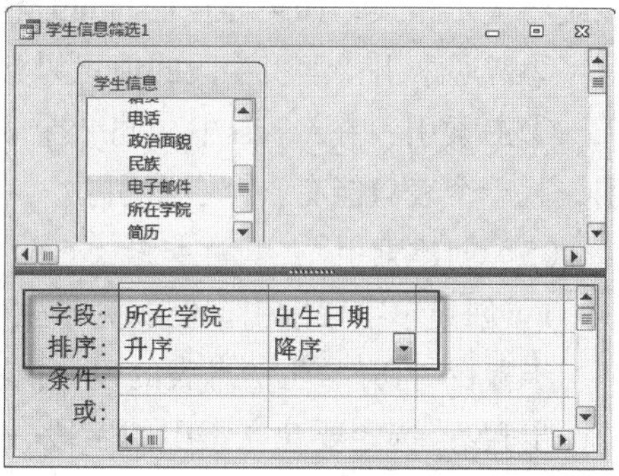

图8-18　筛选窗口

步骤2：如图8-18所示，在筛选窗口的设计网格中，设置排序的关键字段。

步骤3：单击“排序和筛选”组“应用筛选/排序”按钮，排序结果如图8-19所示。

图8-19　排序结果

8.3.6 索引

（1）索引的概念

索引是按索引字段或索引字段集的值，使表中记录有序排列的一种技术。索引实际上是一种逻辑排序，它并不改变数据表中数据的物理顺序。

一般情况下，表中记录的顺序由数据输入的前后顺序决定。当用户有不同需求时，为了加快数据的检索、显示和查询的速度，需要重新组织文件中的记录顺序，索引技术是最为可行的方法。

Access允许用户基于单个字段或多个字段创建记录的索引。除了不能在备注型、逻辑型和OLE对象型字段上建立索引外，其余类型的字段都可以建立索引。

（2）索引的类型

按照索引的功能划分，索引有以下几种类型：

①唯一索引：索引字段的值不能相同，即没有重复值。如果给该字段输入重复值，系统将提示错误，如果要在已有重复值的字段上创建索引，就不能创建唯一索引。

②普通索引：索引字段的值可以相同，即有重复值。

③主索引：在Access中，同一个表可以创建多个唯一索引，其中一个可设置为主索引，且一个表只能有一个主索引。

（3）创建索引

1）创建单字段索引。例：为学生信息表创建索引，索引字段为“姓名”。

步骤1：打开学生信息表的设计视图。

步骤2：选定要建立索引的字段——姓名，在字段属性区，打开“索引”属性框，选择“有（有重复）”选项，如图8-20所示。

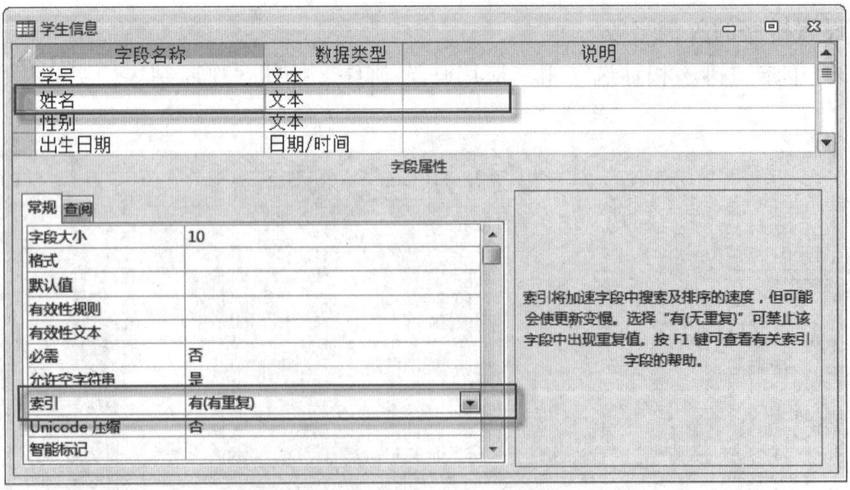

图8-20 设置“索引”属性

可以选择的“索引”属性选项有3个，具体说明如表8-8所示。

表8-8 索引属性选项说明

属性值	说明
无	该字段不建立索引
有（有重复）	以该字段建立索引，且字段中的内容可以重复，索引类型是普通索引
有（无重复）	以该字段建立索引，且字段中的内容不能重复，索引类型为唯一索引

2）创建多字段索引。如果经常需要同时搜索或排序两个或更多的字段，可以创建多字段索引。

例：为“学生信息”表创建多字段索引，索引字段包括“性别”“政治面貌”。

步骤1：打开“学生信息”表的设计视图，单击“设计”选项卡|“索引”按钮，打开“索引”对话框。

步骤2：在对话框的“索引名称”列输入索引名称，在“字段名称”列中选择索引的第一个字段“性别”，并设置升序排列，如图8-21所示。

步骤3：在下一行，选择索引的第二个字段“政治面貌”，排序次序为“降序”（该行“索引名称”列为空）。

步骤4：保存表，结束表的索引的建立。

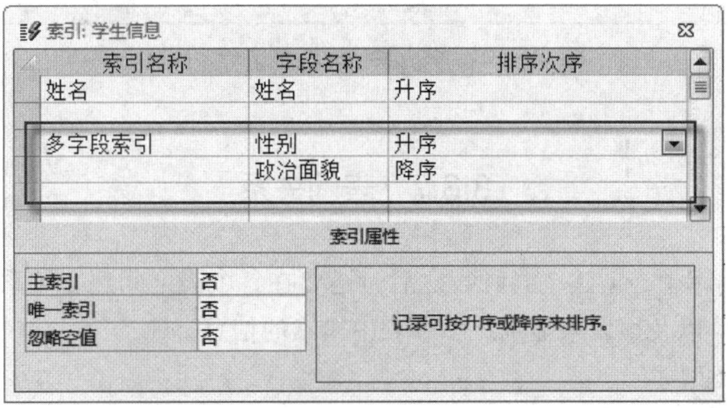

图8-21 索引窗口

（4）主键

主键也叫主关键字，是唯一能标识一条记录的字段或字段的组合。一个表只能有一个主键，指定主键后，向表中输入新记录时，系统会检查该字段是否有重复数据，如果有，则禁止重复数据输入到表中。同时，系统也不允许主键字段中的值为Null。

设置表的主键，同时也就创建了索引，也可以说主键是一种特殊的索引。

例：设置“学生成绩”表“学号”和“课程编号”字段为主键。

步骤1：打开“学生成绩”表的设计视图。

步骤2：单击字段行左侧的行选择器，可以选中字段。按下Ctrl键，再分别单击所需字段行左侧的行选择器可以同时选中多个字段。同时选中“学号”和“课程编号”字段后，

单击“设计”选项卡|“工具”组|“主键”按钮，则选定字段就被定义为主键，字段前有一个符号，如图8-22所示。

步骤3：保存表，结束主键的定义。如果指定为主键的字段中包含了重复值或Null值，系统会提示如图8-23所示信息。

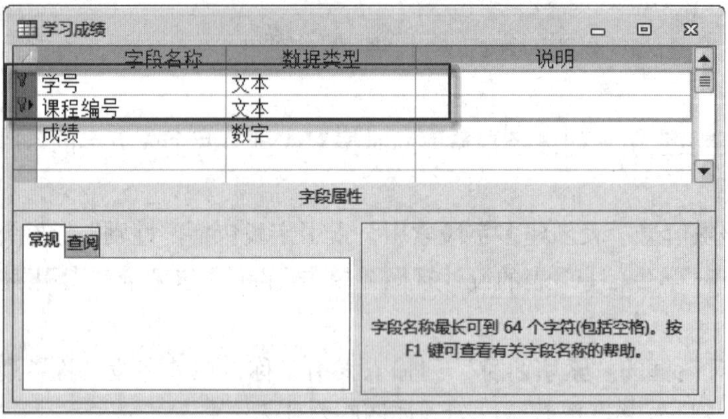

图8-22 设置主键

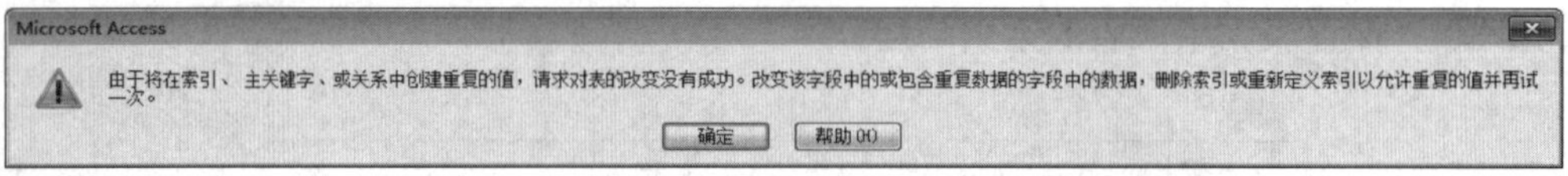

图8-23 有重复值或为Null时的提示信息

8.3.7 表间关系

在Access数据库中，创建了各种表之后，还要在各个表之间建立关系，然后才可以通过创建查询、窗体以及报表来显示从多个表中检索的信息。

（1）关系的类型

关系是在两个表之间建立的联系，关系有一对一、一对多和多对多3种类型。

①“一对一”关系。在一对一关系中，A表中的每1条记录仅能在B表中有1条匹配的记录，并且B表中的每1条记录也仅能在A表中有1条匹配的记录。

②“一对多”关系。“一对多”关系是最常见的类型。在一对多关系中，A表中的1条记录能与B表中的多条记录匹配，而B表中的1条记录只能与A表中的1条记录匹配。

③“多对多”关系。在多对多关系中，A表中的1条记录能与B表中的多条记录匹配，并且在B表中的1条记录也能与A表中的多条记录匹配。此类型的关系仅能通过定义第三个表来达成，多对多关系实际上是和第三个表的两个一对多关系。

（2）建立表间关系

建立表间关系的基本条件就是要确保建立关系的两个表具有相同的字段（或字段名不同但属性相同）。以其中一个表的相关字段与另一个表中的相关字段建立关联，两个表间也就具有了一定的关联关系。

例：为“学生成绩管理”数据库建立表间关系。

步骤1：打开“学生成绩管理”数据库，单击“数据库工具”选项卡|“关系”按钮，打开“关系”窗口。如果当前尚未定义任何关系，那么在打开“关系”窗口的同时，系统会自动弹出“显示表”对话框，从中选中要定义关系的表，如图8-24所示。

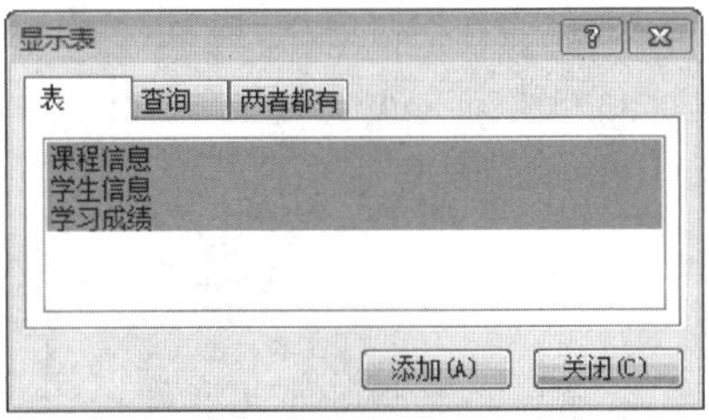

图8-24　显示表对话框

步骤2：单击“添加”按钮将选中的表添加到“关系”窗口，然后单击“关闭”按钮。这时，“关系”窗口如图8-25所示。

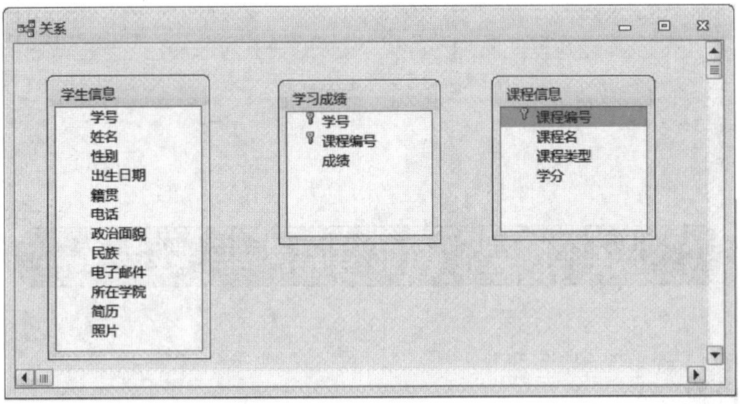

图8-25　关系窗口

步骤3：在关系窗口，用鼠标拖动“学生信息”表的“学号”字段到“学习成绩”表的“学号”字段，释放鼠标后弹出“编辑关系”对话框，如图8-26所示。

步骤4：若要在表间实施参照完整性，就需要先设置“学生信息”表的“学号”字段为主键或唯一索引，然后在编辑关系窗口中选中“实施参照完整性”复选框，再根据需要选中“级联更新相关字段”和“级联删除相关记录”复选框。单击“创建”按钮，即可创建从“学生信息”表“学号”字段到“学习成绩”表“学号”之间的“一对多”关系。

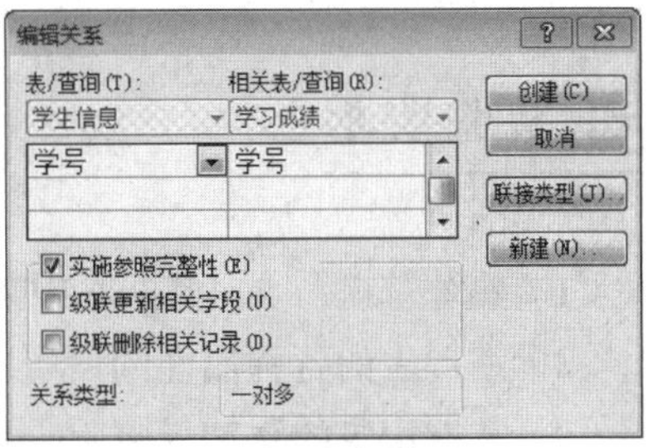

图8-26　编辑关系窗口

参照完整性是在输入或删除记录时为维持表之间已定义的关系而必须遵循的规则。在定义表之间的关系时应设立一些准则，这些准则将有助于数据的完整。实施参照完整性的条件是其中一个表必须按照关键字段建立唯一索引或主键。

如果实施了参照完整性，那么当主表中没有相关记录时，就不能将记录添加到相关表中，也不能在相关表中存在匹配的记录时删除主表中的记录，更不能在相关表中有相关记录时更改主表中的主键。也就是说，实施了参照完整性后，对表中主键字段操作时系统会自动地检查主键字段，看该字段是否被添加、修改或删除。

步骤5："学生信息"管理数据库的表间关系如图8-27所示。

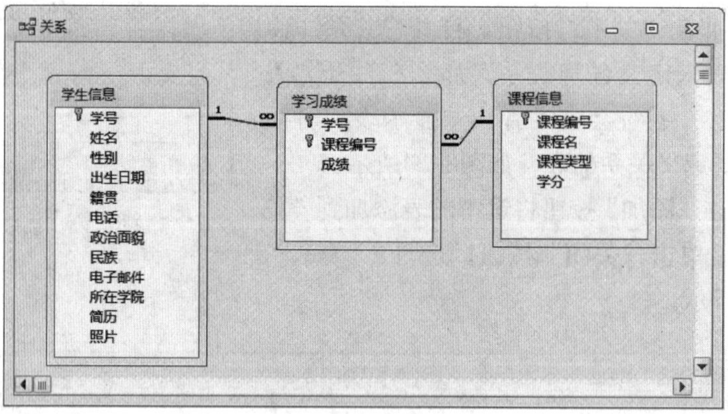

图8-27　表间关系

8.4　创建"图书借阅管理"数据库

实验目的

通过实验熟练掌握数据表的建立、属性的设置方法，记录的添加、删除、排序、筛选，以及索引和关系的建立。

实验要求

（1）熟练掌握Access数据库中数据表的建立方法。

（2）掌握表的各种属性的设置方法。

（3）掌握记录的添加、删除、排序和筛选方法。

（4）掌握索引和关系的建立。

实验内容

（1）创建名为"图书借阅管理"的数据库，并将建好的数据库保存在指定的文件夹（d:\）中。

实验步骤如下：

1）启动Access 2010，选择“文件”|“新建”命令，在可用模板窗格中选择“空数据库”。设置新建数据库文件名为“图书借阅管理.accdb”，并设置保存位置为“d:\”。

2）单击“创建”按钮，Access便在指定的d:\创建一个名为“图书借阅管理”的空数据库文件。

（2）在“图书借阅管理”数据库中分别创建三个数据表Reader、Books和Borrowed。表的结构如表8-9、表8-10、表8-11所示。

表8-9　Reader表的结构

字段名	数据类型	字段大小
学号	文本	11
姓名	文本	20
性别	文本	1
出生日期	日期/时间	
籍贯	文本	20
政治面貌	文本	20
民族	文本	20
学院	文本	20

表8-10　Books表的结构

字段名	数据类型	字段大小
书号	文本	9
书名	文本	50
作者	文本	20
出版社	文本	20
价格	货币	两位小数
类别	文本	20
出版日期	日期	
页数	数字	长整型
简介	备注	
封面	OLE对象	

表8-11　　Borrowed表的结构

字段名	数据类型	字段大小
借书证号	文本	11
书名	文本	9
借书日期	日期/时间	
还书日期	日期/时间	

创建Reader表的实验步骤如下：

1）在“图书借阅管理”数据库窗口中，选择“创建”选项卡|“表格”组|“表设计”按钮，打开一张新表的设计视图。

2）根据表8-9内容，在设计视图的上半部分填入Reader表的各个字段，并设置数据类型及字段长度。

3）字段输入完毕后，单击“文件”|“保存”按钮，打开“另存为”对话框，定义表名为Reader后，单击“确定”按钮，完成Reader表的创建。

采用同样方法，分别建立表Books和Borrowed。

（3）根据如下要求，设置Books表各字段的相关属性：

①“书号”字段在数据表视图中显示的标题为“图书编号”。

②“书号”字段只允许输入9位数字字符。

③“出版社”字段的默认值为“电子工业出版社”。

④“出版日期”的显示格式为短日期格式。

⑤“价格”字段的显示格式设置为如“￥19,248.50”，小数位为2位。

⑥要求用户输入的“价格”字段的值必须大于0，否则显示“价格必须大于0!”的提示信息。

实验步骤如下：

在导航窗格中右键单击“Books”表，在快捷菜单中选择设计视图命令，打开“Books”的设计视图。

1）选择“书号”字段，将“标题”属性修改为“图书编号”。

2）选择“书号”字段，将“输入掩码”属性设置为“000000000”，如图8-28所示。

3）选中“出版社”字段，设置“默认值”属性为“电子工业出版社”。

4）如图8-29所示，设置出版日期字段的“格式”属性为“短日期”。

5）如图8-30所示，设置“价格”字段的格式属性为“￥#,###.##\元”，有效性规则属性设置为“>0”，有效性文本属性设置为“价格必须大于0!”

（4）为Reader表的“学院”字段设置查阅属性，显示控件设置为组合框，行来源类型为“值列表”，行来源为“英文学院；经贸学院；信息学院；商学院”。

实验步骤如下：

方法1，利用查阅向导设置查阅属性。

1）打开“Reader”表的设计视图，选中“学院”字段，并在其“数据类型”列表中选择“查阅向导...”，如图8-31所示。

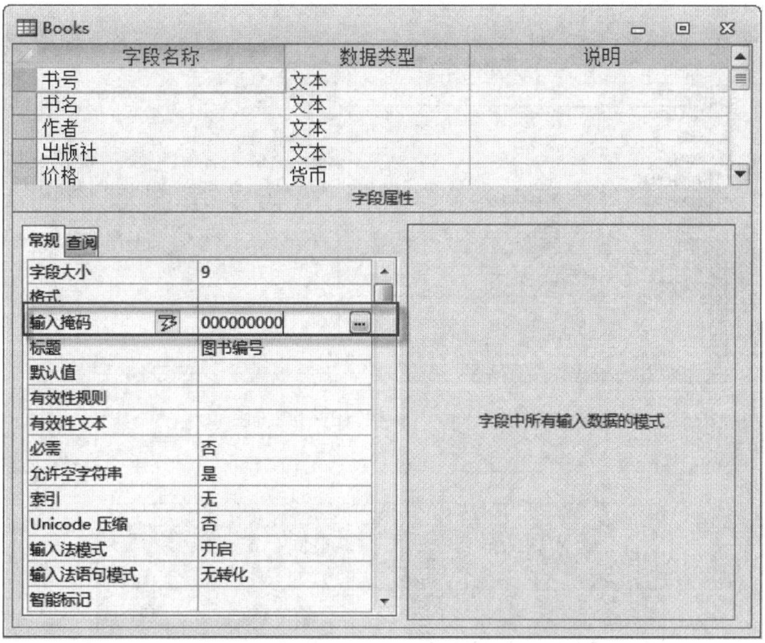

图8-28　设置“书号”的输入掩码属性

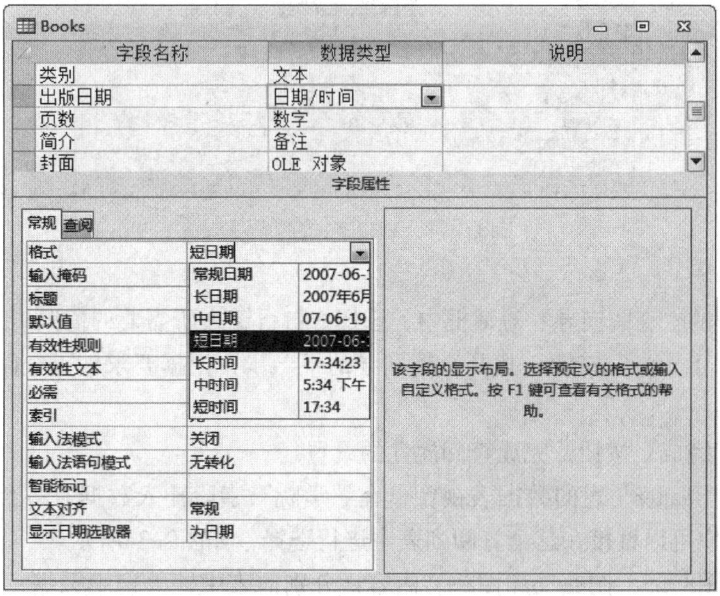

图8-29　设置“出版日期”的格式属性

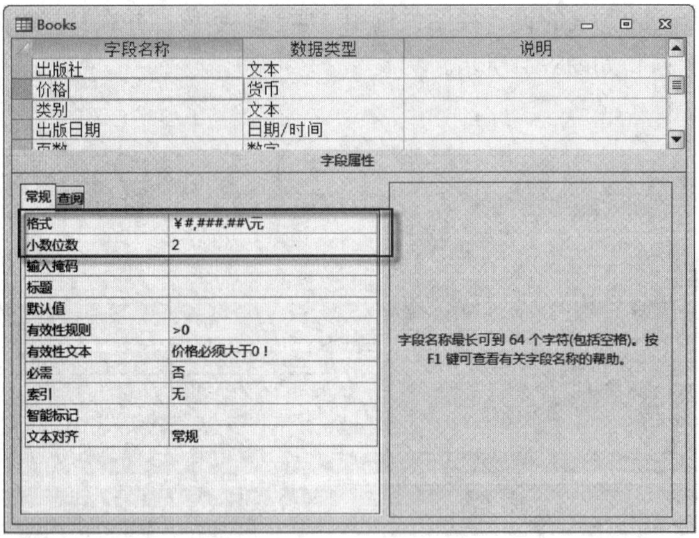

图8-30 “价格”的格式属性

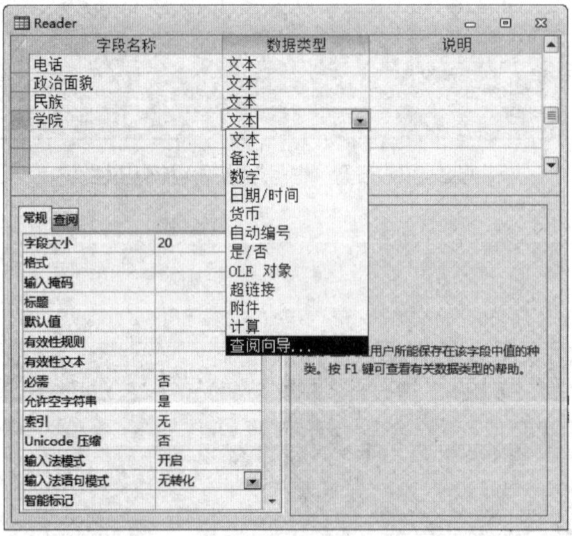

图8-31 Reader表的学院字段

2）在打开的“查阅向导”对话框中，选择“自行键入所需要的值”，如图8-32所示。

3）单击“下一步”按钮，打开查阅向导的下一步，根据要求输入查阅列表中的值，如图8-33所示。

4）单击“完成”按钮，完成查阅属性的设置。

5）打开“Reader”表的数据表视图，在“学院”字段输入数据时，会自动弹出一个查阅列表，用户可以直接在这个查阅列表中进行选择，如图8-34所示。

（5）根据图8-35、图8-36和图8-37内容，分别向表中输入记录数据，其中Books表的照片和备注内容可以自己定义。

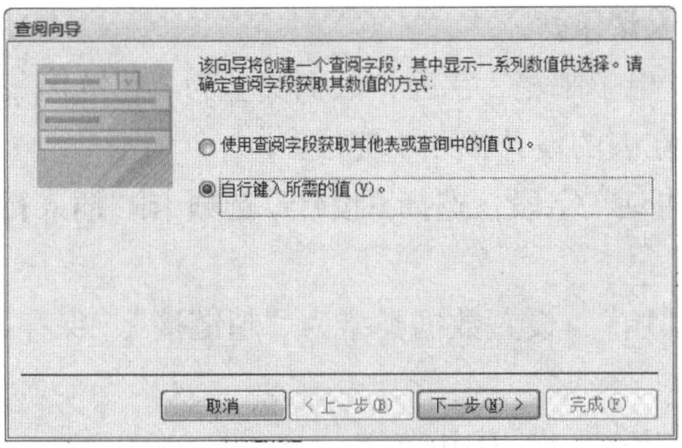

图8-32　查阅向导对话框（1）

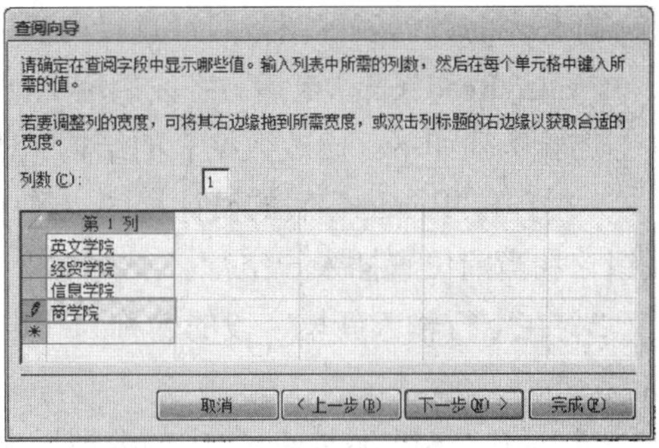

图8-33　查阅向导对话框（2）

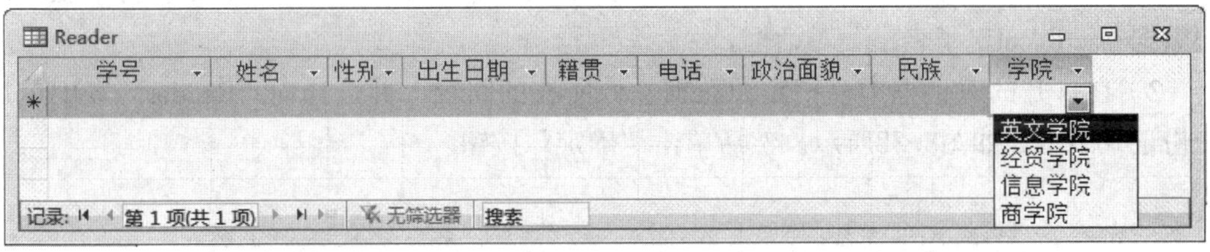

图8-34　Reader表“学院”字段查阅属性的使用效果

图8-35　Reader表中的记录

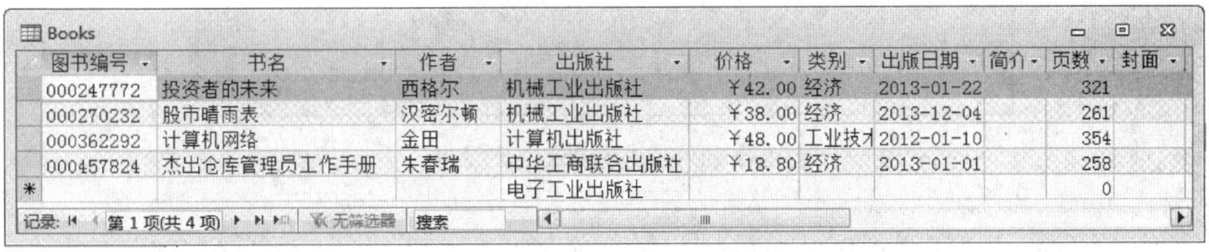

图8-36　Books表中的记录

图8-37　Borrowed表中的记录

打开表的数据表视图，即可直接向表中录入记录。

(6) 给Reader表“电话”字段后增加一个“电子邮箱”字段，数据类型为“超链接”。

实验步骤如下：修改数据表的结构，需要在表的设计视图中完成。

1) 打开“Reader”表的设计视图，选中“电话”字段，选择“设计”选项卡|“插入行”按钮，在当前位置插入一空行。

2) 在空行输入新增字段的名称为“电子邮箱”，设置数据类型为“超链接”，保存数据表。

(7) 将“16级新生.xlsx”中的数据导入到“Reader”表中。

实验步骤如下：

1) 选择“外部数据”选项卡，单击“导入并链接”组“Excel”按钮，打开“获取外部数据——Excel电子表格”对话框。

2) 在打开的对话框中，指定源数据文件所在的路径，并选择向“Reader”表中追加一份记录副本，如图8-38所示。然后单击“确定”按钮。

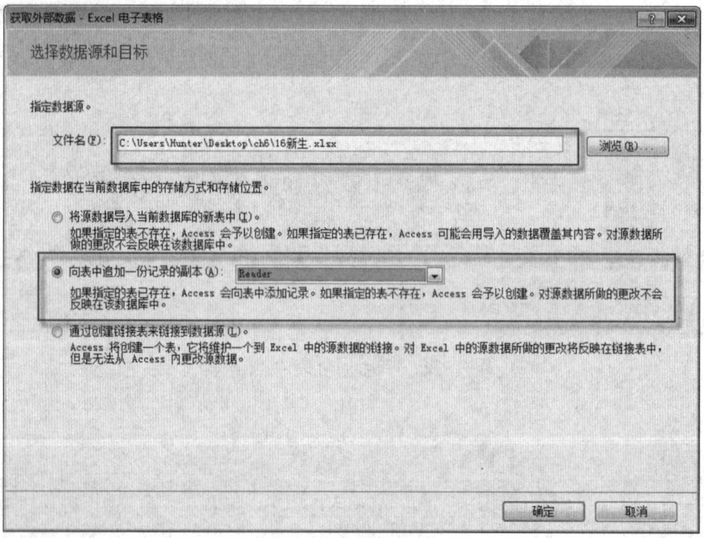

图8-38 获取外部数据对话框

3) 在打开“导入数据表”向导中，确定数据所在工作表。如图8-39所示，然后单击“下一步”按钮。

4) 确定源数据中包含数据标题(即字段名)，最后单击“完成”按钮，完成数据导入。

(8) 将Books表中的图书数据导出为Books.xlsx文件，并保存。

利用“外部数据”选项卡中“导出”组中“导出到Excel电子表格”按钮，根据向导提示，可以实现指定数据格式的导出。

(9) 设置在浏览Reader表的记录时，先按照性别升序排序，同一性别的记录之间按出生日期降序排序。

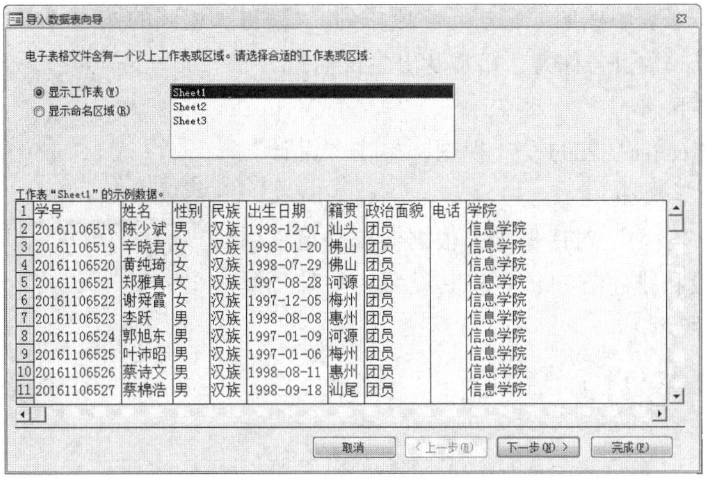

图8-39 导入数据表向导

实验步骤如下：

1）打开Reader表的数据表视图，单击“开始”选项卡|“排序和筛选”组|“高级筛选/排序”按钮，如图8-40所示。

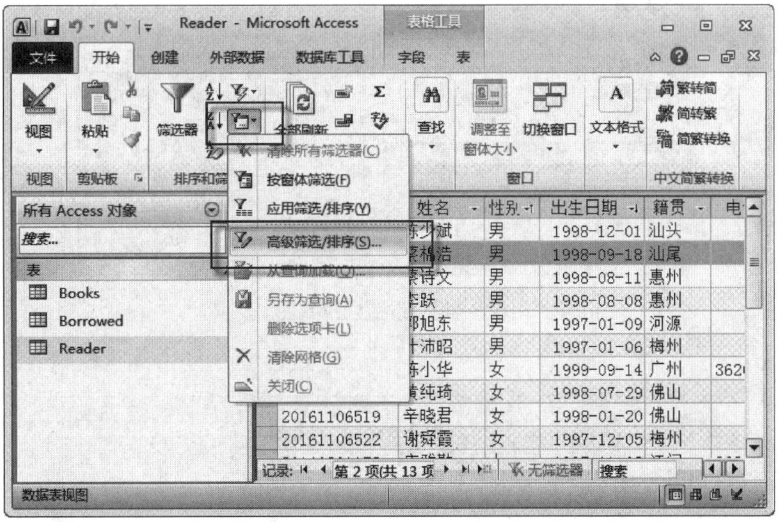

图8-40 “高级筛选/排序”按钮

2）在打开的筛选设计窗口中设置排序条件，如图8-41所示。

3）单击“排序和筛选”组“应用筛选/排序”按钮，则Reader表中记录即按照要求顺序显示。

（10）在Books表中按照“姓名”建立普通索引。

如图8-42所示，打开Reader表的设计视图，选择“姓名”字段，设置其索引属性为“有（有重复）”。

（11）在Reader表中按照“籍贯”字段排列，“籍贯”相同的按照“出生日期”降序建立一个唯一索引，索引名称为“籍贯及出生日期”。

实验步骤如下：

1）打开“Reader”表的设计视图，单击“设计”选项卡中“索引”按钮。

2）在打开“索引”对话框中，根据要求确定索引名称、索引字段和排序方向，并将其设置为“唯一索引”，如图8-43所示。

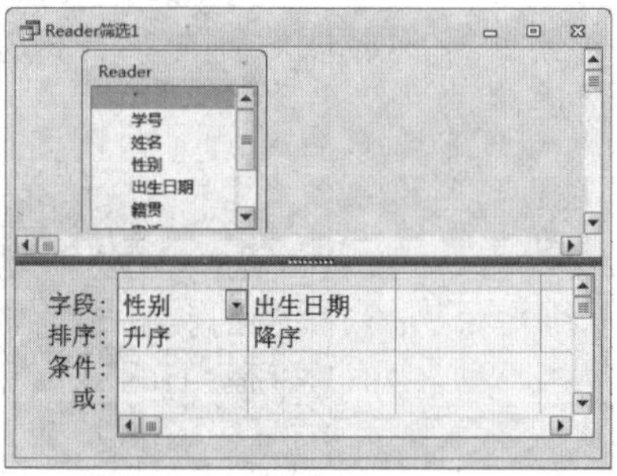

图8-41　排序条件设置窗口

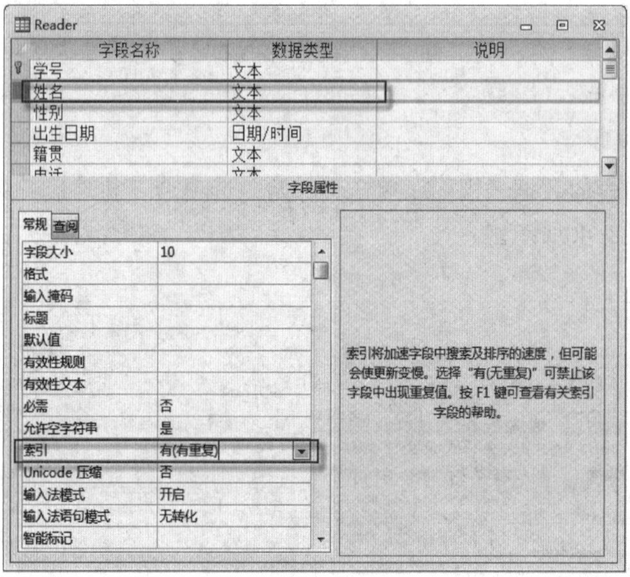

图8-42　设置索引属性

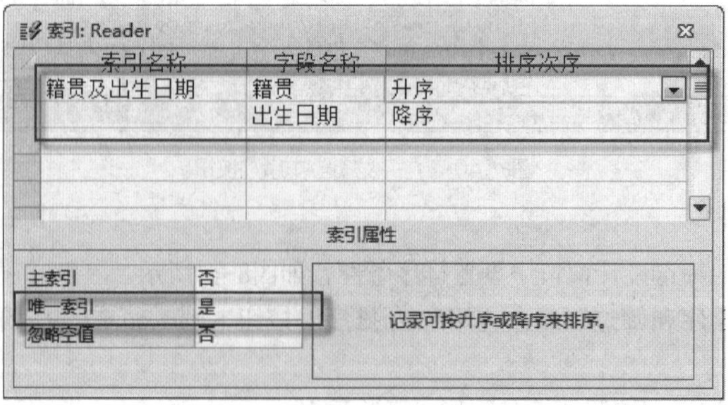

图8-43　创建索引窗口

3）关闭索引对话框，保存表，完成索引的创建。

（12）分析表的结构，分别给三个表建立主键。

设置Reader表主键的实验步骤如下：

1）打开Reader表的设计视图，选中“学号”字段。

2）如图8-44所示，单击“设计”选项卡中的主键按钮，保存数据表，完成设置。

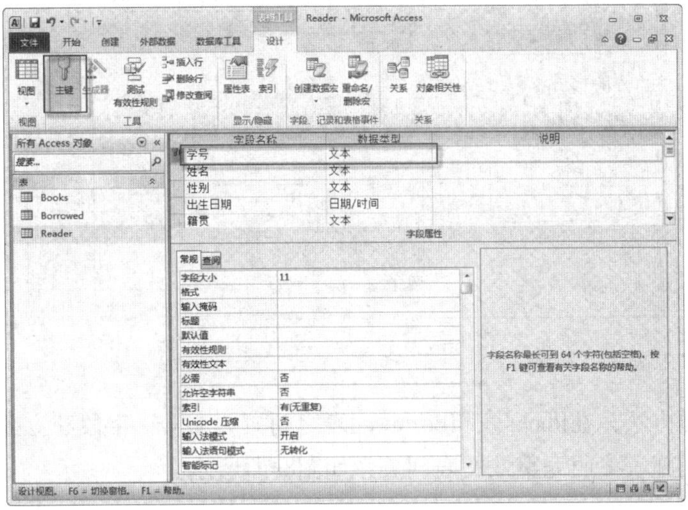

图8-44　设置主键

采用同样方法，设置“书号”为Books表的主键，“借书证号”和“书号”为Borrowed表的主键。

（13）分析三个表的结构，在Reader表和Borrowed，Books表和Borrowed表之间建立关系并实施参照完整性。

分析三张表的结构，在Reader表和Borrowed表之间按照“学号”/“借书证号”字段建立关系，在Books表和Borrowed表之间按“书号”字段建立关系，并实施参照完整性。

1）打开“数据库工具”选项卡，单击“关系”按钮，打开“关系”窗口。

2）在“设计”选项卡中单击“显示表”按钮，在弹出的对话框中选择需要建立关系的表，如图8-45所示。这里需要将三张表都选中。

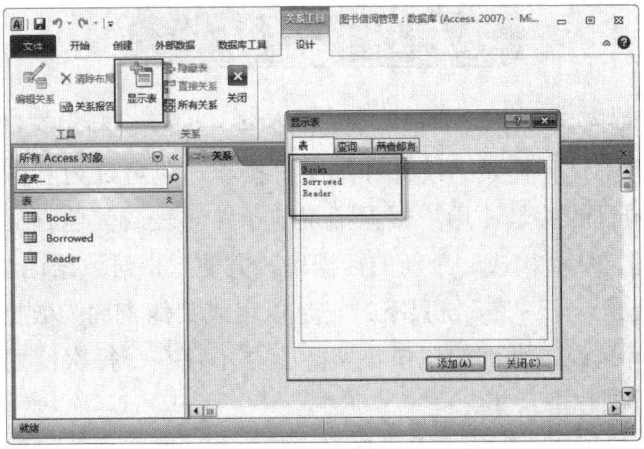

图8-45　“显示表”对话框

3）用鼠标拖动Reader表中的“学号”字段到“Borrowed”表的“借书证号”字段，释放鼠标后弹出“编辑关系”对话框，如图8-46所示。选中“实施参照完整性”复选框，然后单击“创建”按钮。

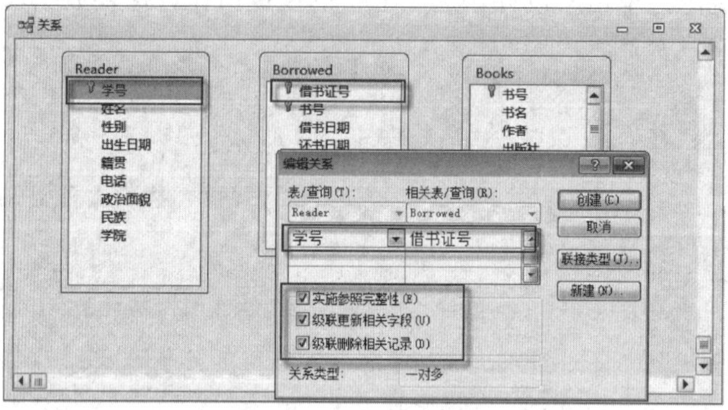

图8-46 建立表间关系

4）使用同样方法，在Books表和Borrowed表之间按“书号”字段建立关系。

5）建立并实施了参照完整性的表间关系如图8-47所示。

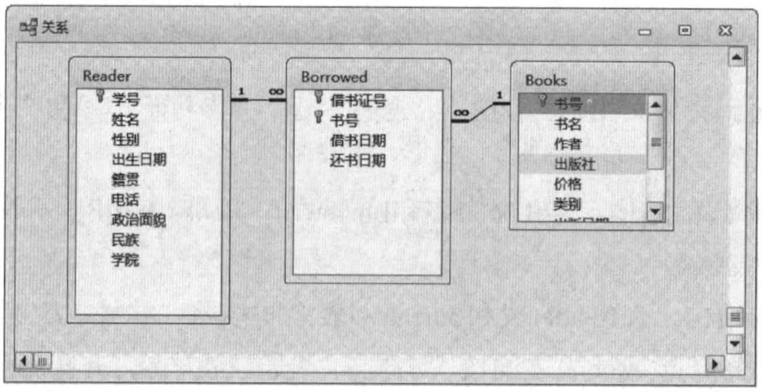

图8-47 表间关系

8.5 查询

查询是Access数据库系统中一个非常重要的数据库对象，利用查询可以实现对数据库中的数据进行显示、筛选、检索、统计和加工等操作，也可以为其他数据库对象提供数据来源。一个查询的目的就是让用户根据指定的条件对表或其他查询进行检索，筛选出符合设定条件的数据，从而构成一个新的数据集，方便用户对数据记录的查看和分析。

查询可以被看成是一个“表”，只不过它是以表或其他查询为数据源的虚拟表，是动态的数据集合。也就是说，查询的记录集实际上并不存在，每次使用查询时，都是从查询的数据源表中即时创建记录集。

在Access中，主要有以下几种查询类型：选择查询、参数查询、交叉表查询、操作查询及SQL查询，其中操作查询及SQL查询必须是在选择查询的基础上创建的。

8.5.1 选择查询

选择查询是最常见的查询类型，是其他查询的基础。一般情况下，创建选择查询有两种方法：使用向导创建查询和使用设计视图创建查询。在创建查询之前，如果数据源涉及多个表，建议先建立表间的关系。

方法一：使用查询向导创建查询。

使用查询向导创建查询，就是在Access系统提供的查询向导的引导下，逐步完成查询的整个过程。在Access中，有“简单查询向导”“交叉表查询向导”“查找重复项查询向导”和“查找不匹配项查询向导”。

使用简单查询向导创建查询，可在一个或多个表或查询中以指定的字段检索数据。如果需要，也可以对记录进行总计、计数以及平均值的计算。

例：已知“学生成绩管理”数据库包括学生信息表、课程信息表和学习成绩表，三张表已建立了关系，如图8-48所示。查询学生的成绩单，输出字段包括：“学号”“姓名”“课程编号”“课程名”“成绩”，查询对象保存为“成绩单”。

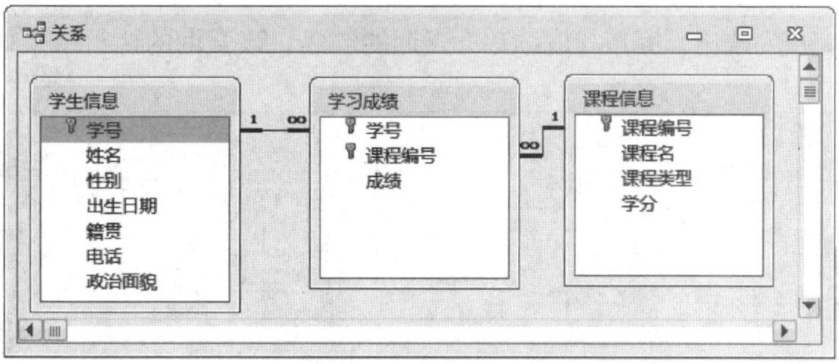

图8-48 “学生成绩管理”数据库的表间关系

使用查询向导创建的具体操作步骤如下：

1）打开“学生成绩管理”数据库，单击“创建”选项卡|“查询”组|“查询向导”按钮，打开“新建查询”对话框，如图8-49所示。

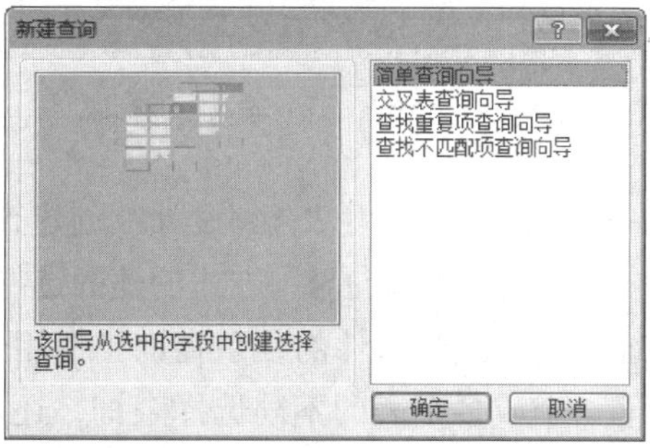

图8-49 “新建查询”对话框

2）在列表中选择“简单查询向导”，单击“确定”按钮，打开“简单查询向导”对话框，如图8-50所示。在“表/查询”下拉框中选择“学生信息”表，将“可用字段”中“学号”“姓名”字段添加到“选定的字段”列表中。同样方法，添加“课程信息”表中的“课程编号”“课程名”字段，“学习成绩”表中的“成绩”字段。

特别注意，如果查询涉及多个表，一般要先对表建立关系，否则系统会弹出提示信息，提醒用户进行编辑表间关系或删除某些字段。

3）单击“下一步”按钮，打开简单查询向导的下一步，如图8-51所示。可以设置查询结果是否对数值型字段进行求和、平均值、最大值、最小值等计算。本例显示详细记录，因此选择“明细（显示每个记录的每个字段）”选项。

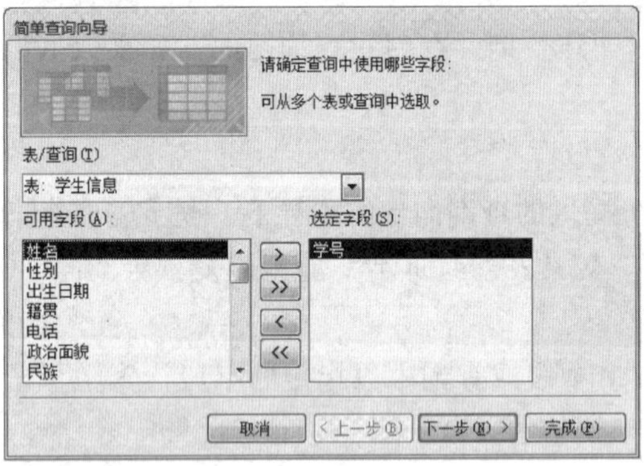

图8-50 “简单查询向导”对话框

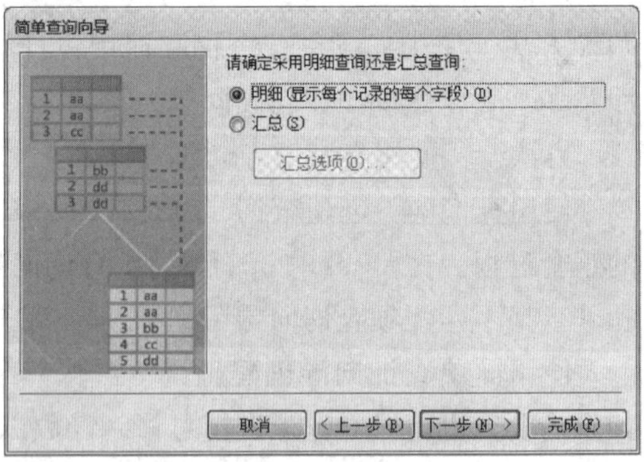

图8-51 选择查询方式

4）单击“下一步”按钮，为查询输入标题，该标题名默认也是查询命名。这里输入“成绩单”，并选中“打开查询查看信息”选项，如图8-52所示。

5）单击“完成”按钮，完成“成绩单”查询的创建。该查询的执行结果如图8-53所示。

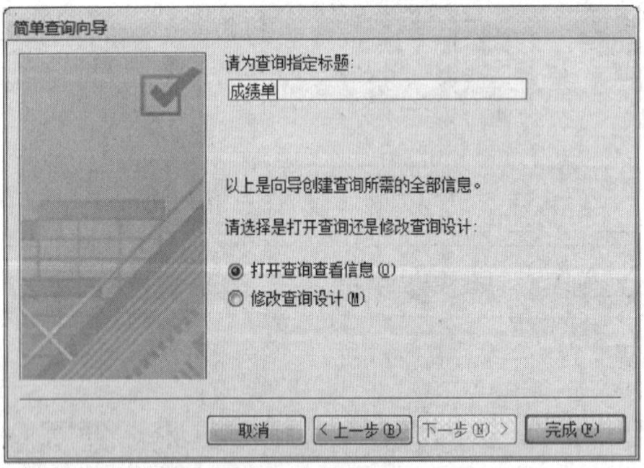

图8-52 输入查询标题

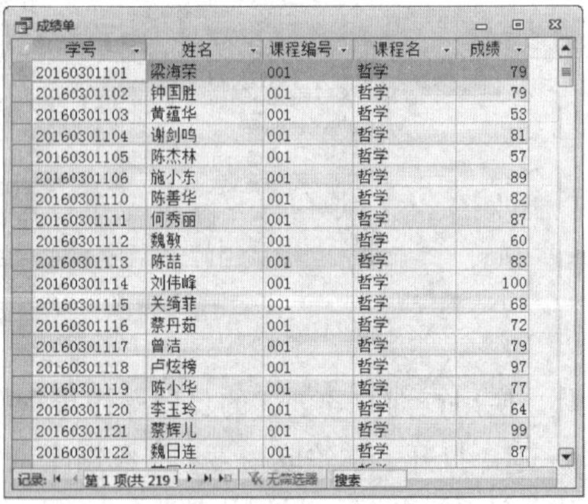

成绩单

学号	姓名	课程编号	课程名	成绩
20160301101	梁海荣	001	哲学	79
20160301102	钟国胜	001	哲学	79
20160301103	黄蕴华	001	哲学	53
20160301104	谢剑鸣	001	哲学	81
20160301105	陈杰林	001	哲学	57
20160301106	施小东	001	哲学	89
20160301110	陈善华	001	哲学	82
20160301111	何秀丽	001	哲学	87
20160301112	魏敏	001	哲学	60
20160301113	陈喆	001	哲学	83
20160301114	刘伟峰	001	哲学	100
20160301115	关绮菲	001	哲学	68
20160301116	蔡丹茹	001	哲学	72
20160301117	曾洁	001	哲学	79
20160301118	卢炫榜	001	哲学	97
20160301119	陈小华	001	哲学	77
20160301120	李玉玲	001	哲学	64
20160301121	蔡辉儿	001	哲学	99
20160301122	魏日连	001	哲学	87

记录: 第 1 项(共 219 项) 无筛选器 搜索

图8-53 “成绩单”查询的结果

方法二：使用“查询设计”创建查询。

采用“查询向导”方式创建的选择查询，只能实现最基本的查看功能，但实际应用中经常要用到带条件的复杂查询。使用查询设计视图不仅可以自行设置查询条件，创建基于一个或多个表的不同选择查询，还可以对已有的查询进行修改。使用“创建”选项卡“查询”组的“查询设计”按钮，可以直接创建一个查询，并在设计视图下设置查询的数据来源、所需字段和查询条件等要素。

例：使用“查询设计”方式实现上例中的查询要求，查询保存为成绩单2。

1）打开“学生成绩管理”数据库，单击“创建”选项卡|“查询”组|“查询设计”按

钮，创建并打开一个新的查询的设计视图，如图8-54所示。将学生信息、课程信息、学习成绩三张表通过“添加”按钮添加到设计视图。

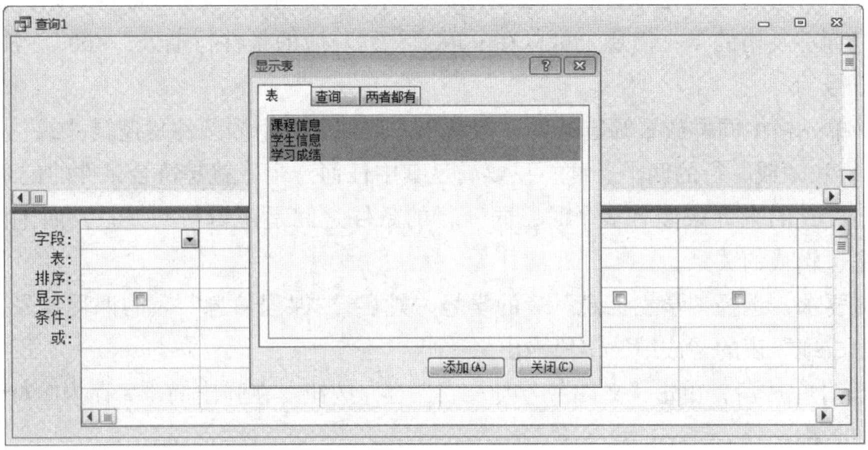

图8-54 显示表对话框

2）单击“显示表”对话框的“关闭”按钮，关闭对话框，并切换到新建查询的设计视图，如图8-55所示。

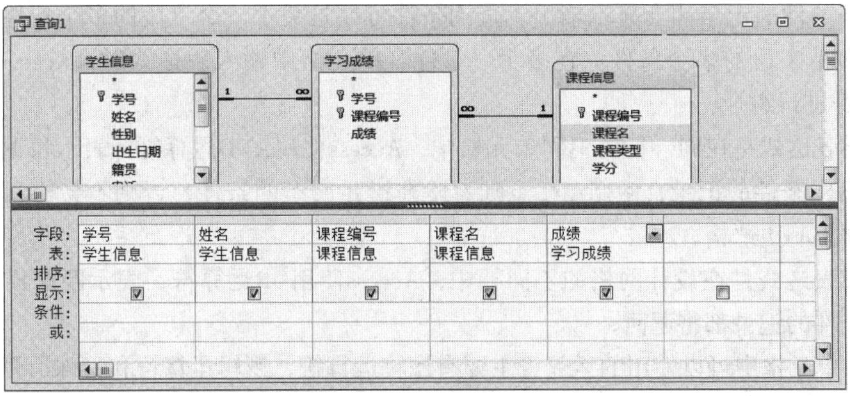

图8-55 查询的设计视图

窗口上半部分用来放置查询的数据来源，一般是表或其他查询。选择查询工具“设计”选项卡，单击“查询设置”组中“显示表”按钮，或在放置表的区域单击鼠标右键，在弹出的快捷菜单中选择“显示表”命令，都可打开“显示表”对话框，进而添加所需的表或查询。选中表，单击【Del】按钮或单击鼠标右键，在弹出的快捷菜单中选择“删除表”命令，可以将表从放置区移除。

窗口下半部分为设计网格，包含“字段”“表”“排序”“显示”“条件”“或”等行。

字段：表示查询要包含的字段名称，一般为表字段，也可以为构建的表达式。可由上半部分的来源表中拖拽而来，也可从下拉列表中选择。

表：显示与查询字段对应的来源表名称。如果“字段”行为表达式，则此处为空。

排序：定义字段的排序方式。可供选择的排序方式有“升序”“降序”和“不排序”。

显示：设置是否在“数据表”视图中显示所选字段，用于确定相关字段是否在动态集中出现（有时字段仅用于构成查询条件，不需要显示）。

条件：对所返回的记录进行筛选使用的条件。筛选条件一般为常量或条件表达式。例如要查询不及格的学生信息，可以在“成绩”列对应的条件行输入“<60”，注意“<”为英文符号。

或：单元格中同样放置筛选条件，但是和“条件”行中的条件是逻辑“或”关系，即“条件”行和“或”行的两个条件，只要满足其中任何一个，就是符合条件的记录。

当要设置的查询条件有多个时，同一行的条件之间是逻辑与的关系，而不同行的条件之间是逻辑或的关系。

根据要求，选择“学生信息”表的学号、姓名，“课程信息”表的课程编号、课程名和“学习成绩”表的“成绩”字段输出。

3）设计完成后，单击“文件”选项卡|“保存”按钮，在弹出的“另存为”对话框中，输入查询名称。

8.5.2 查询条件

创建查询时，可以通过在“条件”行单元格中输入条件表达式对所有记录进行筛选，只有符合条件的记录才会显示输出。查询条件可以是关于一个字段的多个条件，也可以是涉及多个字段的多个条件。在多个“条件”单元格中输入表达式时，Access用AND或OR运算符进行组合。

如果表达式是在同一行的不同单元格中，Access使用AND运算符，表示将返回匹配所有单元格中条件的记录，使用AND意味着除非满足所有的条件，否则不会检索出任何数据，因此限制更严格。

如果表达式是在设计网格的不同行中，Access使用OR运算符，表示匹配任何一个单元格中条件的记录都将返回。

条件单元格中可以使用的运算符主要有比较运算符、逻辑运算符和特殊运算符等。

（1）比较运算符

比较运算符用来比较两个数据的大小关系，比较数据的数据类型必须匹配，否则表达式出错。由比较运算符构成的比较表达式，其结果为逻辑值，当结果为True时，表示两个数据之间存在相应大小关系。常见的比较运算符如表8-12所示。

表8-12 比较运算符及含义

比较运算符	说明	比较运算符	说明
=	等于	<>	不等于
<	小于	<=	小于等于
>	大于	>=	大于等于

比较运算符的一般使用格式为：

<表达式1> <比较运算符> <表达式2>

其中表达式可以是字段名、常量、函数或其他运算表达式。Access中的字符常量一般使用英文符号双引号（"）作为定界符，日期常量使用“#”作为定界符。如"英文学院"、#2016-2-29#。

在查询的设计视图中，如果要表示某个字段值与某个表达式进行比较，则在该字段的“条件”单元格中直接输入比较运算符和表达式，而不必输入该字段的名称。如果要比较某个字段值是否等于某个表达式的值，则只需要输入该表达式，“=”也可以省略。例如，查询条件为1998年10月14日之后出生，就可以在“出生日期”字段下的“条件”单元格直接输入“> #1998-10-14#”。注意，如果在“出生日期”字段下的“条件”单元格输入“出生日期 > #1998-10-14#”，系统将提示出错。

（2）逻辑运算符

常见的逻辑运算符有与AND，或OR和非NOT，如表8-13所示。

表8-13　逻辑运算符及含义

逻辑运算符	说明
Not	当Not连接的表达式为False时，整个表达式值为True
And	当And连接的表达式均为True时，整个表达式值为True，否则为False
Or	当Or连接的表达式均为False时，整个表达式值为False，否则为True

（3）特殊运算符

在查询设计器可以使用的特殊运算符有In、Between…And…、Like、is Null和is Not Null 如表8-14所示。

表8-14　特殊运算符及含义

特殊运算符	说明	举例
In	指定字段的取值为列表中任意一个	In（"汉族","藏族","壮族"）
Between…and…	用于指定一个字段的取值范围	Between 30 and 40
Like	用于指定查找文本的字符模式。 用？表示任意一个字符； 用*表示任意多个字符	Like "王?"
		Like "*计算机*"
Is Null	用于指定一个字段为空	
Is Not Null	用于指定一个字段为非空	

例：查找1999年出生的男学生，并显示“学号”“姓名”“性别”和“出生日期”字段，

结果按照出生日期升序排列。查询条件如图8-56所示。

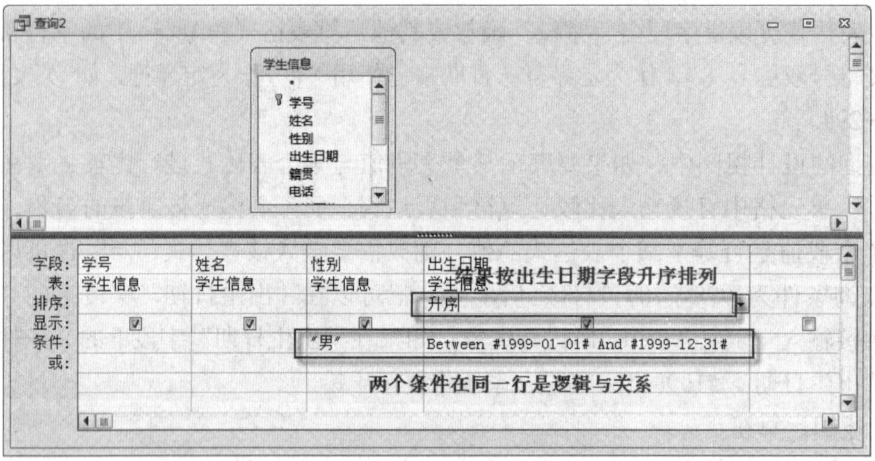

图8-56 查询条件

8.5.3 在查询中计算

在Access的查询中，可以进行汇总计算或自定义计算。使用Access提供的汇总函数，对查询结果中的全部或部分数据进行统计计算，例如，求和、求平均值、计数、求最大值和求最小值。

（1）汇总计算

在查询的"设计视图"中单击"设计"选项卡|"汇总"按钮，设计网格中就会出现"总计"行。总计行的下拉列表中共有12个总计选项，共分为4类：Group By（分组）、总计函数、Expression（表达式）和Where（限制条件）。

总计函数如表8-15所示。

表8-15 总计函数

函数名称	显示名称	功能
Sum	总计	计算组中该字段所有值的和
Avg	平均值	计算组中该字段的算术平均值
Min	最小值	返回组中字段的最小值
Max	最大值	返回组中字段的最大值
Count	计数	返回组中的指定字段求记录数
StDev	标准差	计算组中该字段所有值的统计标准差
Var	方差	计算组中该字段所有值的统计方差

续表

函数名称	显示名称	功能
First	第一条记录	返回该字段的第1个值
Last	最后一条记录	返回该字段的最后1个值

例：建立一个总计查询，统计不同学院的人数。

1）使用查询设计视图创建一个新的查询，并向该查询添加“学生信息”表，双击“学生信息”表的“所在学院”“学号”字段，将其添加到设计网格中。

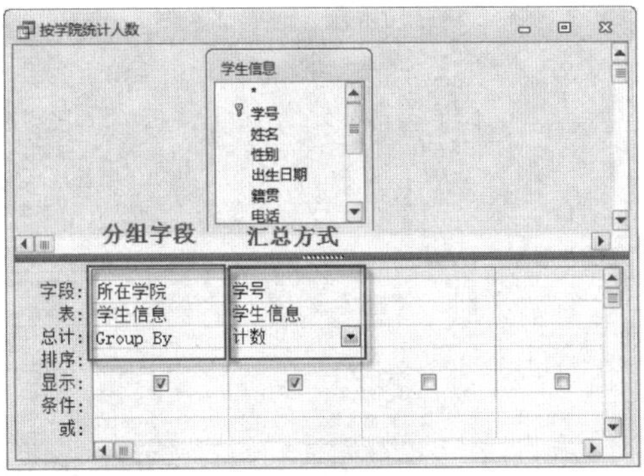

图8-57　“按学院统计人数”的设计视图

2）单击“设计”选项卡|“汇总”按钮Σ，在设计网格中添加“总计”行。如图8-57所示，设置所在学院字段为“Group By”，学号字段为“计数”。

3）保存查询。执行这个查询可得到如图8-58所示的结果。

（2）自定义计算

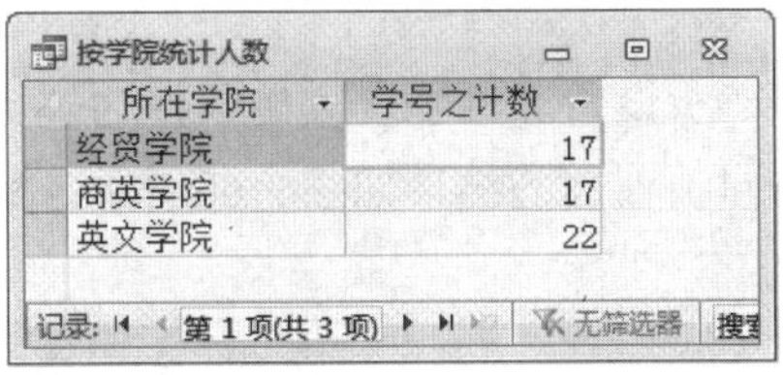

按学院统计人数

所在学院	学号之计数
经贸学院	17
商英学院	17
英文学院	22

记录：第1项(共3项)　无筛选器　搜索

图8-58　“按学院统计人数”的查询结果

自定义计算就是在设计网格中直接创建计算字段。方法是在设计网格的空“字段”单元格输入计算字段名和计算表达式。计算字段名在前，计算表达式在后，中间用英文冒号“：”分割。如果没有输入计算字段名，系统会自动加上适当的字段名。

计算字段是虚拟字段，仅在运行查询时显示计算结果，并不存储在表中。

在创建计算字段时，可以利用Access提供的内置函数。表8-16列出了几个常用的内置函数。

表8-16　常用的内置函数

函数	说明
LEFT（字符串s，数值n）	返回字符串s从左侧开始的n个字符
RIGHT（字符串s，数值n）	返回字符串s从右侧开始的n个字符
MID（字符串s，数值n1，数值n2）	返回字符串s的一个子串，从n1开始，长度为n2
Date（　）	获取系统日期
Year（日期d）	返回日期d的年份
Month（日期d）	返回日期d的月份

例：创建一个查询，用于查看所有男生的出生年份。

1）利用“查询设计”按钮，创建一个查询，添加学生信息表，添加字段“学号”“姓名”“性别”。

2）如图8-59所示，增加一列，在“字段”行输入“出生年份:Year([出生日期])”。“出生年份”表示显示标题，在标题和表达式之间用“：”隔开，其中冒号一定要用英文冒号；Year([出生日期])表示出生日期中的年份，出生日期为字段，在表达式中要使用字段变量，必须将字段用“[ ]”括起。

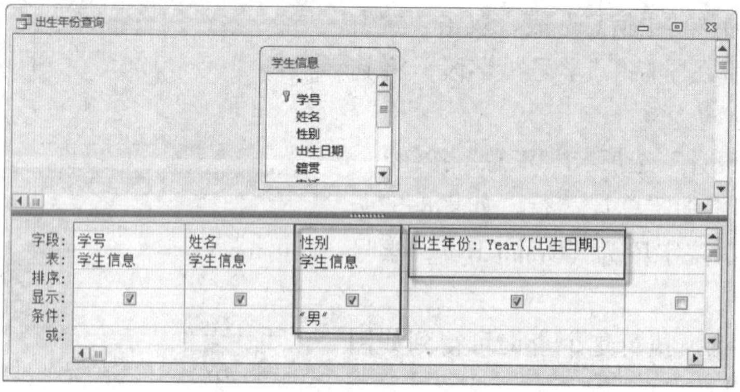

图8-59 “出生年份查询”的设计视图

3）设置“性别”列的条件为“男”。

4）查询的结果如图8-60所示。

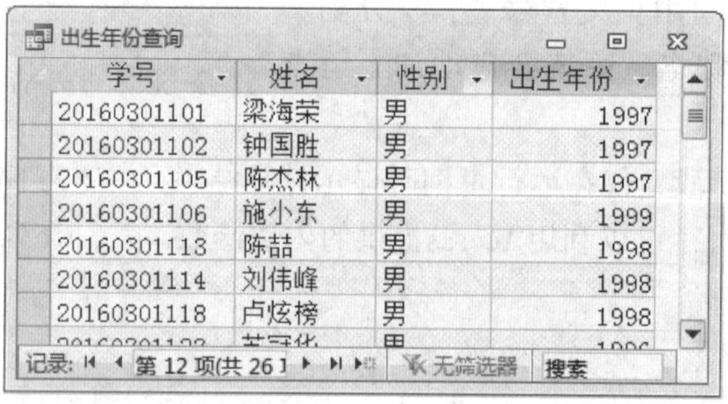

图8-60 “出生年份查询”的执行结果

8.5.4 参数查询

一般查询的条件是固定条件或没有条件，如果要改变条件，就要对查询进行重新设计，很不方便。参数查询的条件是动态的，运行时由用户从键盘输入，是一种比较灵活的查询方法。

创建参数查询的操作和创建选择查询基本一样，只是在“条件”行输入的不是具体的值或确定的表达式，而是在方括号中输入提示文字。

例：建立一个查询，按输入的学生姓名查看学生信息。

1）用查询设计视图创建一个新的查询，并向该查询添加学生信息表，并将要输出的字段添加到“字段”行。

2）在“条件”行中，为“姓名”字段指定条件：“[请输入学生的姓名：]”，如图8-61所示。

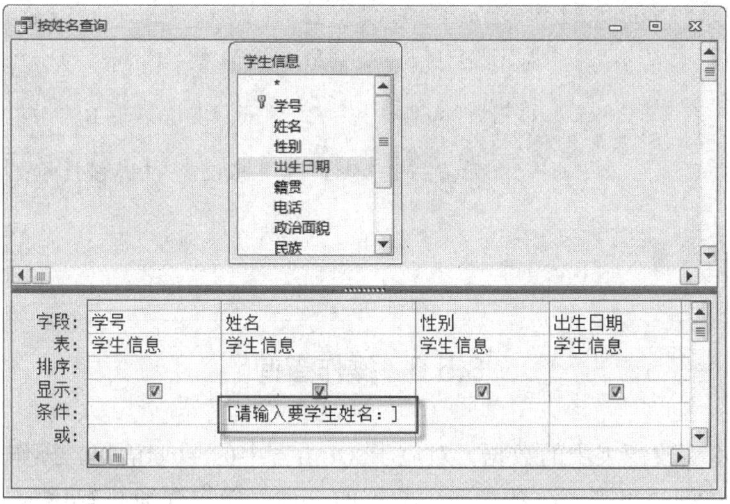

图8-61　参数查询的条件设置

3）保存查询。运行此查询时，会弹出“输入参数值”对话框。如图8-62所示，在该对话框中输入一个学生姓名进行查询，然后单击确定按钮，查询的运行结果如图8-63所示。

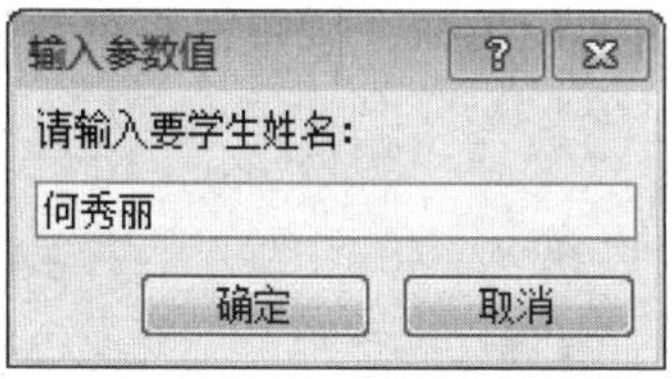

图8-62　输入参数值对话框

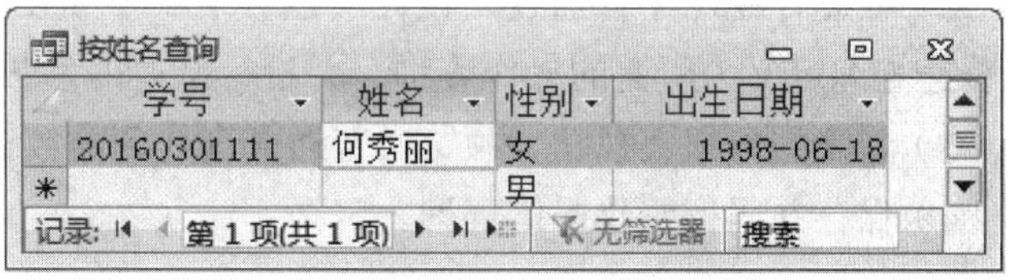

图8-63　“按姓名查询”的执行结果

8.5.5　交叉表查询

交叉表用于对数据进行汇总或其他计算，并对相关数据进行分组。一组显示在数据表的左侧作为行标题，一组显示在数据表的上部作为列标题，具体的数据值则显示在数据表的中间，使数据的显示更加直观、易读。

在Access中可以使用向导或设计视图创建交叉表查询。单使用向导只能创建一个表或查询的交叉表查询，而使用设计视图可以创建出基于多个表或查询的交叉表查询。

使用设计视图创建交叉表查询，只需在打开查询的设计视图后，选择“设计”选项卡|

“查询类型”|“交叉表”按钮，将当前的选择查询修改为“交叉表”查询。此时，在查询设计视图的设计网格中就会出现“总计”行和“交叉表”行，并且隐藏了“显示”行。“交叉表”行共有四个选项，其功能如表8-17所示。

表8-17 “交叉表”行选项

名称	功能
行标题	显示为行标题，其“总计”行只能是Group By（分组）
列标题	显示为列标题，其“总计”行只能是Group By（分组）
值	显示值，其“总计”行一般设置为相应统计函数
（不显示）	不显示

8.5.6 操作查询

选择查询不更改源表中的数据，对应于SQL语言中的Select语句。操作查询与选择查询不同，操作查询是用来更改数据库中数据的查询。操作查询共有4种类型：生成表查询、更新查询、追加查询和删除查询。

由于操作查询将改变数据表内容，而且某些错误的操作查询可能会造成数据表中数据的丢失，因此在执行操作查询前，应该先对数据库或表进行备份。

操作查询的基本创建过程：

1）创建一个普通的选择查询，设置查询条件和要输出的字段。

2）在设计视图中，通过“设计”选项卡|“查询类型”组的相关命令按钮，将所创建的普通查询定义为所需的操作查询，并进行必要的参数设置。

3）切换到数据表视图，预览由普通查询找到的数据。

4）保存并运行所建操作查询。

8.6 图书借阅数据库查询

实验目的

（1）掌握Access查询的创建和设计方法，熟练运用查询向导和查询设计视图创建查询。

（2）掌握Access查询中查询条件的设置方法。

（3）掌握查询中的统计方法。

（4）掌握操作查询的概念，熟悉Access操作查询的设计要点。

实验要求

打开“图书借阅管理.accdb”数据库，包含3张表，Reader表以学号字段为主键、Books表以书号为主键、Borrowed表以借书证号和书号为主键，表间关系如图8-64所示。实验开始前确定表已设好主键及表间关系。

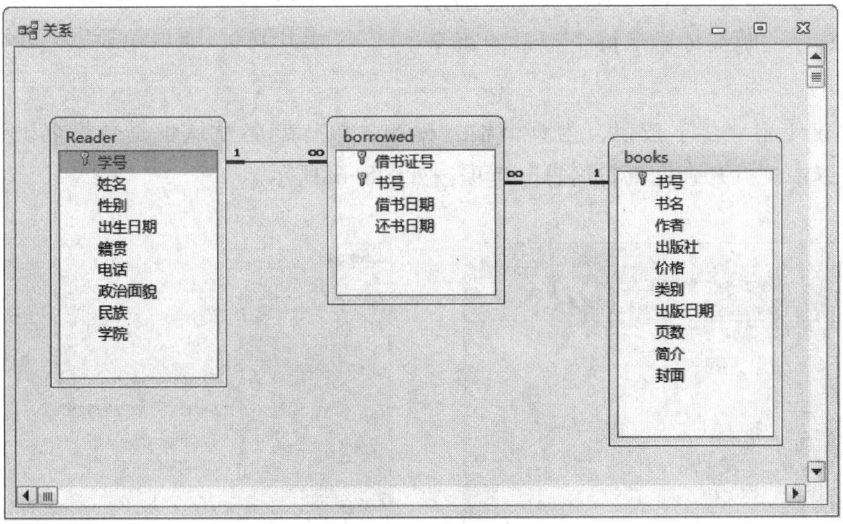

图8-64　图书借阅管理

实验内容

（1）查询练习Q1

如：显示“图书借阅管理”中读者的借阅情况，输出字段包括Reader表的学号、姓名、Books表的书号、书名、Borrowed表的借书日期和还书日期。

一般情况下，创建选择查询有两种方法：使用查询向导和使用查询设计视图。查询向导创建查询Q1的步骤如下：

1）打开“图书借阅管理.accdb”数据库，选择选项卡“创建”，在“查询”组单击“查询向导”按钮，打开“新建查询”对话框，如图8-65所示。

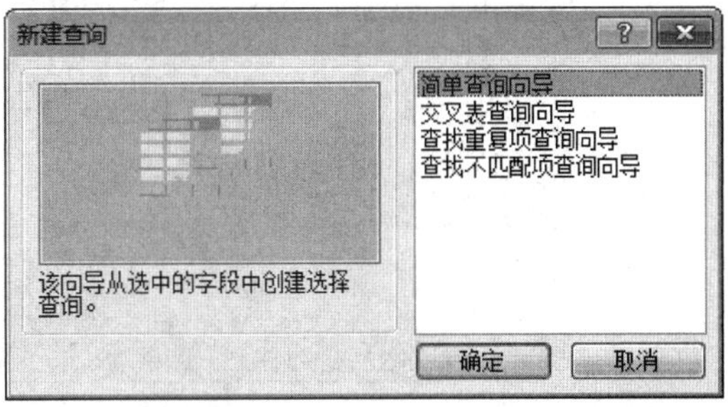

图8-65　“新建查询”对话框

2）在列表中选择“简单查询向导”，

单击【确定】按钮，打开“简单查询向导”对话框，如图8-66所示。在“表/查询”下拉框中选择“Reader”表，将“可用字段”中“学号”“姓名”字段添加到“选定的字段”列表中。同样方法，添加“Books”表中的“书号”“书名”，“Borrowed”表中的“借书日期”“还书日期”字段。

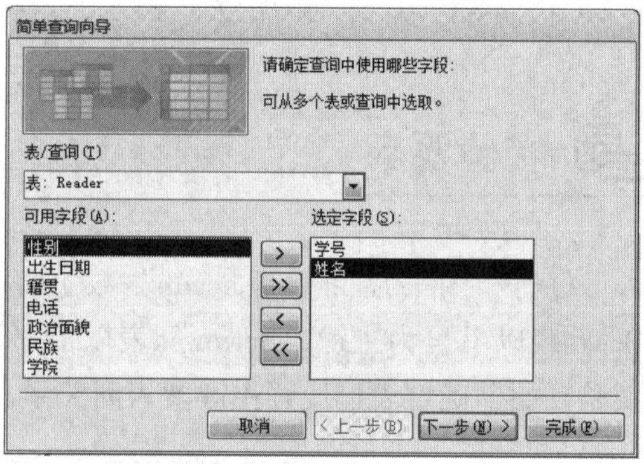

图8-66 “简单查询向导”对话框

3）单击【下一步】按钮，打开简单查询向导的下一步，如图8-67所示。可以设置是否对数值型字段进行求和、平均值、最大值、最小值等汇总计算。本题显示详细记录，因此选择“明细（显示每个记录的每个字段）”选项。

4）单击【下一步】按钮，为查询输入标题，该标题名默认也是查询名。这里输入“Q1”，并选中“打开查询查看信息”选项，如图8-68所示。

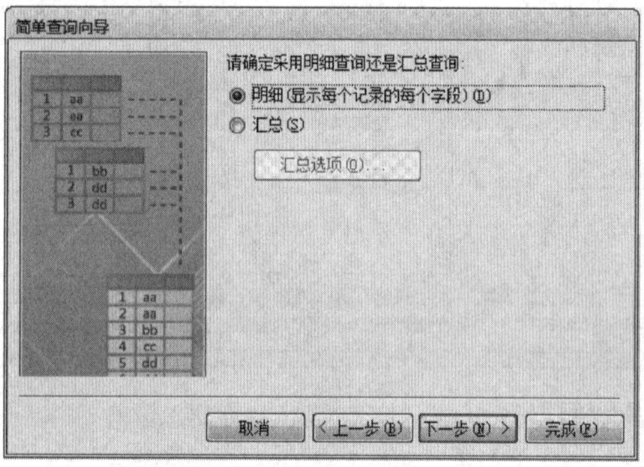

图8-67 选择查询方式

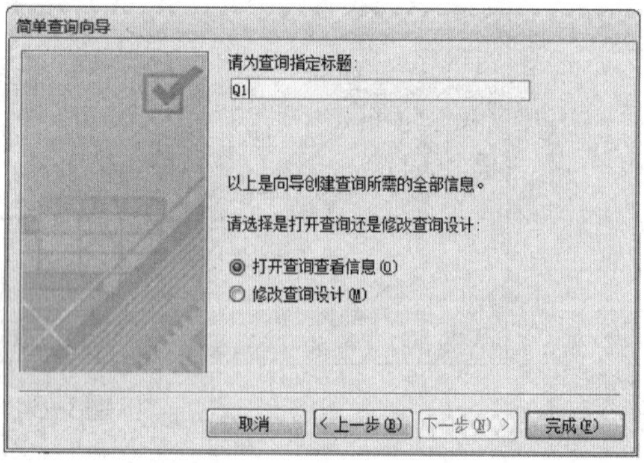

图8-68 输入查询标题

5）单击【完成】按钮，完成“Q1”查询的创建。该查询的执行结果如图8-69所示。

Q1

学号	姓名	图书编号	书名	借书日期	还书日期
20140301157	黄志娟	000247772	投资者的未来	2015-06-14	2015-07-18
20140301158	唐雅勤	000270232	股市晴雨表	2015-02-15	2015-03-09
20150301132	黄小宏	000294486	当代大学生价值观调查报告	2015-07-07	2015-08-12
20150301132	黄小宏	000355905	精通Visual C++数字图像处理技术与	2015-05-12	2015-06-11
20150301147	袁治	000270232	股市晴雨表	2016-09-01	2016-09-06
20150301154	袁晓春	000362293	计算机网络	2016-12-08	2016-12-23
20150301135	王玲	000339758	词曲史	2015-02-25	2015-03-20
20150301134	张文昌	000362292	计算机网络	2016-10-20	2016-12-03
20150301119	陈小华	000457824	杰出仓库管理员工作手册	2015-04-04	2015-04-30
20150301146	罗桂明	000362292	计算机网络	2016-12-16	2015-01-01
20150301146	罗桂明	000371036	卓有成效的管理者 ：中英文双语珍	2015-06-03	
20150301132	黄小宏	000339758	词曲史	2016-09-30	2016-10-08
20150301149	吴宝宜	000457824	杰出仓库管理员工作手册	2016-10-30	2016-11-10
20150301147	袁治	000367419	从优秀到卓越的公司精神	2015-06-28	
20150301147	袁治	000362293	计算机网络	2015-06-26	
20150301147	袁治	000294486	当代大学生价值观调查报告	2015-03-24	
20150301119	陈小华	000362292	计算机网络	2015-03-13	

记录：第1项(共17项) 无筛选器 搜索

图8-69 Q1查询结果

（2）查询练习Q2

如：查询读者的借阅情况，输出Reader表的学号、姓名、Books表的书号、书名、Borrowed表的借书日期和还书日期。

使用“创建”选项卡“查询”组的“查询设计”按钮，可以直接创建一个空白查询，并在设计视图下设置查询的数据来源、所需字段和查询条件等要素。创建查询Q2的步骤如下：

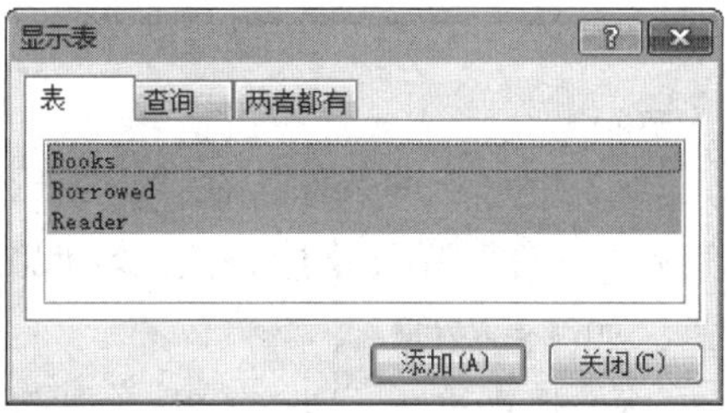

图8-70　“显示表”对话框

1）选择“创建”选项卡，在“查询”组单击“查询设计”按钮，系统打开查询设计视图的同时打开“显示表”对话框，列出当前数据库中能够为查询提供原始数据的所有的表和查询，如图8-70所示。在“表”选项卡中，选中Reader、Books、Borrowed，单击【添加】按钮。

2）单击“显示表”对话框的【关闭】按钮，切换到新建查询的设计视图，如图8-71所示。

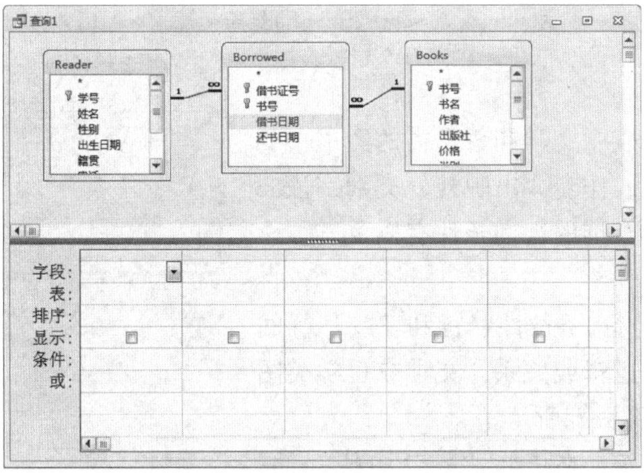

图8-71　查询的设计视图

3）设置要显示输出的字段。在设计视图上半区直接双击表的字段，将其添加到设计网格区的字段行，也可以通过“表”和“字段”行下拉框选取表和字段。

4）设计完成后，打开“文件”选项卡，选择“保存”命令或直接单击窗口左上角快速访问工具栏的“保存”按钮，在弹出的“另存为”对话框中，输入查询名称Q2。

5）在查询工具“设计”选项卡中，单击“结果”组的“运行”按钮或选择“视图”下“数据表视图”可以查看查询结果。

（3）查询练习Q3

如：查询Books表中2015年10月1日以后（包括2015年10月1日）出版的图书，输出书号、书名、作者、出版社和出版日期字段，查询保存为Q3。创建查询Q3的步骤如下：

1）选择“创建”选项卡，单击“查询设计”按钮，创建一个选择查询，并向该查询中添加Books表。

2）双击Books表的相关字段，添加书号、书名、作者、出版社、价格字段到字段行。

3）指定查询条件，在“出版日期”字段的“条件”单元格中输入“>=#2015-10-1”，如图8-72所示。

4）将查询保存为“Q3”。查询结果如图8-73所示。

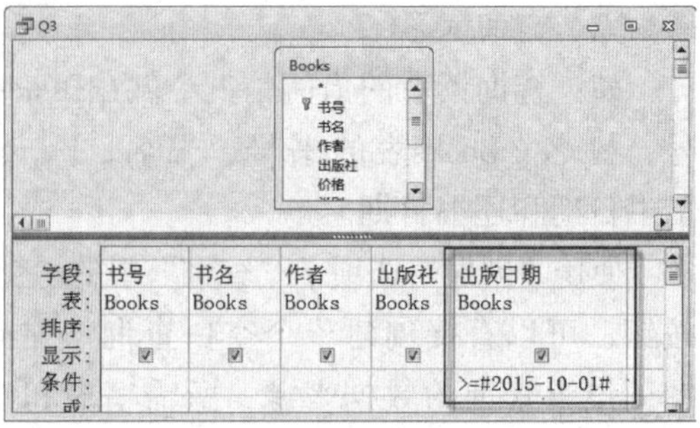

图8-72　查询条件

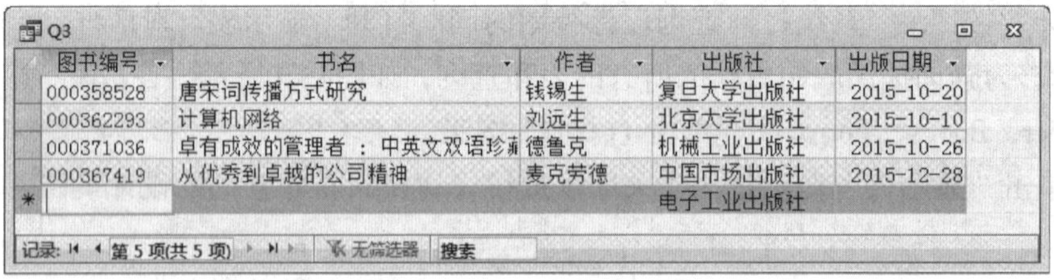

图8-73　查询结果

（4）查询练习Q4

如：查找Books表中文学和哲学类的图书，要求显示书号、书名、作者、出版社、类别字段。查询保存为Q4。本查询的查询条件有以下三种设置方法：

1）使用“或”行。“条件”行和“或”行的单元格条件之间是逻辑或关系，文学或哲学类图书的查询条件可如图8-74所示。

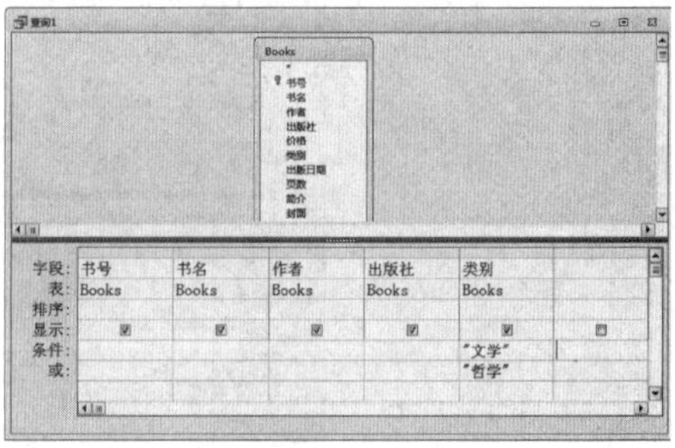

图8-74　使用“或”行

2）使用Or运算符。在“类别”字段的“条件”单元格中，可直接用逻辑运算符OR表示类别为“文学”或“哲学”，如图8-75所示。

3）使用In运算符，如图8-76所示。

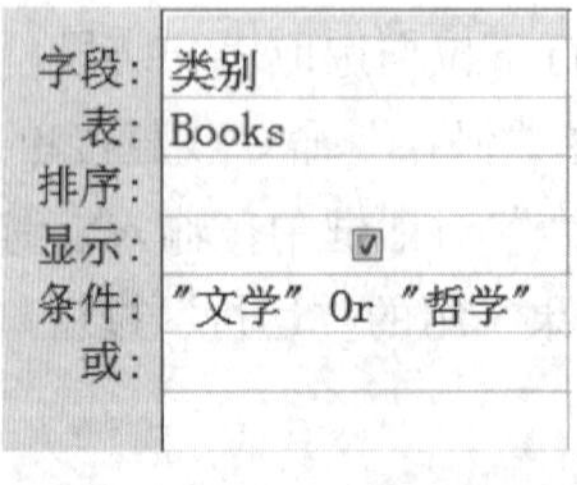

图8-75　使用“Or”运算符

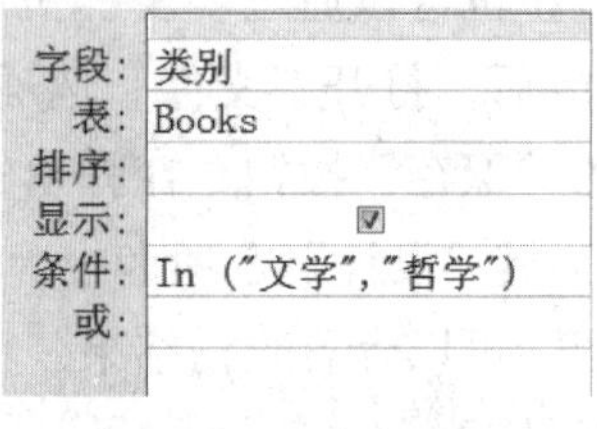

图8-76　使用In运算符

（5）查询练习Q5

如：查询Books表中价格为30~40元的图书信息，保存为Q5。

本查询的查询条件有以下两种设置方法：

1）使用AND运算符，如图8-77所示。

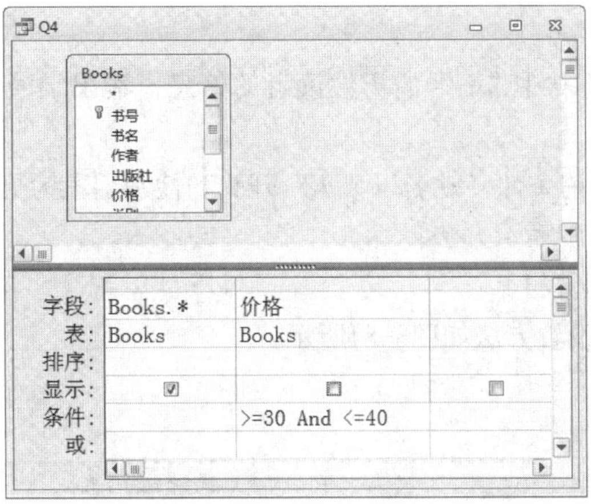

图8-77　“AND”运算符表示条件

2）使用Between运算符，如图8-78所示。

图8-78　“Between”运算符表示条件

（6）查询练习Q6

如：查询所有读者的学号、姓名、性别、年龄，结果按“年龄”的降序排序排列，保存为Q6。

在Reader表中不存在“年龄”字段，根据读者的出生日期可以得到出生年份，用当前的系统年份减去读者的出生年份即可得到读者的年龄。

本查询创建步骤如下：

1）利用“查询设计”按钮，创建一个查询，添加表Reader，添加字段“学号”“姓名”“性别”。

2）如图8-79所示，增加一列，在“字段”行输入“年龄:Year（Date（））-Year（[出生日期]）”。“年龄”表示显示标题，在标题和表达式之间用“：”隔开，其中冒号一定要用英文冒号；Year（date（））返回当前系统日期中的年份；Year（[出生日期]）表示出生日期中的年份，出生日期为字段，在表达式中要使用字段变量，必须将字段用“[ ]”括起。

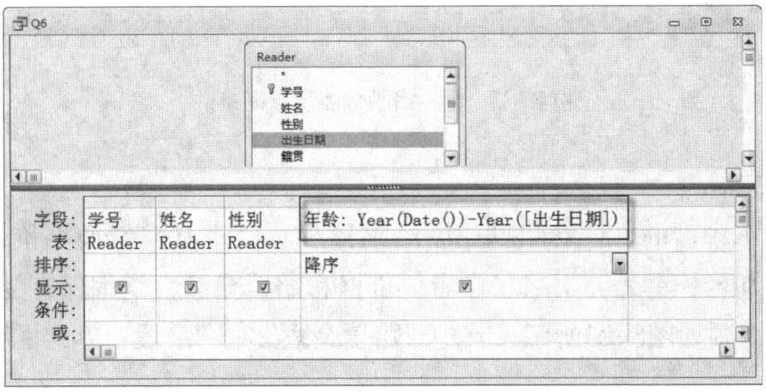

图8-79　“年龄”自定义字段

3）在排序行，设置“年龄”列为降序。

4）查询的结果如图8-80所示。

（7）查询练习Q7

如：查询Rearder表中姓“王”的男性读者的信息，输出学号、姓名、性别、出生日期字段，保存为Q7。

本查询包含两个查询条件，姓名以“王”开头和性别字段为男，且要求两个条件同时满足。查询条件也有两种表示方法：

方法1：使用Like运算符。

使用Like运算符的设置方法如图8-81所示。

图8-80 查询结果

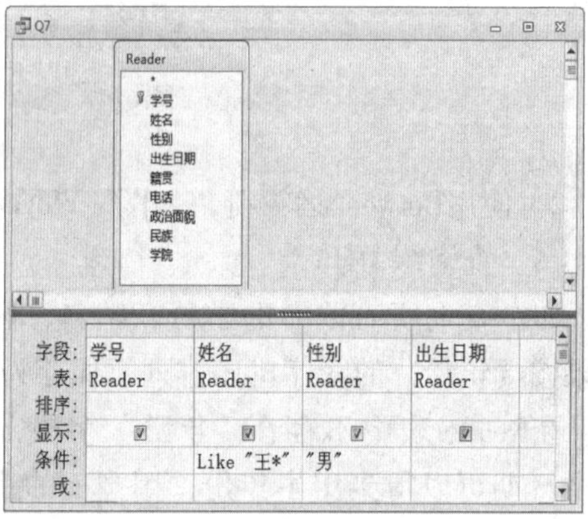

图8-81 用Like表示查询条件

方法2：使用内置函数Left（ ）设置查询条件。

在设计网格中增加一列，在“字段”行输入“Left（[姓名]，1）”，“条件”行输入“王”，“显示”行取消复选框选中状态，如图8-82所示。

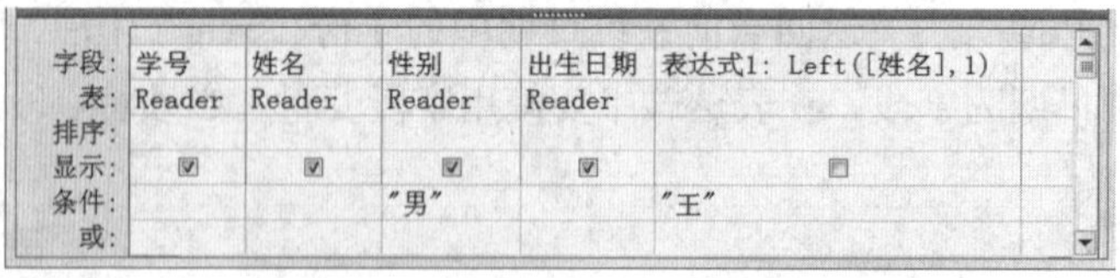

图8-82 用Left函数表示查询条件

（8）查询练习Q8

如：学生陈小华借的《计算机网络》一书遗失，要求其赔偿原书价格的1.5倍金额，查询显示学号、姓名、书号、书名、作者、价格和赔偿金额，查询保存为Q8。

本查询设计视图如图8-83所示，其中“赔偿金额”列“字段”单元格输入“赔偿金额：[价格]*1.5”。

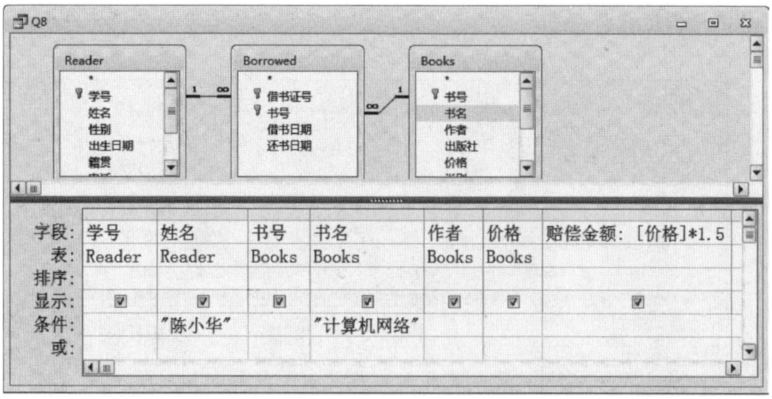

图8-83　查询Q8的条件及自定义字段

（9）查询练习Q9

查询Books表中工业技术类图书的书号、书名、作者、类别、原价格和打7折后的价格，保存为Q9。

Q9查询的设计视图如图8-84所示，其中“折后价格”列“字段”单元格输入“折后价格:[价格]*0.7”。查询的运行结果如图8-85所示。

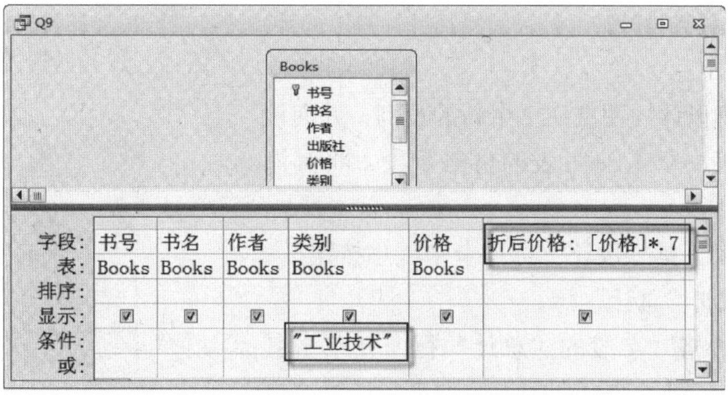

图8-84　查询Q9的设计视图

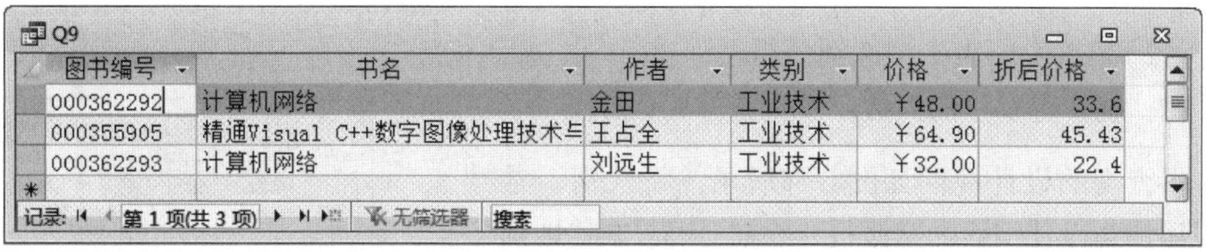

图书编号	书名	作者	类别	价格	折后价格
000362292	计算机网络	金田	工业技术	￥48.00	33.6
000355905	精通Visual C++数字图像处理技术与	王占全	工业技术	￥64.90	45.43
000362293	计算机网络	刘远生	工业技术	￥32.00	22.4

图8-85　查询Q9的运行结果

（10）查询练习Q10

如：按输入的书号查看图书信息，输入书号、书名、作者、出版社等字段。Q10查询的设计视图如图8-86所示。

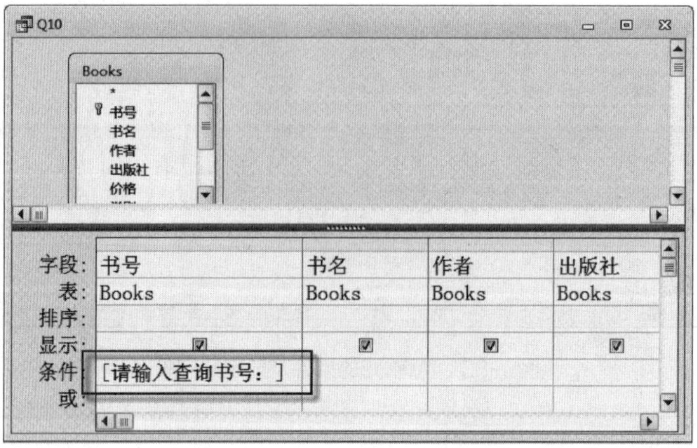

图8-86　查询Q10的设计视图

（11）查询Books表中最贵图书的价格

Access提供了汇总计算功能，用于对查询结果的记录进行总和、平均值、计数、最大值、最小值、标准偏差或方差等数量计算。查询最贵的图书价格，即为汇总计算图书价格的最大值，保存为Q11。

操作步骤如下：

1）使用查询设计视图创建一个新的查询，并向该查询添加Books表，双击Books表的价格字段，将其添加到设计网格中。

2）单击查询工具“设计”选项卡中汇总按钮Σ，在设计网格中添加“总计”行。

3）单击“价格”字段的“总计”行，并单击其右侧的向下箭头按钮，从打开的下拉列表中选择“最大值”，如图8-87所示。

4）保存查询。单击运行按钮，查询结果如图8-88所示。

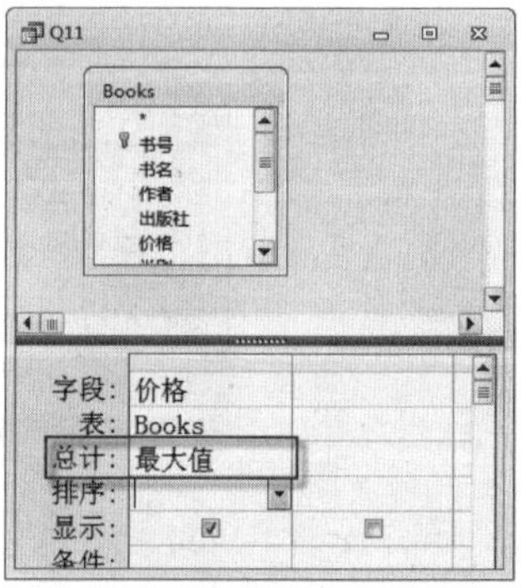

图8-87　总计查询

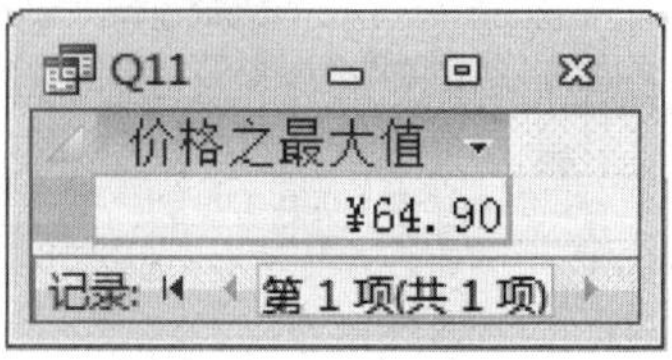

图8-88　Q11运行结果

（12）在Reader表中按性别分组

如：统计男女生的人数，查询保存为Q12。

本查询的设计视图如图8-89所示。将性别、学号字段添加到设计网格的字段行，在总计行，将“性别”字段指定为“分组（Group By）”，“学号”字段指定为“计数”。在“学号”列的字段名前输入“人数:”，指定显示的列标题。查询结果如图8-90所示。

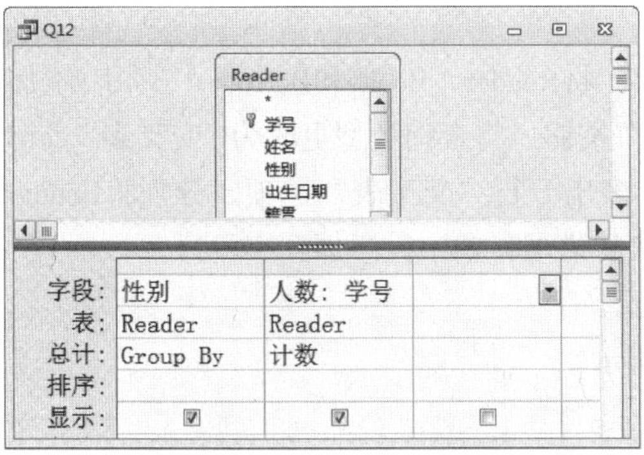

图8-89 查询Q12的设计视图

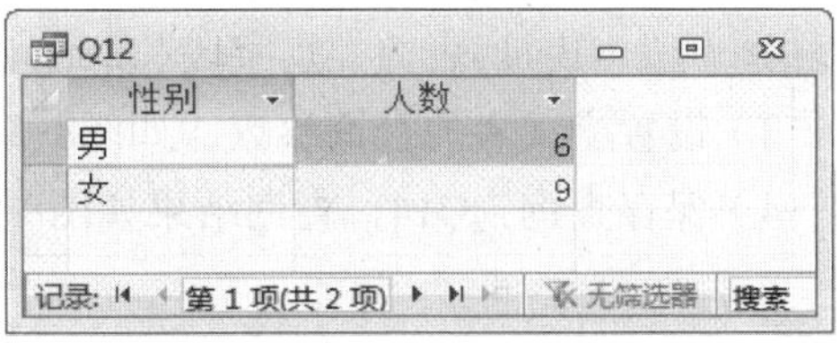

图8-90 查询Q12的运行结果

（13）查询Books表中不同类别图书的价格情况

如：包括每类图书的数量、平均价格、最低价格和最高价格，查询保存为Q13。

该查询的设计视图如图8-91所示。将类别、书号以及价格字段添加到设计网格的字段行，“价格”字段要添加3次。在总计行中，将“类别”字段指定为“分组（Group By）”，将“书号”字段指定为“计数（Count）”，将三个“价格”字段分别指定为“平均值（Avg）”，“最小值（Min）”和“最大值（Max）”。查询结果如图8-92所示。

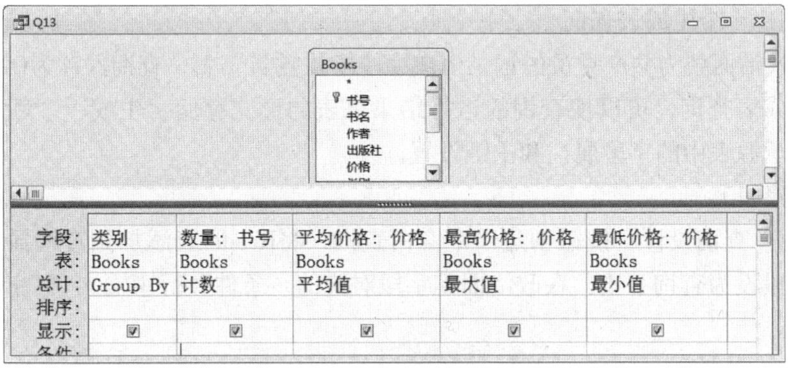

图8-91 查询Q13的设计视图

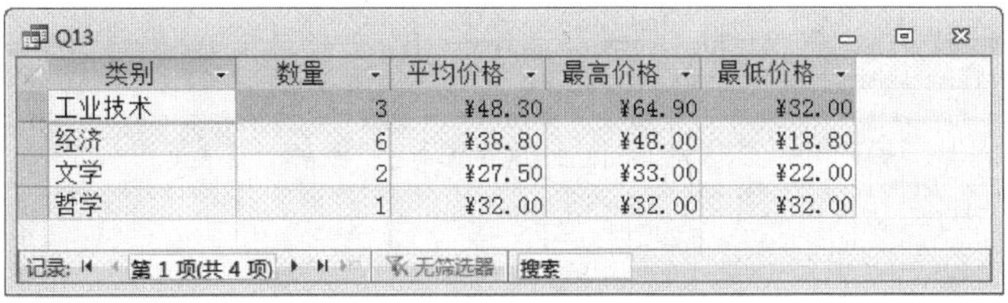

图8-92 查询Q13的运行结果

（14）使用设计视图创建一个交叉表查询

如：以“性别”为行标题，“类别”为类标题，“借阅次数”为汇总项，统计男女学生对各类图书的偏好，保存为Q14。

创建交叉表查询Q14的步骤如下：

1）使用“查询设计”创建一个空白查询，将Reader、Books和Borrowed三张表添加到设计视图中，单击查询设计选项卡中“交叉表”按钮，将查询类型更改为“交叉表”查询。

2）交叉表查询设计视图的设计网格中会多出一行“交叉表”选项。分别将Reader表的性别字段、Books表的类别字段和Borrowed表的借书日期字段添加到字段行。

3）设置交叉表的查询参数，如图8-93所示。

4）保存查询为Q14，查询结果如图8-94所示。

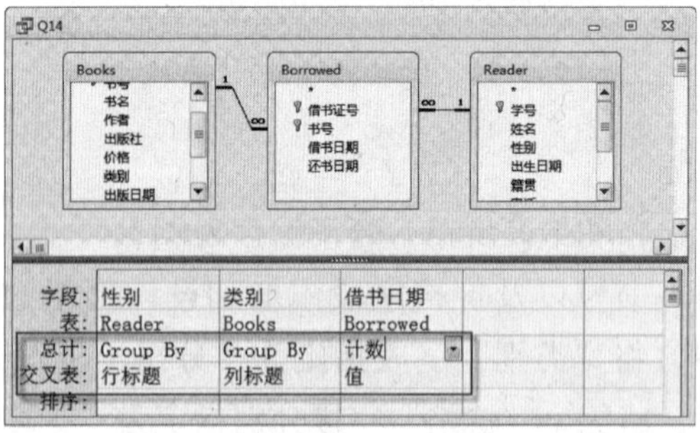

图8-93 设置交叉表中的字段参数

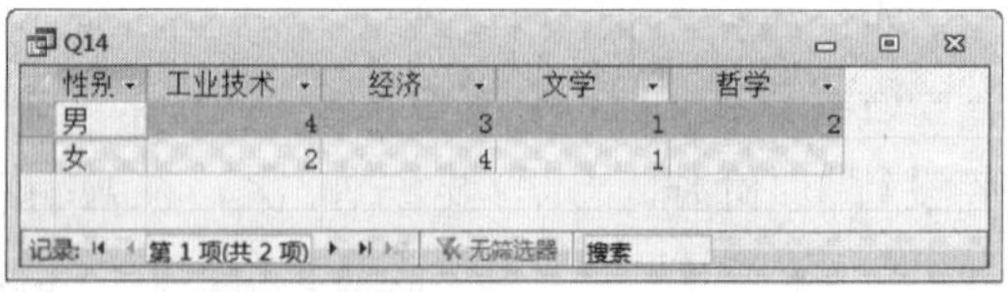

图8-94 查询Q14的运行结果

（15）创建一个生成表查询

如：将政治面貌为共产党员的记录生成为“学生党员”表，查询保存为Q15。

使用生成表查询，可以使查询的运行结果以表的形式存储，生成一个新表。生成的新表并不继承源表中的字段属性和主键设置。

操作步骤如下：

1）使用“查询设计”按钮创建一个空白查询，将Reader表添加到查询显示窗口，并将其所有字段设为查询字段。在政治面貌字段对应的“条件”行中输入“共产党员”，如图8-95所示。

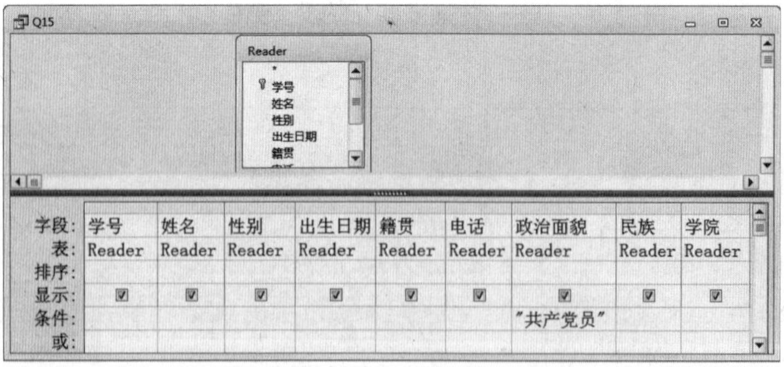

图8-95 设置查询条件

2）选择查询工具“设计”选项卡，单击“生成表”按钮，打开如图8-96所示“生成表”对话框，输入新表名称为“学生党员”，并保存到当前数据库中，单击“确定”按钮，完成表名称设置。

图8-96　“生成表”对话框

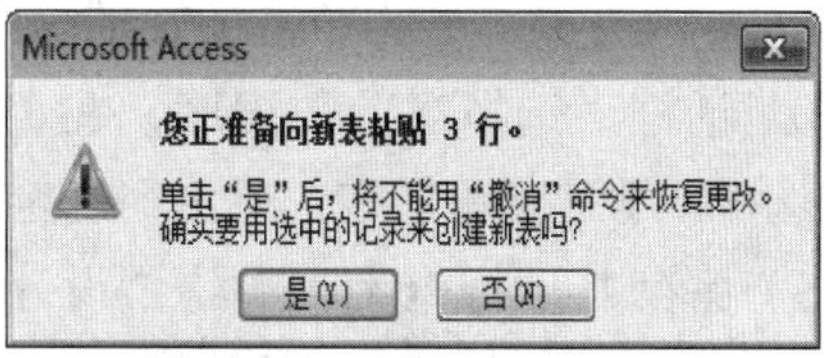

图8-97　粘贴确认提示框

3）单击“设计”选型卡中的“运行”按钮，打开如图8-97所示的确认提示框，单击“是”按钮。

4）查看运行结果。从数据库窗口的“表”对象列表和“查询”对象列表可以看到新生成的表和查询。

（16）创建一个更新查询

如：将所有人民邮电出版社出版的图书价格增加10%，查询保存为Q16。

更新查询用于修改表中已有记录的数据。创建更新查询首先要定义查询条件，找到目标记录，还需要提供一个表达式，用表达式的值去替换原有数据。

操作步骤如下：

1）使用“查询设计”按钮创建一个空白查询，将Books表添加查询显示窗口，添加“出版社”“价格”字段，“出版社”字段对应的条件单元格输入“人民邮电出版社”。

2）选择“设计”工具选项卡，单击“更新”按钮，修改查询类型为“更新查询”。设计网格中增加“更新到”行，在“价格”字段的“更新到”单元格输入“[价格]*1.1”，如图8-98所示。

图8-98　更新查询

3）单击“运行”按钮。由于查询的结果要修改源数据表中的数据，系统弹出提示信息框，提示用户将要更新记录，如图8-99所示。单击“是”按钮，Access将更新满足条件的记录字段。

4）打开Books表的数据表视图，观察更新后的数据。

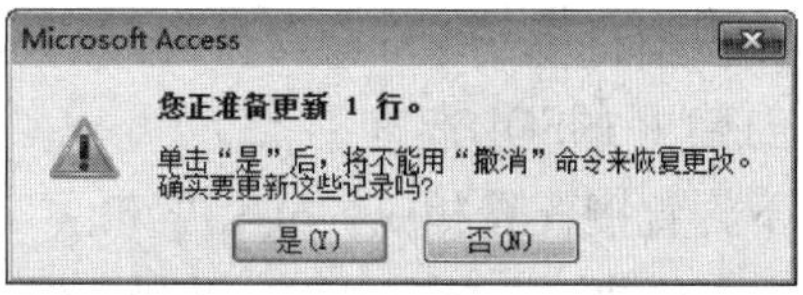

图8-99　更新查询提示框

（17）创建一个追加查询Q17

如：将Reader表中男生的学号、姓名、性别、出生日期、政治面貌数据追加到“学生党员”（第15题中生成的表）。

追加查询就是从一个或多个数据源（表或查询）中将一组记录添加到另一个目的表的尾部。追加查询要求数据源与待追加的表的相关字段具有相同属性。

操作步骤如下：

1）创建一个选择查询，添加Reader表，并选择学号、姓名、性别、出生日期、政治面貌字段拖拽到设计网格，并设置查询条件。

2）更改查询类型为“追加查询”，弹出如图8-100对话框。选择当前数据库，在表名称下拉框中选择“学生党员”表。单击“确定”按钮。

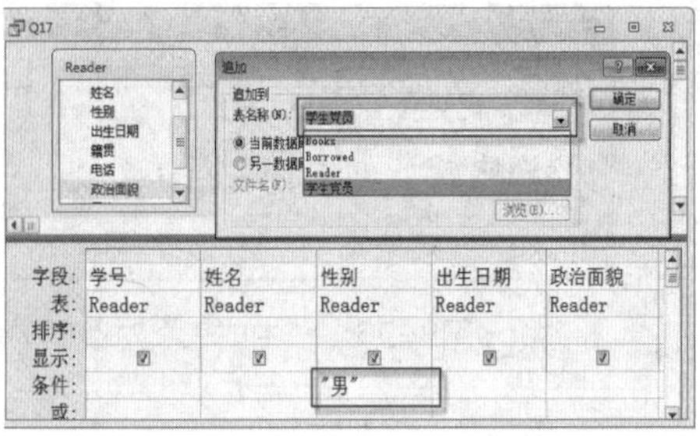

图8-100　追加对话框

3）保存并运行查询。单击“设计”选项卡“运行”按钮，弹出追加记录提示框，如图8-101所示。单击“是”按钮，完成数据追加。

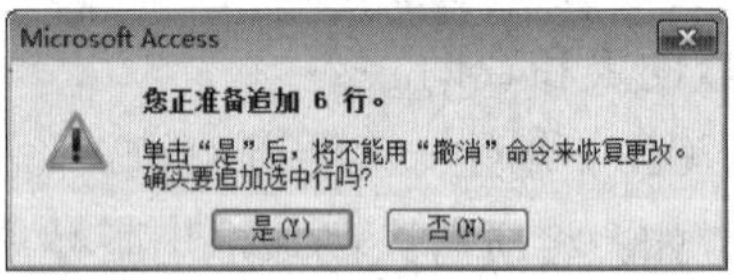

图8-101　追加记录提示框

4）打开学生党员表，可以查看到新增加的记录。

（18）创建一个删除查询

删除查询可以对一个表中符合条件的数据进行删除，运行删除查询的结果就是自动删除了表中的有关数据。如果要删除的数据表作为主表已与其他表建立了关系并实施了参照完整性，则删除“主表”数据时，要确认“从表”中无相关数据。数据一旦删除，不能恢复。

如创建删除查询Q18，删除“学生党员”表中籍贯为空的记录，其操作步骤如下：

1）创建一个选择查询，添加“学生党员”表，添加“籍贯”字段。

2）修改查询类型为删除查询，设计网格增加了“删除”行。设置查询条件如图8-102所示。

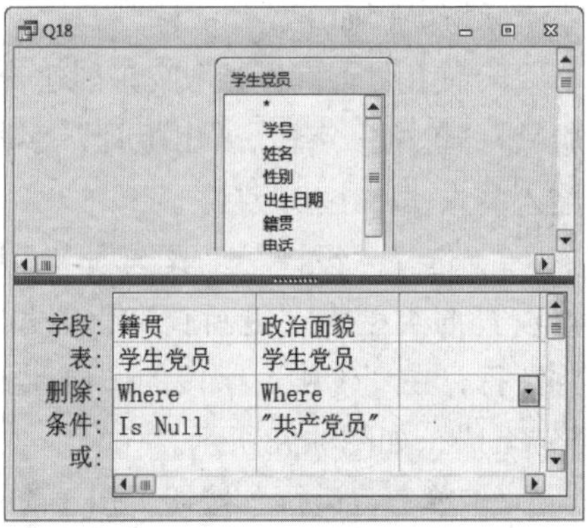

图8-102　删除查询设计视图

3）保存并运行查询。单击“设计”选项卡“运行”按钮，弹出删除记录提示框，如图8-103所示。单击“是”按钮，删除记录。

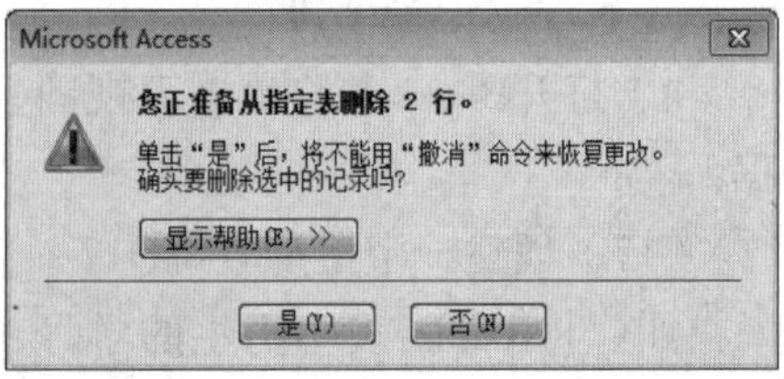

图8-103　删除记录提示框

（19）Access中创建SQL查询的方法

在Access中，创建SQL查询可以使用查询设计视图，维护SQL查询可以使用SQL视图。对于创建好的SQL查询对象也可以切换到SQL视图下，直接查看相应的SQL语句。

创建SQL查询的操作步骤如下：

1）在数据库的“创建”选项卡单击“查询”组“查询设计”按钮，创建一个空白查询并切换到“设计视图”状态，同时打开“显示表”对话框。

2）直接关闭“显示表”对话框。

3）单击“设计”选项卡“结果”组“SQL视图”按钮，切换到SQL视图模式，如图8-104所示。也可右键单击设计视图的表放置区，在弹出的快捷菜单中选择“SQL视图”命令切换。

图8-104　查询的SQL视图

4）在SQL视图窗口中可直接输入SQL语句，保存查询，结束SQL查询的创建。

第9章

互联网应用

本章提供了两类互联网应用实验：静态网页制作实验和初步数据分析实验。

9.1 静态网页制作实验

9.1.1 了解Web页结构

实验目的

（1）掌握用记事本编写网页文件的过程。

（2）了解和掌握HTML标签的基本特征、类型和主要标签的作用。

（3）掌握HTML文档最基本的结构。

（4）学会在浏览器中如何查看网页源代码。

（5）掌握基本的网页调试、排错方法。

实验要求及操作步骤

1）打开“开始”->“所有程序”->“附件”->“记事本”，在记事本中编辑网页如下源代码，并保存在D:\website\文件夹中，保存文件名为index.htm ，如图9-1所示。

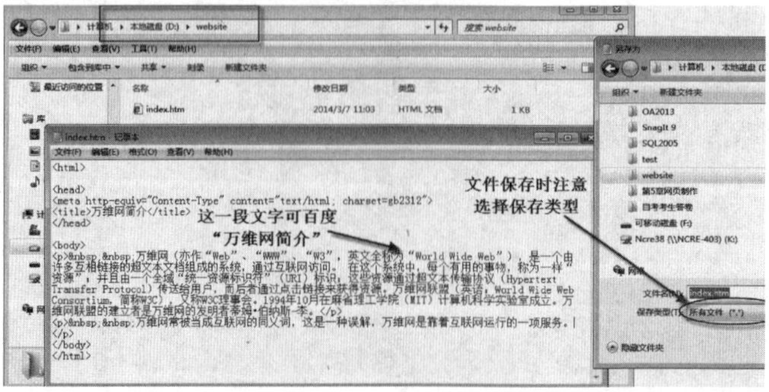

图9-1　用记事本编辑网页

2）双击index.htm文件图标，将在浏览器中打开，在“查看”或“页面”等菜单中选择“查看源代码”命令（不同浏览器所在菜单略有差异），如图9-2所示。

3）将最后两行做如图9-2所示修改，再保存预览观察结果，并思考出现这种结果的原因。

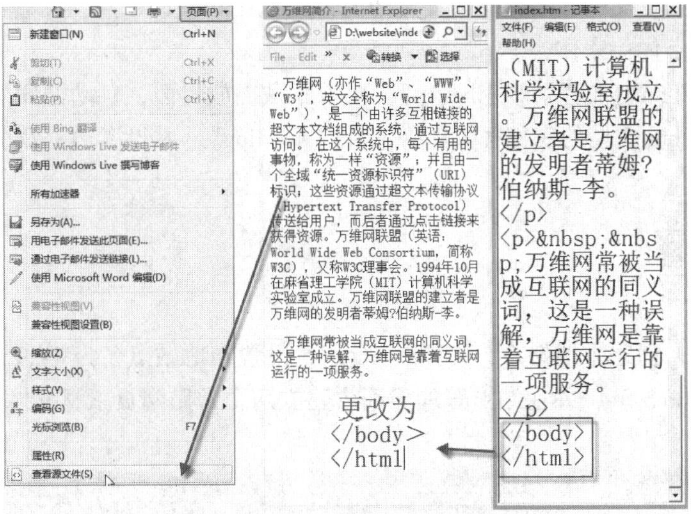

图9-2　查看网页源代码并改变网页结构代码

实验小结

启动记事本，并输入源代码，然后保存为“D:\website\index.htm”。双击“index.htm”文件图标，文件将会在浏览器被打开。选择浏览器中的“查看源代码”命令，可以查看到当前页的源代码。如果标签名输入有误，则该标签不能被浏览器正确解释，最终会作为正文被显示。

9.1.2　使用DreamWeaver管理网站

实验目的

（1）掌握集成开发环境DreamWeaver（以下简称DW）的使用。

（2）理解本地地址和虚拟地址的概念和作用。

（3）理解绝对地址和相对地址的概念和作用。

（4）掌握插入背景音乐和图像及其他媒体的方法。

（5）了解不同网页元素的格式属性。

实验要求

（1）通过向导创建本地站点WebExperiment，并将根目录设置为D:\website；为本地站点配置pic、music等网页素材文件夹。

（2）为本地站点文件index.htm设置文档的背景色：#99FF66，文字颜色：#0000FF，文字大小：24px，字体：宋体。

（3）为index.htm增加背景音乐bg.mp3，要求隐藏播放界面，自动循环播放。

（4）在index.htm文档的底部插入图像文件“www.jpg”，并设置边框宽度为2像素。

实验步骤

1）启动DW，创建本地站点，如图9-3所示，设置本地站点名为WebExperiment，本地站点文件夹为D:\website，并在站点管理界面中建立两个常用网页素材文件夹pic和music。

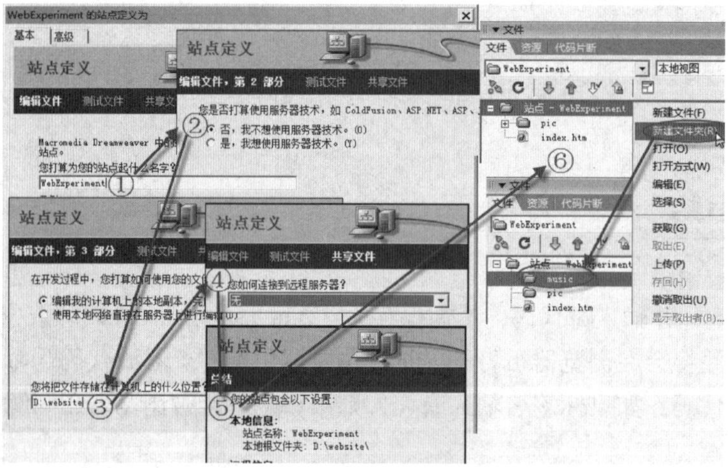

图9-3　创建本地站点步骤简图

2）设置页面属性。在站点管理的文件面板双击打开index.htm文件。在设计视图中，点击属性面板中的“页面属性”按钮，弹出页面属性对话框。如图9-4所示，网页文档的页面属性对话框中可设置页面的外观、链接、标题、跟踪图像等参数，图中设置页面的背景颜色为#99FF66（默认情况下DW采用RGB三基色的色彩表示法，即Red、Green、Blue，每种颜色取值范围用十六进制表示00～FF）。

3）设置网页文档字符格式的简易方法（复杂方法请参看网页综合练习CSS部分）。选中需要设置的文本，在页面的属性面板中修改相应的属性值，如图9-5所示。注意：其中的样式名称不需要手动管理，即每更改一次属性值，样式名称都会自动变化。

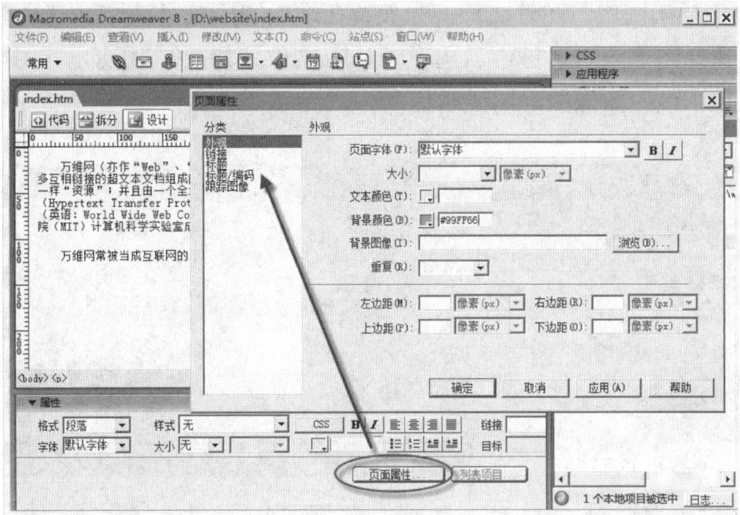

图9-4　设置页面属性

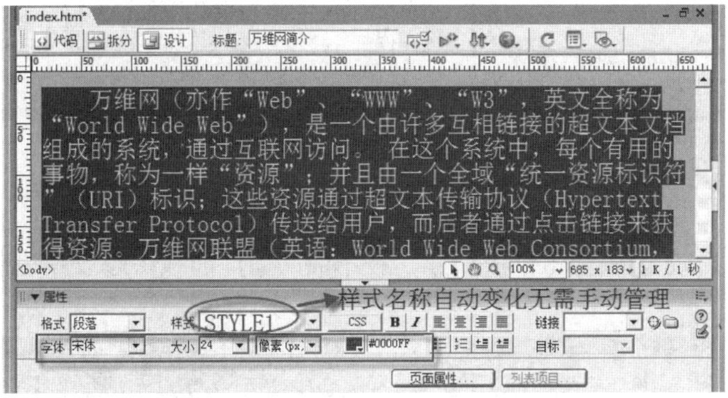

图9-5　设置网页字符格式的简便方式

4）在网页中插入背景音乐。背景音乐文件bg.mp3应事先放在本地站点的music文件夹中。将插入点光标定位在文字下方，选择“插入”->“媒体”->“插件”命令，在弹出的选择文件对话框中，选中D:\website\music\bg.mp3并“确定”。如图9-6所示，插入媒体插件后，选择快速标签编辑器按钮，并在<embed>标签内加上如下代码autostart=“true” loop=“true” hidden=“true”（代码意义：打开网页自动播放音乐、循环播放、隐藏插件图标）。

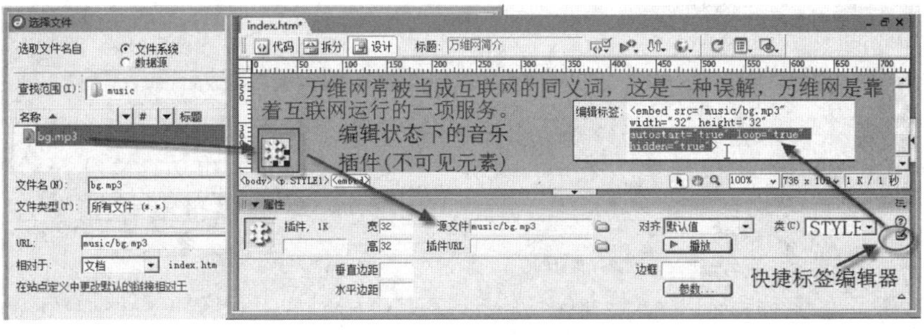

图9-6　插入媒体插件并设置参数

5）在网页中插入图像。图片文件应先放置在站点的pic文件夹中。选择“插入”→“图像”命令，在选择图像源对话框中，选中www.jpg文件。如图9-7所示，其中“图像标签辅助功能属性”用于设置图像的附属说明信息。

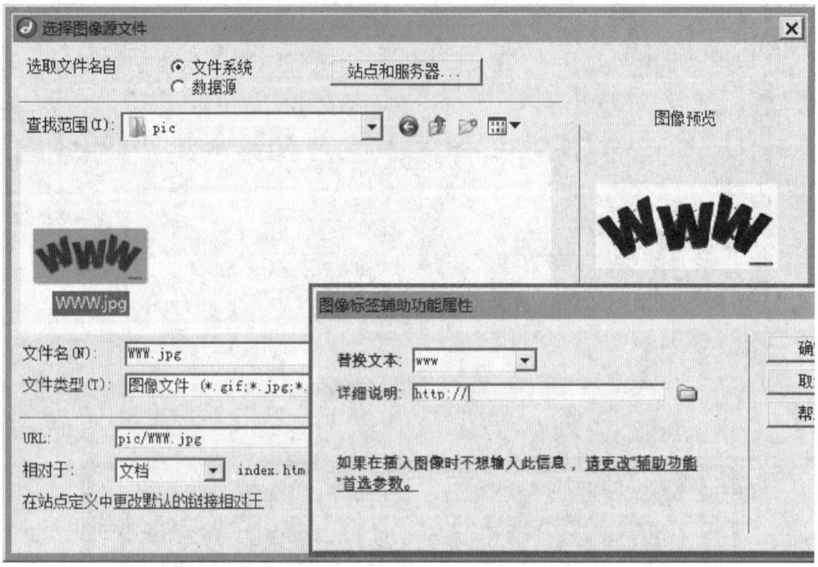

图9-7 在网页中插入图片

6）插入图片后效果图，如图9-8所示，在下面的属性面板中修改其边框大小为2像素。

图9-8 插入图片后效果图

7）完成后，将网页另存为index02.htm。

9.1.3　网页中的表格和链接

实验目的

（1）熟悉表格的创建与修改方法。
（2）了解链接标签的相关属性。
（3）了解链接的类型：站内链接、外部链接、邮件链接、锚点链接、图片链接等。
（4）掌握各种链接的创建方法。

实验要求

（1）创建一个表格。
（2）创建一个站内链接。
（3）创建一个指向WWW资源文件的链接。
（4）创建一个邮件链接。
（5）创建一个锚点链接。
（6）创建一个图片链接。

实验步骤

1）在本地站点下新建文档link.htm，并在设计视图中打开。

2）在编辑区创建一个表格，如图9-9所示，在插入表格对话框中，可选择表格宽度是按百分比或固定像素值，两者的区别在于表格会不会随着浏览器窗口的宽度变化而自动变化；创建表格后，可在属性面板设置表格的相应属性，如设置表格对齐方式为“居中对齐”，“边框”设为0将不显示表格框线。

3）要对表格进行调整，如增加行、列、合并单元格等操作，可进入“修改”->“表格”，并选择对应操作命令即可。

4）创建站内链接。如图9-10所示，选择需要建立链接的文本对象，并在常用工具栏中选择“超级链接”按钮，选择链接文件，并设置链接对象的呈现方式“目标”——是在当前窗口打开链接内容还是在新窗口打开。

5）创建邮件链接。邮件链接的作用是启用邮件客户端；如果当前邮件客户端已经做好了设置，那么通过邮件链接可以直接撰写邮件并发送，对网页用户来说是非常方便且实用的功能。如图9-11所示，对文字和图片设置邮件链接的方法稍有差别。文字型邮件链接可直接应用常用工具栏中的“邮件链接”工具，直接输入目标邮箱即可；设置图片型的邮件链接，则应该在属性面板的“链接”框中输入具体参数，如mailto:admin@webexperiment.org。

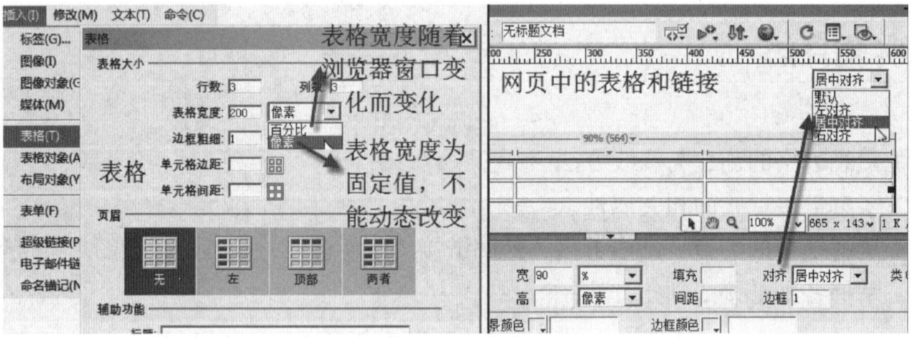

图9-9　网页中插入表格及简要设置表格属性

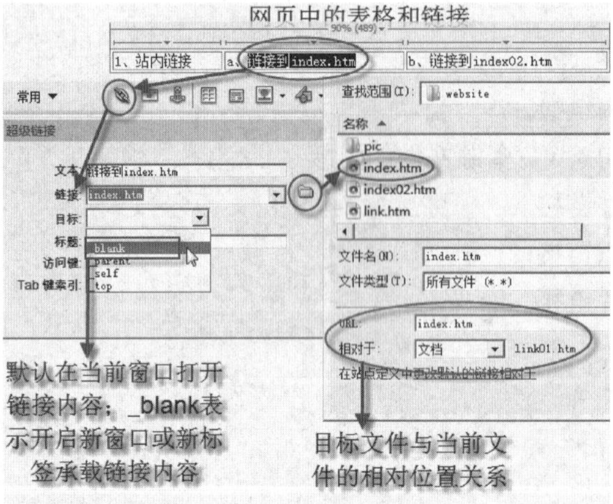

图9-10　网页中的表格和链接

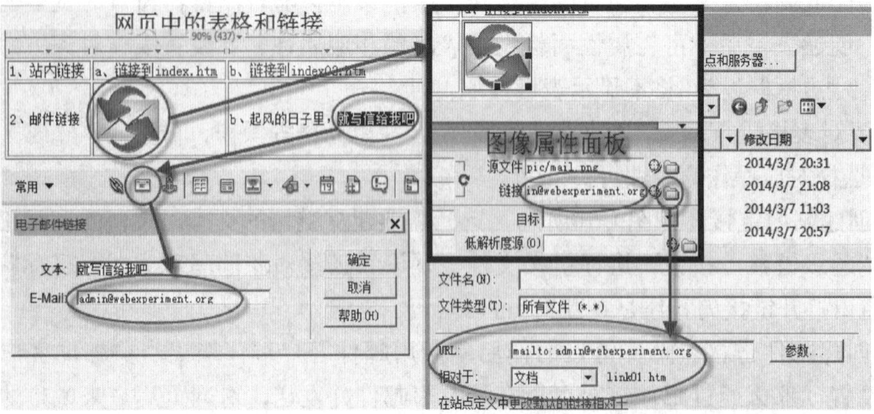

图9-11　创建邮件链接

6）创建文件内部链接——锚点链接。对于放在同一个网页超长的文档，如长篇小说、法律文件等，采用锚点链接的方式，可以让用户有更清晰轻松的阅读体验。如图9-12所示，创建锚点链接需要两个步骤：①在需要链接的目标位置设置锚点值，图9-12中，在每一章的标题处设置锚点值；②在目录或需要做链接的地方创建锚点链接，此时，只需在超级链接对话框中选择锚点值即可。

思考：在每一章的开始和结尾，设置一个“返回目录”的链接，应该如何操作？

7）创建图片链接。图片是网页中的常见元素，在图片上有两种基本情形：整幅图片的链接和图片热点链接。如图9-13所示，整幅图片的链接与邮件链接的设置方式类似，只需要恰当设置图片的“链接”目标即可；创建图片热点链接，需要选择热点设置工具，在图片中选取某个区域作为链接热点，然后在热点属性区域中设置恰当的链接属性值即可。

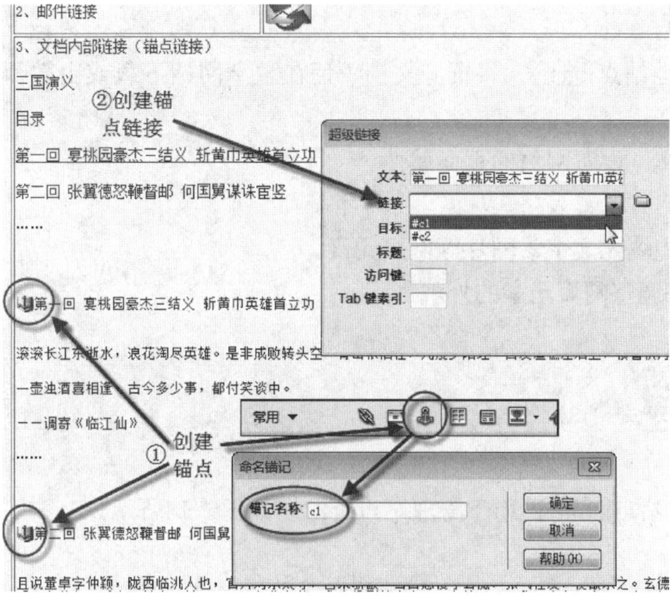

图9-12　创建锚点链接图示

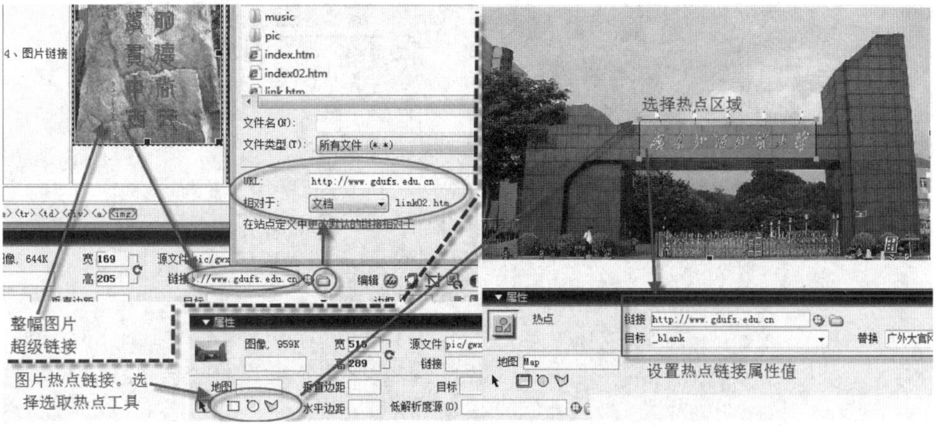

图9-13　创建图片链接

9.1.4　网页综合练习

实验目的

（1）综合运用DW，将网页元素协调处理。
（2）掌握基本CSS（层叠样式表）的使用方法。

实验要求

（1）创建本地站点jimmy，将资源文档（请在教学网站下载或由教师分发资源文档）进行恰当的管理。
（2）根据样文，设置网页的页面属性。
（3）创建表格并调整表格。
（4）在表格中填充文字、图片等网页元素。
（5）采用CSS调整网页元素的外观

实验步骤

1）创建本地站点jimmy，用于管理站点资源，如图9-14所示。

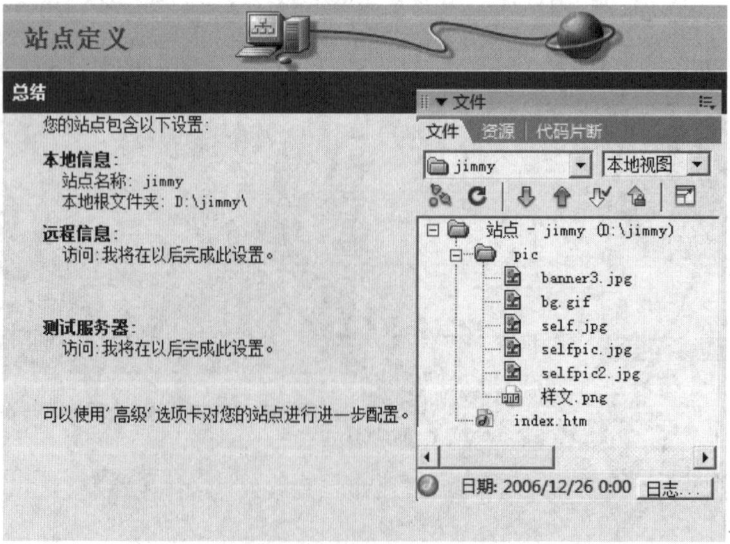

图9-14　创建本地站点jimmy

2）设置网页的页面属性，如图9-15所示，设置页面背景颜色值为#F8FFD3，背景图像为bg.gif；设置标题格式中，标题4的颜色值为#0078AA；设置文档的标题为“个人主页”。

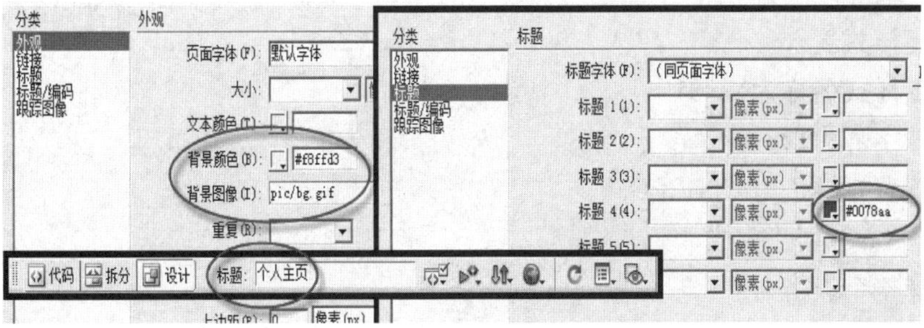

图9-15　设置页面属性

3）创建第一个表格并居中（后续所有表格均居中）。如图9-16所示，创建边框为0的单个单元格的表格，并在其中插入banner3.jpg，该图片将“撑开”表格，使得表格大小适应图片大小。此时由属性面板可知，表格/图片宽度为600像素。

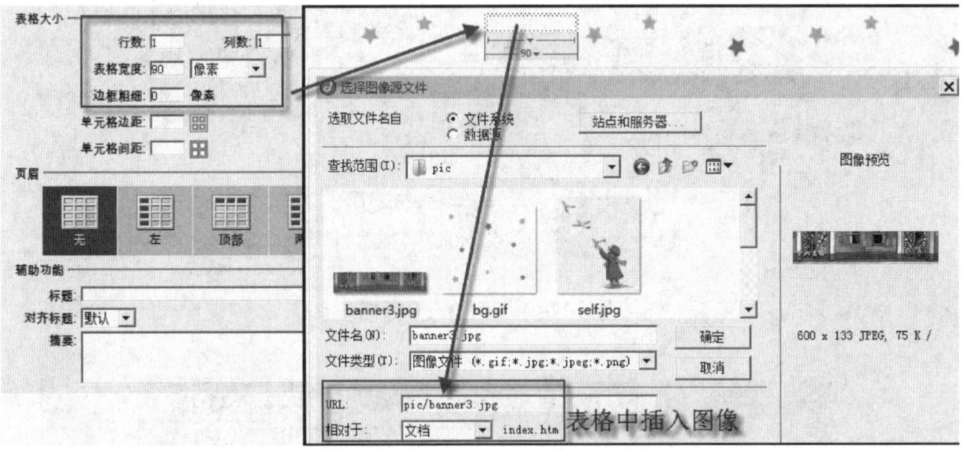

图9-16　插入第一个表格并插入图像

4）创建第二个表格并居中（直接在第一个表格后面，不需要回车）。如图9-17所示，设置表格宽度与第一个表格/图片同宽；在表格中输入文字后，设置文字居中。

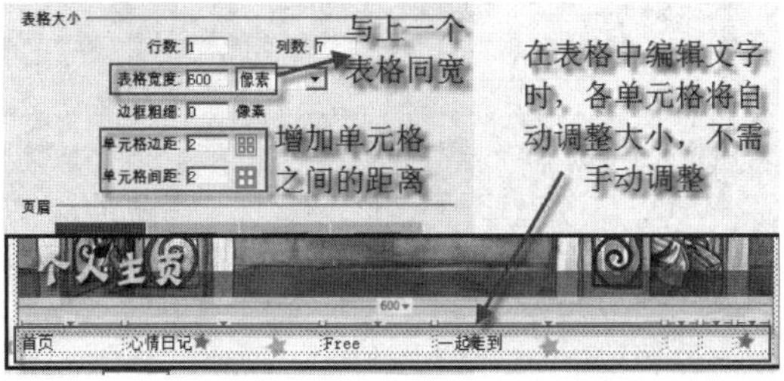

图9-17　创建第二个表格

5）创建第三个表格，如图9-18所示，设置左边的单元格宽度为150，并在其中放置网页元素——文字和图片，注意采用不同的换行方式。

6）采用CSS调整网页元素外观。此页面采用了多个CSS。CSS-No1-Nav01，应用在第二个表格，如图9-19所示。

① 新建样式表；

② 设置样式名称为Nav01；

③ 设置字号为12；

④ 设置背景颜色为#90BCFF；

⑤ 样式Nav01创建完成；

⑥ 选择整个表格；

⑦ 在表格属性的“类”属性中选择刚创建的CSS样式“Nav01”；

⑧ 应用样式后的表格（注意观察，表格边框也覆盖了相同的颜色）。

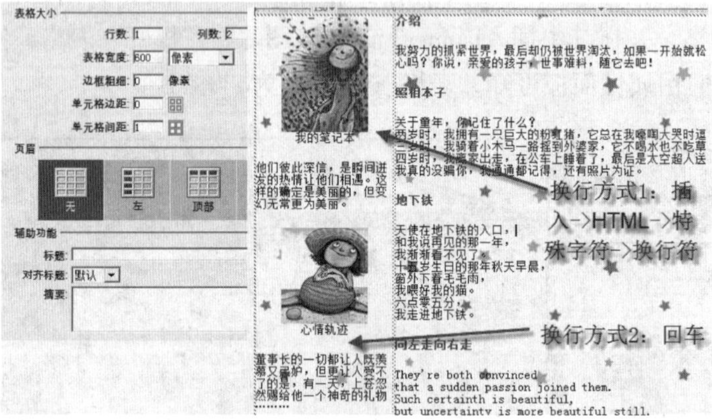

图9-18　创建第三个表格

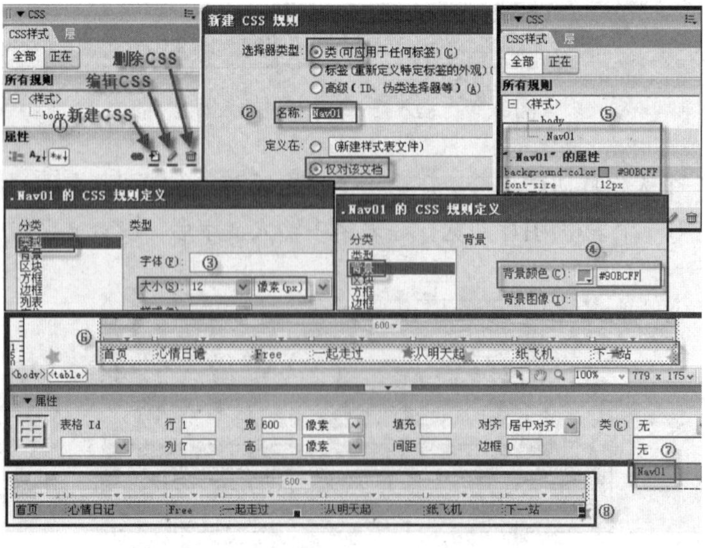

图9-19　创建CSS-No1-Nav01并设置属性

7）CSS-No2-left，应用于左下角的单元格（第三个表格的第一个单元格）。如图9-20所示，设置背景颜色值为#D2E7FF，字号12，文本居中对齐，垂直对齐按顶部对齐。

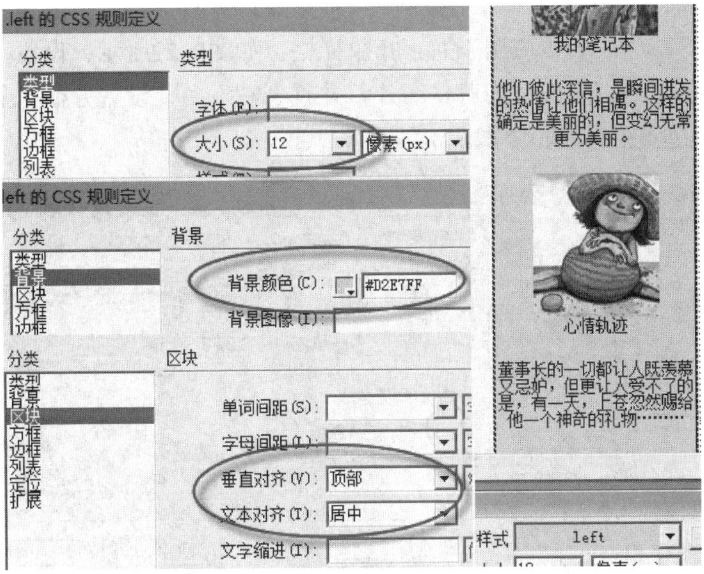

图9-20 创建CSS-No2-left并应用效果图

8）CSS-No3-pic1，应用于左下角单元格中的两幅图片selfpic.jpg和selfpic2.jpg，其属性是设置边框为实线、宽度为1像素，颜色为#00406C，图略。

9）CSS-No4-p.leftcontent，应用于左下角单元格中的文本。如图9-21所示，设置字体颜色为#001671，区块文本左对齐，所在方框距离左边界15像素，距离右边界10像素。

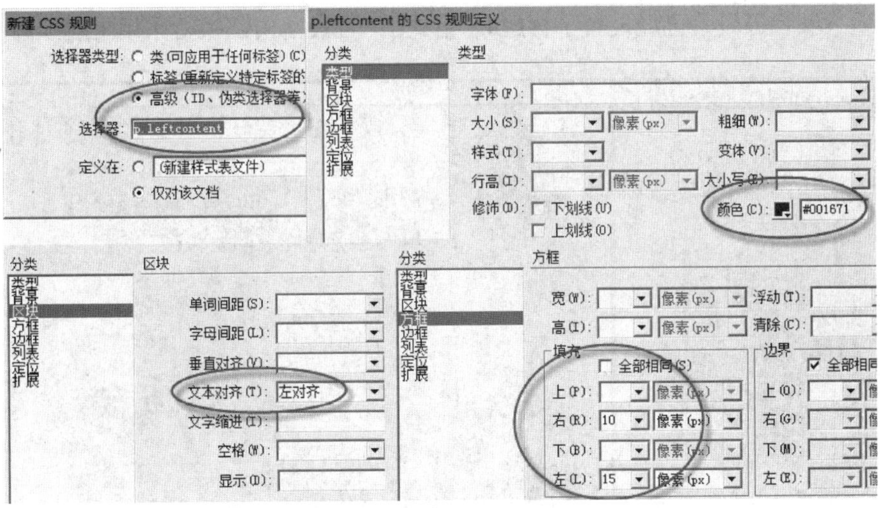

图9-21 创建CSS-No4-p.leftcontent

10）CSS-No4-p.leftcontent应用在文本时，需要改动代码，将代码：

<p><span class= “leftcontent” >董事长的一切都让人既羡慕又忌妒…… </span></p>

改动为：

<p class= “leftcontent” >董事长的一切都让人既羡慕又忌妒…… </p>

即去除<span>标签的影响。

11）创建CSS-No9.right，应用于右下角单元格。如图9-22所示，设置字号12，背景颜色为#E9FBFF，设置图片self.jpg为背景图片，并置于右下角，设置方框与上、右边界距离为15像素，与左边界距离为30像素。

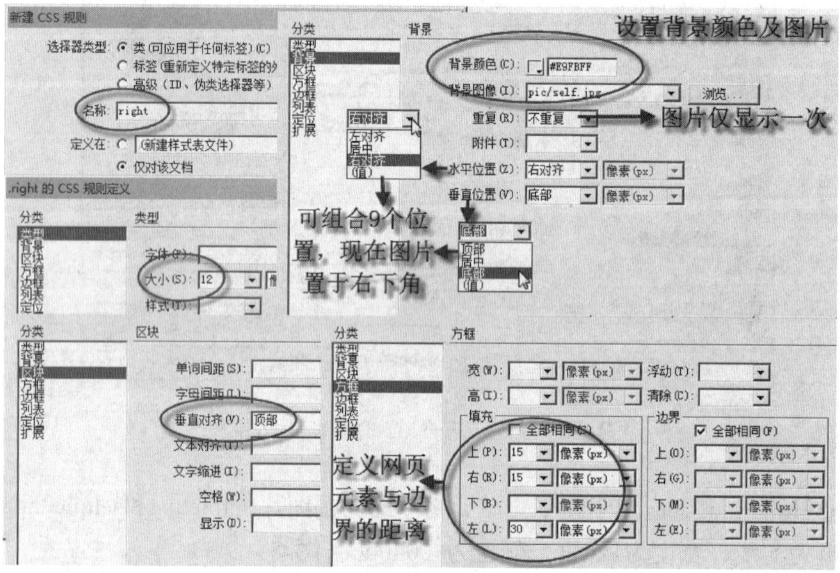

图9-22　创建CSS-No9.right

12）CSS-No9.right应用于右下角单元格的效果，如图9-23所示。其中“介绍”“照相本子”“地下铁”等段落已经设置了标题4（格式），且段落内部换行采用上述换行方式1。

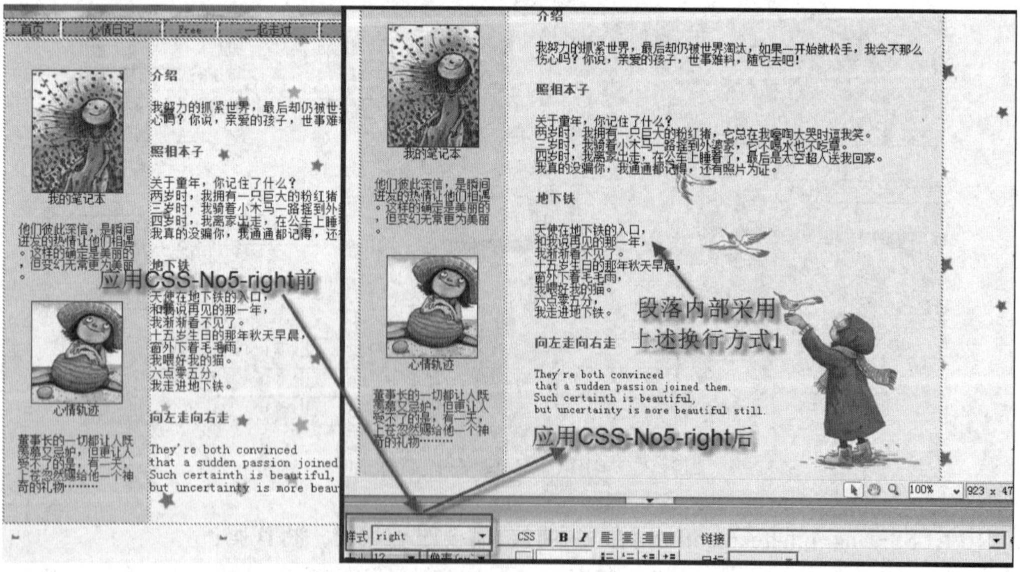

图9-23　CSS-No9.right应用前后对比

由上述过程可见，CSS可设置图片、文本、表格等各种网页元素的背景、区块、方框、字符等多种格式，是一种非常灵活的样式设置方法。

9.1.5　创建框架集页面

实验目的

（1）了解框架页的作用。
（2）掌握框架页的标签及相关属性。

实验要求

创建一个“上方固定，左侧嵌套”的框架集页面，效果如图9-24所示。

图9-24　框架效果

实验步骤

1）启动DreamWeaver，打开文件面板，在网站根目录D:\website\下新建一个文件夹frameset。

2）选择【文件】>【新建】命令，打开新建文档对话框，选择【框架集】>【上方及左侧嵌套】，结果如图9-25所示。

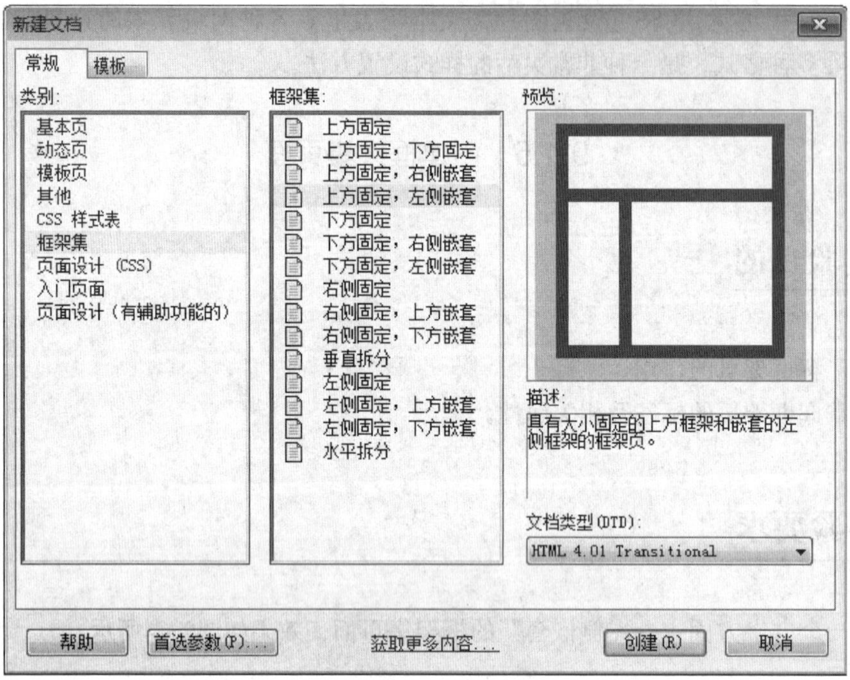

图9-25 新建框架

3）点击【创建】后，出现如图9-26所示。

图9-26 保存框架

4）保存框架集。选择【文件】->【保存全部】命令，逐个保存框架，保存在D:\website\frameset\下。保存过程中会提示保存区域窗口，为每个窗口指定一个起始装载页。按保存顺序依次命名为：index.html、main.html、left.html、top.html。其中index.html是框架集页面，负责装载其他页面。

5）接下来分别编辑单个页面：top.html、left.html、main.html，图片等资源文件提供在

D:\website\frameset\images\下。效果如图9-27所示。

6）最后的工作就是制作好左边导航窗口中每一个链接的目标页面文件，并且指定每一个链接的目标窗口（target属性）为右边的Main窗口即可，意思将链接的目标文件在右边的窗口打开显示。

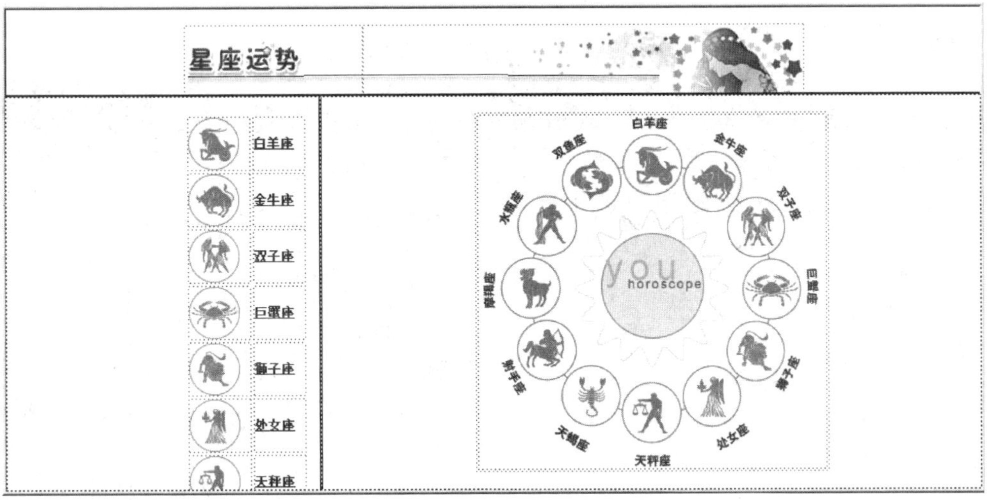

图9-27　分别编辑页面

9.2 数据分析初级实验*

现在人们已经被大数据包围。与工业产品具有的环境副作用及损耗特性所不同的是，大数据的积累不仅不会对环境造成负面影响，反而为人们提供了更深入理解历史和现实，以及为社会各行业提供更深入细致的服务提供了可能。而将上述可能性转变为现实服务则主要取决于数据分析技术的发展和应用。数据分析技术，是从一大批看起来杂乱无章的数据中集中、萃取和提炼出与所研究目的有关的内在模式或规律，从而能帮助人们更准确地做出判断。数据分析技术不仅是对数据统计规律的研究，也体现了人们对数据在各行业中的应用的更深入的考察、理解和透视。与此相对应的名词包括数据科学、数据统计、数据分析、模式识别、大数据分析等。

数据技术的发展和应用受到了各行业的高度关注，其内容庞杂且发展迅猛。本节以“泰坦尼克号”事故乘员数据为案例，对数据分析技术的基本概念作引导性的学习。希望由此案例引导读者一窥数据分析的魅力。

9.2.1　数据格式及分析目标

本案例中使用“泰坦尼克号”乘员数据，包含train.csv和test.csv两个文件。csv文件格式采用逗号来分隔每个数据域，是常用的数据交换格式。Excel、记事本等软件均可以对它进行处理。train.csv文件是训练数据，其中各个域包含了完整的值，用于学习和发现数据模式，我们可以用M01、M02…来命名我们所发现的数据模式；test.csv是测试数据，我们将上述数据模式M01、M02…轮番在此数据集上进行数据验证和结果比较，从而可以对上面所提出的数据模式进行比较和优化。数据文件中各个域的含义如表9-1所示。

表9-1　　Tran.csv数据文件中数据域含义

列名	含义
PassengerId	乘员编号
Survived	是否幸存（1为幸存，0为罹难）[此字段test.csv中无]
Pclass	舱位等级编号（class of passenger）
Name	姓名
Sex	性别
Age	年龄
SibSp	同船兄弟/伴侣数量
Parch	同船父母/小孩数量
Ticket	船票
Fare	船费
Cabin	舱位编号
Embarked	上船点（Queenstown，Cherbourg or Southampton）

数据分析目标及步骤：

1）根据train.csv文件中给出的数据，提出数据预测模型，即提出上述哪个或哪几个字段的组合将与该乘员的最终生存具有相关性（再深入一点可以讨论，相关的程度如何）。

2）用你所提出的预测模型，在test.csv数据上进行验证，检查此模型工作的有效性。

3）在上述检查和比较的基础上，优化你的模型（返回1）步骤）。

因此，这是一项循环而不重复的工作；此工作最终目标是使得所提出的预测模型在测试数据上得到最高的拟合结果，比如，99.99%。这项工作具有很强的挑战性。其挑战在于很多方面，其中很主要的是，在大数据的环境下，模型的优化往往会遭遇一定的瓶颈，比如，模型拟合效果达到87%时各项参数的调整均难以将拟合效果进一步提高；以及模型的优化效果和模型的效率性能往往会是一对矛盾，比如，模型拟合效果在达到83%之后，拟合效果每提高一个点，所需要付出的运算时间或内存空间与之前所需的呈倍数甚至指数比例增长。值得庆幸的是，在本节的学习中，我们尚不需要为这些头痛。

9.2.2　第一个预测模型

如何开始呢?

数据科学中，直觉和经验是一个很好的开始。在电影中，人们试图首先保护女士们和孩子们——我们可以从这个经验出发——实际上，这个想法就是一个数据模式或数据预测模型的雏形，即：性别和年龄跟最终的幸存具有较大相关性。我们先用train.csv来验证一下这个想法。简单起见，我们先分析性别与幸存之间的相关性。如图9-28所示，用Excel打开train.csv，操作步骤如下：

1）选择“插入”→“数据透视表”，在弹出的对话框中，直接“确定”即可。这会打开一个新的，专门处理数据透视表的工作表。我们先查看性别对最终生存的影响。

2）在数据透视表中，分别选择“性别”和“幸存”两个字段，其中“幸存”字段需要拖放2次，并将其中一个更改其汇总方式为“计数”。这样得到分别对不同性别的幸存人数和总人数的统计结果。

3）通过不同性别幸存人数与人数的比值得到该性别对应的幸存率。

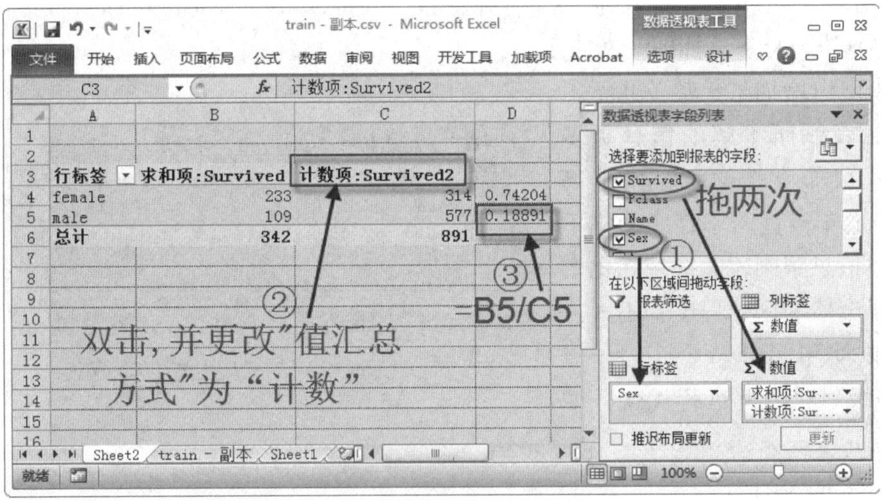

图9-28　性别与幸存的相关性

从图9-28中可见，女性的幸存比率高于74%，而男性的幸存比例低于19%。这个结果验证了我们刚开始的想法——由于现实存在各种限制，表现在数据中，非黑即白的情形几乎是不可能出现的，比如，在寒冷的海水、死亡恐惧、食物分配甚至人员拥挤的情况下，由于个体的差异，就算上了救生艇的也未必最终幸存——况且还有救生艇容量有限的问题。某种程度上，正是由于大数据体现了现实的种种“不完美”情形，才存在数据分析中的种种困难和挑战。

由上面的数据，我们的推测得到了证实：性别是最终幸存的强有力的指标。或者说，我们找到了一个数据模式，即女性乘员的幸存概率>50%，而男性乘员的幸存概率<50%。另一方面，我们没办法按照一定的概率决定哪个乘员该幸存，哪个该罹难，因此，我们将上述数据模式强化后，就得到第一个预测模型：如果该乘员是女性，那么该

乘员幸存，否则，罹难。在后面讨论模型的优化时，首先需要打破上述数据模式，比如，某种情形下的女性乘员幸存率低于50%或男性乘员幸存率高于50%。

现在先来实施这个第一个预测模型。打开test.csv，在其中添加“Survived”字段，并在其中输入比如“=if（E2="female"，"survived"，"died"）”。这个条件判断函数表达了刚才我们提出的预测模型：如果E2的值是“female”，那么她“将”幸存（1），否则罹难（0）。

如果用图9-28的方法，对test.csv做同样的分析，那么，女性的幸存概率是100%，男性的幸存概率是0。这当然跟前面所提出的数据模式有差距。其原因在于，我们现在仅分析了乘员的性别，对其他情况尚不清晰，所以，我们目前只能做笼统的预测。不过，毫无疑问，我们数据分析之游轮起航了，后面的航程，能不能幸存，要看诸君自己了。

9.2.3 模型优化

延续最开始的想法，我们来尝试将年龄的因素考虑进来。如果图9-28中直接增加年龄（行标签），会发现数据变得很散乱，不能直观地看出儿童的情况。因此，我们在train.csv中增加一个辅助列，命名为“Kid”并输入“=if（F2>18，"adult"，"child"）”。然后将“Kid”列拖进行标签，如图9-29所示。

在模型中增加了年龄（儿童）因素后，我们所了解的信息更多了一点：成年女性的幸存率提高到78%，成年男性的幸存率变化不大。上述信息跟刚才的模型相比，优化结果个体的区分程度并不大。我们尝试使用另外一个字段——“舱位等级”对模型进行优化，如图9-30所示。

行标签	求和项:Survived	计数项:Survived2	
⊟female	233	314	
adult	151	193	0.782383
child	82	121	0.677686
⊟male	109	577	
adult	69	382	0.180628
child	40	195	0.205128
总计	342	891	

图9-29 在模型中增加年龄因素

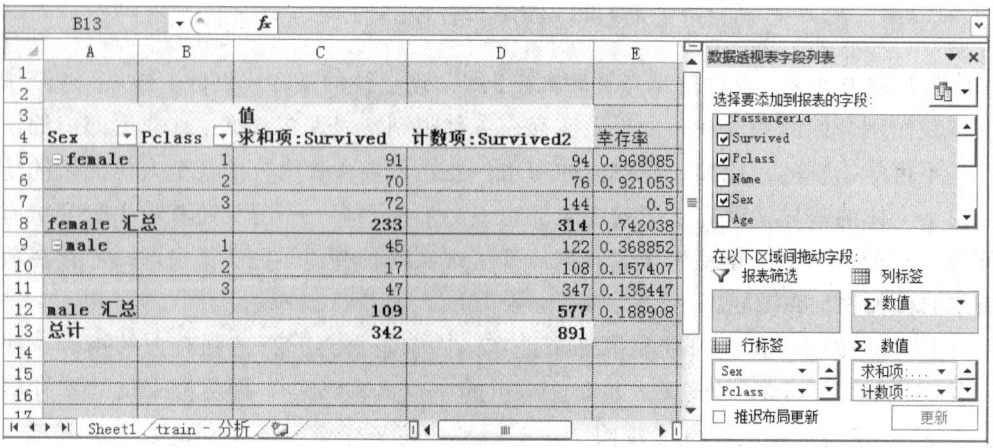

Sex	Pclass	求和项:Survived	计数项:Survived2	幸存率
⊟female	1	91	94	0.968085
	2	70	76	0.921053
	3	72	144	0.5
female 汇总		233	314	0.742038
⊟male	1	45	122	0.368852
	2	17	108	0.157407
	3	47	347	0.135447
male 汇总		109	577	0.188908
总计		342	891	

图9-30 性别+舱位等级模型幸存率计算

由图9-30可见，各性别不同舱位等级群体幸存比例有较为明显的区别，这意味着这个变量（舱位等级）对数据具有更好的区分度，从而也意味着可能存在的更高的预测能力。但当前的优化结果中，女性成员最小的幸存率也>=50%，因此并未改变刚才的第一个预测模型，即“=if（E2="female"，"survived"，"died"）”。

让我们继续尝试！

现在将成员的票价分成如下几个区间：<10；10~20；20~30；>30。操作：在train.csv中增加新列“fare-level”，并输入式子“=IF（J2<10，"<10"，IF（J2<20，"10<20"，IF（J2<30，"20<30"，">= 30"）））”。刷新数据透视表，在左列中增加“fare-level”列，计算幸存率，结果如图9-31所示。

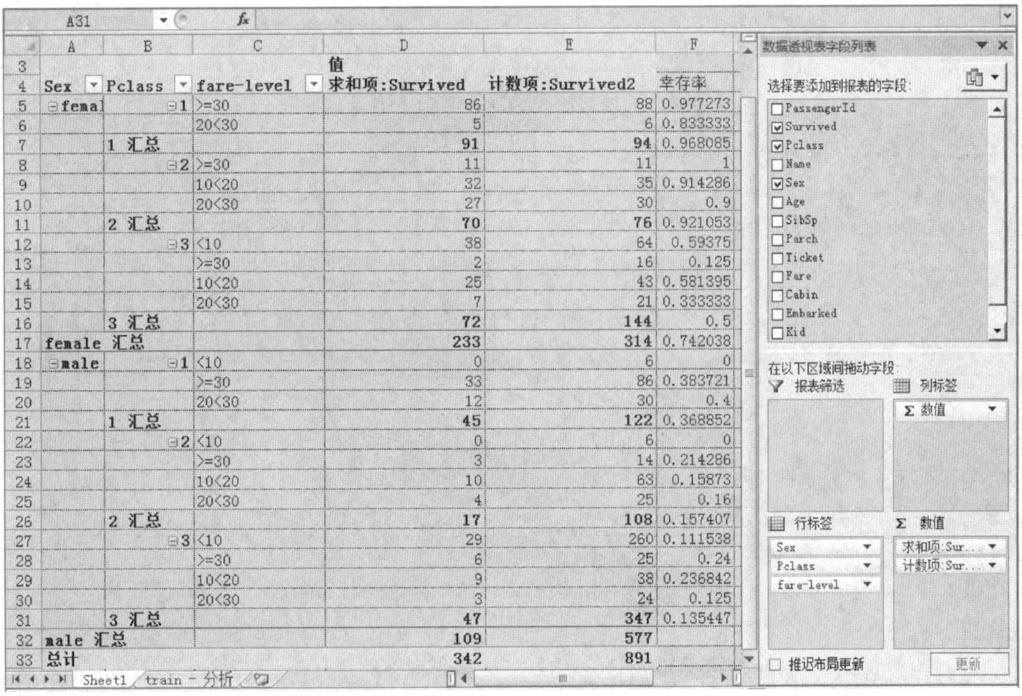

	A	B	C	D	E	F
3				值		
4	Sex	Pclass	fare-level	求和项:Survived	计数项:Survived2	幸存率
5	femal	1	>=30	86	88	0.977273
6			20<30	5	6	0.833333
7		1 汇总		91	94	0.968085
8		2	>=30	11	11	1
9			10<20	32	35	0.914286
10			20<30	27	30	0.9
11		2 汇总		70	76	0.921053
12		3	<10	38	64	0.59375
13			>=30	2	16	0.125
14			10<20	25	43	0.581395
15			20<30	7	21	0.333333
16		3 汇总		72	144	0.5
17	female 汇总			233	314	0.742038
18	male	1	<10	0	6	0
19			>=30	33	86	0.383721
20			20<30	12	30	0.4
21		1 汇总		45	122	0.368852
22		2	<10	0	6	0
23			>=30	3	14	0.214286
24			10<20	10	63	0.15873
25			20<30	4	25	0.16
26		2 汇总		17	108	0.157407
27		3	<10	29	260	0.111538
28			>=30	6	25	0.24
29			10<20	9	38	0.236842
30			20<30	3	24	0.125
31		3 汇总		47	347	0.135447
32	male 汇总			109	577	
33	总计			342	891	

图9-31　性别+舱位等级+票价等级模型幸存率计算

请注意观察：3等舱且票价>=20（包含20~30和>=30这两种情形）的女性乘员，她们的幸存率低于50%！！！这是模型优化中的突破。在这里，我们获得了更多的关于这首巨轮的信息：除了男性乘员幸存率低于50%，在3等舱位中支付船票超过20美元的女性乘员的幸存率也低于50%。跟第一个预测模型是对第一个数据模式的强化一样，我们这里也将上述数据模式强化，得到第二个预测模型：男性乘员和第3级舱位中支付船票超过20美元的女性乘员罹难，其余乘员幸存。

同样，我们可以在test.csv中实施这个预测模型：在survived列，输入公式=IF（D2="male"，0，IF（B2=3，IF（I2>20，0，1），1）），这里假设D列是性别，B列是舱位等级，I列是票价。

通过对数据的深入透视，有时会得到与一般“常识”不太相符的信息，比如，每个乘员为这趟死亡之旅所支付的票价并不相同；有些3等舱乘员的票价甚至比1等舱的还高等。有时候所得到的数据模式，也许会超出一般的认知或解释能力，比如，为何3等舱高票价的女性乘员生存概率与男性几乎一致呢？正如在《大数据时代》中作者告诫读者们的，关联关系也许和因果关系一样对世界有着重要的支配作用。

前方是大数据分析的茫茫大海，祝大家航行顺利，收获满满！